OSTWALDS KLASSIKER
DER EXAKTEN WISSENSCHAFTEN
Band 290

Walther Nernst
1864 - 1941

OSTWALDS KLASSIKER
DER EXAKTEN WISSENSCHAFTEN
Band 290

Begründung der Theoretischen Chemie

Neun Abhandlungen
1889-1921

von
Walther Nernst

Einleitung von
Hermann Berg

Verlag Harri Deutsch

Bibliografische Information Der Deutschen Bibliothek

Die Deutsche Bibliothek verzeichnet diese Publikation in der Deutschen Nationalbibliografie; detaillierte bibliografische Daten sind im Internet über <http://dnb.ddb.de> abrufbar.

ISBN 3-8171-3290-5

1. Auflage 2003
Druck: Rosch-Buch Druckerei GmbH, Scheßlitz
Printed in Germany

Inhalt

Einführung

„Nichts ist praktischer als Theorie."

Walther Nernst – Leben und Leistung

Walter NERNST entstammt einer bürgerlichen Familie. Am 25. Juni 1864 in Briesen (Westpreußen) geboren, verlebte er mit zwei Schwestern und einem jüngeren Bruder eine glückliche Schulzeit im humanistischen Gymnasium von Graudenz. Jedoch verlor er früh seine Eltern und wuchs daher bei seinen Großeltern in ländlicher Umgebung auf.

Das Lehrbuch für Physik 1889 von Jacob HEUSSI begeisterte ihn schon frühzeitig in Richtung seines Lebensberufes. Nach dem Abitur 1882 begannen seine studentischen Wanderjahre zu physikalischen Instituten in Zürich, Berlin, Graz, Würzburg. Den stärksten Einfluss auf seine Entwicklung hatten in dieser Zeit die Physiker H. F. WEBER, L. BOLTZMANN, Fr. KOHLRAUSCH, A. v. ETTINGHAUSEN, die Chemiker H. LANDOLT und J. WISLICENUS sowie die Mathematiker H. STREINTZ, F. PRYM und A. MEYER. In dieser Periode lernte er auch L. MEITNER, S. ARRHENNIUS, W. OSTWALD, E. FISCHER kennen, denen er später wieder begegnete. Damals galt sein Interesse der durch S. ARRHENIUS und J. VAN'T HOFF begründeten Ionentheorie sowie dem „Auftreten elektromotorischer Kräfte in Metallplatten, welche von einem Wärmestrom durchflossen werden und sich im magnetischen Feld befinden" (mit A. v. ETTINGHAUSEN, Wied. Ann. 299 (1886) 343). Dabei handelt es sich um einen modifizierten „Hall - Effekt", heute bekannt als „NERNST - Effekt". Unter Verwendung verschiedenartiger Metallplatten ergab sich eine Fülle von Resultaten, die sogar L. BOLTZMANN zu weiteren Überlegungen anregten (Wien. Ber. 94 (1886 644). Ein Jahr spä ter promovierte NERNST 1887 in Würzburg bei KOHLRAUSCH im Alter von 22 Jahren. Es folgte die Leipziger Periode als Assistent bei Wilhelm OSTWALD im Physikalisch-Chemischen Institut der Universität. Obwohl NERNST nur minimale chemische Erfahrungen mitbrachte, musste er zunächst die Bildungswärmen von Quecksilberverbindungen kalorimetrisch bestimmen, wodurch er die Theorie von HELMHOLTZ bestätigen konnte (Z. f. phys. Chem. 2 (1888) 23). Doch bald darauf konnte er sich wieder der Leitfähigkeit (Z. f. physik. Chem. 2 (1888) 948) und den galvanischen Zellen widmen (Z. f. physik. Chem. 4 (1889) 129), worauf seine Habilitationsschrift 1889 basierte. Zwischendurch stand er bei seinem Erholungsurlaub in Heidelberg (September 1889) im Gedankenaustausch mit S. Arrhenius. Gemeinsam mit Ostwald versuchte NERNST, den Physiker August KUNDT (Berlin) experimentell von der Existenz positiver Ionen (Protonen) in saurer Lösung zu überzeugen, woraus die einzige gemeinsame Publikation resultierte („Über freie Ionen“, Z. f. phys. Chem. 3 (1889) 120, I). Danach kühlte sich ihr Verhältnis ab, was wohl daran gelegen haben mag, dass NERNST eigene theoretisch motivierte Wege ging und Antiatomismus sowie Ostwalds Energetik ablehnte. Als Krönung seiner Leipziger Zeit ist die umfassende NERNST'sche Gleichung anzusehen (Habilschrift, Leipzig 1889). Diese setzt osmotischen Ionendruck und Lösungsdruck der Elektrodenmetalle in Beziehung zum elektrischen Potential (II), welche Vorstellung er auch verteidigen musste (III). In heutiger Schreibweise gilt seine Gleichung auch für Redoxsysteme und beeinflusste so die Polarographie (vgl. Ostwalds Klassiker 266):

$$E = E_0 + \frac{RT}{zF} \ln \frac{c_{0x}}{c_{red}}$$

mit E Potential (elektromotorische Kraft in Volt), E_0 Normalpotential, R Gaskonstante, T absolute Temperatur, F Faraday - Konstante, z Ladung, c Konzentrationen (Aktivitäten) des oxidierten, reduzierten Moleküls.

Ostern 1890 wurde NERNST von Eduard RIECKE als Assistent-Professor nach Göttingen berufen, wo er Verbindungen zu BOLTZMANN, ARRHENIUS und VAN'T HOFF wieder aufnahm. Sein Hauptinteresse galt Lösungstheorie (II), Osmose, elektrolytische Dissoziation, Thermochemie, worüber er zunächst in der aufstrebenden „Zeitschrift für Physikalische Chemie“ (Leipzig) publizierte. Für den Fall angrenzender nichtmischbarer Lösungsmittel A und B fand er für die Verteilungskonzentrationen c einer Substanz zwischen beiden: $c_A/c_B = K$, bekannt als NERNST'scher Verteilungssatz. In Zusammenhang damit schlug er eine neue Methode zur Bestimmung des osmotischen Druckes vor. In den fruchtbaren Göttinger Jahren beschäftigten ihn gültige Beziehungen zwischen Molekulartheorie und Thermodynamik, zum Beispiel Molekulargewicht, Gefrierpunkterniedrigung, Löslichkeit, Osmose (vgl. mit Diffusion und dem Turgor einer Pflanzenzelle), Elektrolysen (Abscheidung von Metallgemischen), Physiologie. Es entstand 1893 sein „Lehrbuch der Theoretischen Chemie“ (IX), das bis 1921 10 Auflagen hatte. Darin standen physikalische Bestimmungsmethoden (V), zum Beispiel für Gleichgewichte, Nervenanregung und -leitung (IV), im Vordergrund, wie sie besonders in den Instituten von KOHLRAUSCH und BOLTZMANN praktiziert wurden.

Auf NERNSTs theoretische Entwicklung hatte der Austausch mit Max Planck eine tiefgreifende Bedeutung, nachdem letzterer zwei Arbeiten publiziert hatte: „Über die Erregung von Electrizität und Wärme in Electrolyten“ (Wied. Ann. 39 (1890) 161-186) und „Über die Potentialdifferenz zwischen zwei verdünnten Lösungen binärer Electrolyte“ (Wied. Ann. 40 (1890) 561-576), die direkt die Ergebnisse von NERNST betrafen. Obwohl grundsätzlich in ihren Resultaten übereinstimmend, entstanden Prioritätsfragen hinsichtlich der theoretischen Formulierungen und deren Gültigkeitsgrenzen. So kritisiert NERNST besagte Publikationen in „Über die Potentialdifferenz verdünnter Lösungen“ (Wied. Ann. 45 (1882) 360-369) sinngemäß: Ich erkenne an Herrn PLANCKs außerordentlich vollständige und elegante Lösung des Problems für den Fall der vollständigen Dissoziation des Elektrolyten. Jedoch kann ich nicht erkennen, dass es mehr als eine Erweiterung meiner Theorie in spezieller Richtung ist. Dagegen konstatiert PLANCK in Bemerkungen über das CARNOT-CLAUSIUS'sche Prinzip (Wied. Ann. 46 (1892) 162-166): „Nur wenn man den osmotischen Druck als eine Konsequenz des 2. Hauptsatzes betrachtet, werden unsere beiden Wege identisch, anderenfalls nicht, was ich als fundamental betrachte.“

Schließlich resultierte daraus die für Membranbiophysik fundamentale NERNST-PLANCK-Gleichung für den Fluß J eines Ions durch die Membran $J = \frac{uc}{F}\left(RT\frac{d(\ln c)}{dx} + zF\frac{d\Phi}{dx}\right)$ bestehend aus dem Diffusionsanteil infolge des Konzentrationsgradienten (u-Ionenbeweglichkeit) und dem 2. Term mit dem elektrischen Gradienten (Φ – inneres Potential). Im Gleichgewicht ($\Delta J = 0$, d. h. kein Ladungstransport) entsteht daraus für das Transmembranpotential eine Form der bereits erwähnten NERNST-Gleichung.

Ab 1906 in Berlin als Landolts Nachfolger am 2. Chemischen Institut – umbenannt in Physikalisch-Chemisches Institut – studierte NERNST das Materieverhalten bei hohen und tiefen Temperaturen insbesondere durch Bestimmung der Leitfähigkeit und der spezifischen Wärmen (VI, VII). Er konnte sich dabei auf Ergebnisse von H. WEBER, H. RUBENSTEIN, W. WIEN, O. LUMMER, E. PRINGSHEIM, G. BREDIG, VAN'T HOFF, P. PASCHEN, A. EINSTEIN u. a. stützen.

Im Bemühen, chemische Gleichgewichte vorherzusagen, hielt er es für erforderlich, die spezifischen Wärmen bei tiefsten Temperaturen zu bestimmen und postulierte (1906) für T = 0 K, dass die Änderungen von freier Energie A und innerer Energie U gleich seien:

$$\lim dA/dT = \lim dU/dT \text{ (für } T = 0\text{)},$$

gültig als NERNST'sches Wärmetheorem (3. Hauptsatz der Thermodynamik) für homogene flüssige und feste Körper (VIII). M. PLANCK gab ihm 1911 die allgemeine Form $S = \int_0^T C_p \frac{dT}{T}$, wonach die Entropie S bei T = 0 K Null wird. (M. PLANCK, Vorlesungen über Thermodynamik, W. de Gruyter, 1954, 10. Auflage).

Damit konnten nach der Erweiterung für gasförmige Körper die Erklärungen für frühere Befunde gegeben werden.

Mit außergewöhnlichem experimentellen Geschick und der Entwicklung eleganter Apparaturen (kalorimetrische Bombe bis 20 K nutzbar, ein Platinthermometer, außerdem eine Mikrowaage bis 1 µg, ein Spektralphotometer mit 2 Lichtquellen, einen Vorläufer der „stopped flow"-Apparatur für Gleichgewichtsbestimmungen) hat er sein Theorem bestätigen können, wobei er von dem Tieftemperaturspezialisten H. KAMERLINGH ONNES, der die Superkonduktivität entdeckte, unterstützt wurde.

Auf dem 1. Internationalen Solvay-Kongress 1911 in Brüssel, angeregt durch NERNST, konnte er seine Ideen mit PLANCK, EINSTEIN, LORENTZ, RUBENS und weiteren 17 prominenten Physikern diskutieren, wobei die Quantentheorie der Strahlungsgesetze (vgl. Ostwalds Klassiker, Bd. 206) im Mittelpunkt standen. Ausgehend davon versuchte NERNST mit seinen Schülern A. EUCKEN, N. BJERRUM, O. SACKUR und weiteren 20 Doktoranden das Quantenprinzip als Brücke zwischen Thermodynamik und Kinetik zu entwickeln (VIII, IX) und durch experimentelle Studien der spezifischen Wärme, Verdampfungswärme, Leitfähigkeit und Strahlung zu testen. Allerdings erinnerte er nochmals an die klassische Denkweise mit „Über einen Versuch, von quantentheoretischen Betrachtungen zur Annahme stetiger Energieänderungen zurückzukehren" (Verl. D. Deutsch. Physikal. Ges. 18 (1916) 83).

Die internationale Anerkennung seiner Forschungen ließ lange auf sich warten, obwohl NERNST schon 1905 für den Nobelpreis nominiert worden war. Teilweise waren es politische Gründe, aber auch persönliche seitens S. ARRHENIUS, dass erst am 10. November 1921 der Preis in Chemie für 1920 an NERNST „für seine thermochemischen Arbeiten" – jedoch unter Weglassung „mit spezieller Betonung für (sein) Wärmetheorem" – verliehen wurde. Zu dieser Zeit hatte er drei wichtige Funktionen inne:

Direktor des Chemischen Institutes;
Rektor der Universität Berlin;
Präsident der Physikalisch-Technischen Reichsanstalt (1922-1924), einem Zentrum der Forschung und Standardisierung.

Nach diesem Höhepunkt seiner Karriere machte sich NERNST generelle Gedanken über die Bedeutung der Naturwissenschaften, zum Beispiel in „Das Weltgebäude im Lichte der neuren Forschung“ (J. Springer, Berlin, 1921). Besonders reizte die Widerlegung der Vorstellung des „Wärmetodes“ als Konsequenz des 2. Hauptsatzes, indem er in seinen astrophysikalischen Betrachtungen den stationären Zustand des Weltalls nachzuweisen versuchte: „Physico-chemical considerations in astrophysics“ (J. of the Franklin Institute 206 (1928) 135). Weiterhin reflektierte er über die Transformation Materie ↔ Energie, angeregt durch EINSTEIN.

Sein Hang für apparative Entwicklungen ließ ihn 1930 ein elektrisches Klavier erfinden, das gleichzeitig ein neuartiges musikalisches und ein „elektronisches“ Instrument war.

Nach seiner Emeritierung 1933 zog sich NERNST mit seiner Frau Emma und den drei Töchtern (beide Söhne waren im Krieg geblieben) auf sein Landgut Ober-Zibelle bei Bad Muskau zurück. Zuweilen besuchte er von dort noch die Sitzungen der Preußischen Akademie der Wissenschaften in Berlin. Seinen 75. Geburtstag feierte er mit wenigen Freunden wie Max von LAUE und Peter DEBYE, dessen Laudatio die Hauptstationen:

Elektrolytik in der Jugend,
Wärmetheorem im Mannesalter,
Kosmologie als Abschluß

hervorhob.

Walther NERNST verstarb am 18. November 1941, leider ohne seine Memoiren oder den Schriftwechsel zu hinterlassen.

Walther NERNST zählt zu den bedeutendsten Physikochemikern während der revolutionärsten Phase unseres physikalischen Weltbildes von 1890 bis 1930. Seine Leistungen und sein Leben sind eingehend dargestellt von:

Kurt Mendelsohn: The world of Walther Nernst. The Rise and Fall of German Sciences (1864-1941), McMillan, London 1973

Werner Haberditzl: Walther Nernst und die Traditionen der physikalischen Chemie an der Berliner Universität in Forschen und Wirken. Festschrift zur 150. Jahresfeier der Humboldt-Universität zu Berlin 1810-1960, Vol. 1, VEB Deutscher Verlag d.

Wissenschaften (Berlin), 1960, 401
Erwin Hiebert: Nernst and Electrochemistry. Proceedings of the Electrochemical Society, Vol. 78, Princeton, N. J. 1978, 180
Diana Kormos Barkan: Walther Nernst and the Transition to Modern Physical Science, Cambridge Univ. Press, 1999 (ISBN 0521 444 56 x)

Letztere Biographie dokumentiert auf 288 Seiten ebenfalls die Beziehungen zu seinen wissenschaftlichen Zeitgenossen und deren Beiträge zum physikalischen Weltbild als Basis heutiger Erkenntnisse.

Hermann Berg, Jena 2002

Für vielfältige Anregungen und Bereitstellung der Literatur danke ich Frau Gretel Brauer und Herrn Dr. Hansel vom Wilhelm Ostwald Archiv, Großbothen

Anmerkungen

Aus dem großen Fundus der Veröffentlichungen von NERNST und seinen Schülern (vgl. den Anhang von VIII) wurden neun typische in Originalschreibweise ausgewählt, die im Zeitraum 1889 bis 1921 entstanden sind. Sie zeichnen sich alle durch einen präzisen Stil aus, wobei Formelausdrücke – mit Ausnahme von Publikation I – bevorzugt werden.

I Experimentelle Einzelheiten aus den Anfängen der Elektrochemie werden geschildert, womit die Dissoziation von KCl nachgewiesen wird und damit die Auffassung von L. SOHNCKE über Lösungsgleichgewichte – ebenfalls Z. f. phys. Chem. 3 (1889) 8 – widerlegt ist.
Während hier das quecksilbergefüllte Kapillarelektrometer nach Lippmann und die Kalomelelektrode eingesetzt wurden, benutzte W. Ostwald auch das aus einer Kapillare tropfende Quecksilber:
– On electrodes with dropping mercury (Phil. Mag. Ser.5.-27 (1889), 167, 365-366),
– Über Tropfelektroden (Z. physik. Chem. 3 (1889) 354-358).
Erst 23 Jahre später wurden aus Stromspannungskurven die analytischen Möglichkeiten der tropfenden Quecksilberelektrode durch Jaroslav Heyrovský in Prag entwickelt, jedoch erst 1959 mit dem Nobelpreis ausgezeichnet (vgl. Ostwalds Klassiker Bd. 266: Heyrovský, Polarographie (1985)).

II NERNSTs Theorie steht im Zusammenhang mit den Experimenten von Publikation I und vergleicht mit der Theorie von JAHN (Z. physik. Chem. 37 (1901) 490). Sie basiert auf den partiellen Dampfdrucken der Komponenten in Lösung und Gasraum, wobei letzterer als mit Wasser nicht mischbares Lösungsmittel zu betrachten ist. Daraus leiten sich ab:
osmotischer Druck
Gefrierpunktserniedrigung
chemisches Gleichgewicht

Löslichkeit und Löslichkeitsbeeinflussung
Verdünnungswärme
elektromotorische Kraft (NERNST-Gleichung).

Bei Letzterem widerlegt NERNST eine Formel von ARRHENIUS, was nicht nur zum Streit (vgl. Nachtrag), sondern auch zur Entzweiung führte.

III Diese Erwiderungen sind typisch für die damals in Zeitschriften übliche „Streitkultur“. Das frühere Einvernehmen mit ARRHENIUS scheiterte letztlich an Fehlinterpretationen der NERNST'schen Gleichung (Z. physik. Chemie 36 (1901) 28), die ausführlich widerlegt werden. Kürzere Entgegnungen fand NERNST für KOHNSTAMM, die Gültigkeit des NERNST'schen Verteilungssatzes betreffend, sowie für COHEN, der die Bildungswärmen von Zinksulfat im Clark-Element bezweifelte. Gegen Herrn NOYES, der eine Darstellung zum Beispiel der Dampfdruckisothermen in der „Theoretischen Chemie“ bemängelte, musste sich NERNST verwahren.

IV Ähnlich wie OSTWALD (vgl. Ostwalds Klassiker, Bd. 257) zeigte auch NERNST Interesse für Übertragung von Thermodynamik und Elektrochemie auf physiologische Prozesse. In dieser frühen Studie macht er sich Gedanken über die Leitfähigkeit von Nerven und lässt Experimente mit Muskeln als Reizanzeige durchführen bei Wechselströmen bis zu 2000 Hz. Aus den Messwerten in Tabellen 1-3 geht eine erstaunlich gute Übereinstimmung mit seiner einfachen Theorie hervor. Diese quantitativen Ergebnisse können zu den frühesten physiologischen Untersuchungen gezählt werden. Erst 33 Jahre später ergaben ähnliche Untersuchungen (A. Hill, R. Fullerton, B. Katz, D. Solandt: Nerve exitation by alternating current. Proc. R. Soc, London, Ser. B 121 (1937) 74-132) eine Abhängigkeit von der Quadratwurzel der Frequenz.

V Mit Hilfe eines rationellen elektrischen Druckofens wurde das Ammoniakgleichgewicht bestimmt, das heißt Gleichgewichtskonstante und Wärmetönung. Die technische Bedeutung dieser

Ergebnisse regten eingehende Diskussionen mit F. HABER (Karlsruhe) an, der bereits eine Reihe von Katalysatoren auf anderem Wege getestet hatte (vgl. den Diskussionsanhang).

VI Mit größter Akribie widmete sich NERNST der Bestimmung der spezifischen Wärme von Metallen und Verbindungen bis herab zur Temperatur des siedenden Wasserstoffes, da sie doch die Grundlage seines „Wärmesatzes" bilden. Zwischen $T = 23$ K und $T = 86$ K ergab sich eine „harmonisch" verlaufende Kurvenschar von Pb, Ag, Zn, Cu, Al mit nur 1 - 2 % Fehlern. Damit wurde nicht nur die EINSTEIN´sche Formel für die Atomwärme partiell bestätigt, sondern es konnte auch die Formel von LINDEMANN (Phys. Zeitschr. 11 (1910) 609) in guter Näherung herangezogen werden. Alle diese Ergebnisse eigneten sich zur Begründung des „Wärmetheorems", indem für $T = 0$ K: $\lim \frac{dU}{dT} = 0$ wird.

VII In Erweiterung von VI und der 4 Fortsetzungen bringt dieser Beitrag zunächst die Feststellung, dass gegenüber der LINDEMANN-Formel die von P. DEBYE für U und folglich auch A (chemische Affinität) bei tiefen Temperaturen wesentlich genauer den Verlauf wiedergibt. Am Beispiel des Jodsilbers zeigt er explizit auch anhand von Tabellen die zum Teil geringen Unterschiede zu früheren Berechnungen auf.

VIII Hierin werden die wichtigsten Passagen seines Hauptwerkes zum neuen Wärmegesetz vorgestellt. Der erste Abschnitt (S. 31-80) behandelte Bau und Betrieb des Vakuumthermometers. Dessen Präzision wird aus der Vergleichstabelle zu KAMERLINGH-ONNES (S. 43) deutlich. In Kapitel IV werden die spezifischen Wärmen und deren formelmäßige Behandlung dargestellt. So wird der Verlauf von C_p bei tiefen Temperaturen (vgl. VI) nach den Formeln von LINDEMANN-NERNST mit denen von EINSTEIN und DEBYE (T^3-Gesetz) zu Gunsten des Letzteren vergleichen. Hierbei hat die genaue Bestimmung von

$h\nu\frac{N}{R}$ (S. 49 und 55) eine wichtige Funktion (N-Zahl der Atome pro Grammatom; ν-Schwingungszahl des Atoms; *h*-Plancksche Konstante), was für Gase (Kapitel V) ausführlicher auch durch quantentheoretische Betrachtungen erläutert wird.

In Kapitel VI erfolgt die Ableitung des neuen Wärmesatzes unter mehreren Gesichtspunkten. Zur Veranschaulichung dient das Diagramm Figur 11. Bemerkenswert ist ferner, dass NERNST – angeregt durch PLANCK – eine Ableitung unter Einführung der Entropie *S* S. 72 angibt:

$$S = \int_0^T \frac{dQ}{T} \qquad (S = 0 \text{ für } T = 0),$$

wobei weiterhin für jede Temperatur generell gilt: $S = \int_0^T \frac{C_p dT}{T}$.

Aus diesen einfachen fundamentalen Formeln und dem Prinzip der Unerreichbarkeit des absoluten Nullpunktes entwickelte NERNST ab Kapitel XII (S. 127) eine Fülle von Folgerungen und Anwendungen: thermodynamische Messungen, elektrochemische Elemente, photochemische Reaktionen (Photolyse von HBr) sowie die Berechnung chemischer Konstanten, Integrationskonstanten für Dampfdruckformeln, einschließlich der experimentellen Prüfungen. Dabei interessieren ihn besonders Gase, ihre Zustandsgleichungen und ihre Entartung. Den Abschluss bilden einige Gedanken zur Beziehung des Wärmesatzes zur Quantentheorie und zu Diskussionen mit Richards, Polanyi, Czukor, Stern und Einstein.

Auf Seite 231 verneint Nernst die Auffindung weiterer Wärmesätze, regt aber die weitere Erforschung der spezifischen Wärmen an. Seine scharfsinnige Entwicklung des Wärmesatzes ist ein glänzendes Beipiel für eine allseitige didaktische Darstellung einer Theorie.

Der Anhang enthält ein aufschlussreiches Verzeichnis der Publikationen aus dem Berliner Institut 1906-1916.

IX Diese Einleitung zum grundlegenden Lehrbuch der Theoretischen Chemie vermittelt einen generellen Überblick zum Bestand an Resultaten, Theorien und Denkweisen einerseits und zu ersten Umstürzen im Weltbild der Naturwissenschaften zu Beginn des 20. Jahrhunderts andererseits. Dabei führt NERNST den Leser naturgemäß auf seinen Wärmesatz hin. Die Tabelle der damals bekannten Elemente (Atomgewichte bezogen auf O = 16,000) enthält nur deren 86.
Der Lichtäther diente damals trotz revolutionärer Erkenntnisse von MINKOWSKI, EINSTEIN, LAUE weiterhin zum Verständnis im Lehrbuch, während die Relativitätstheorie darin nur kurz erwähnt wird. Dennoch behielt dieses Lehrbuch noch längere Zeit seine herausragende Stellung bei.

I. Über freie Jonen

Von
Wilhelm Ostwald und Walther Nernst

Die von CLAUDIUS eingeführte Annahme, dass in elektrolytisch leitenden Flüssigkeiten ein Teil der elektrolytischen Molekeln in die Jonen zerfallen sei, hat bekanntlich in neuerer Zeit von S. ARRHENIUS insofern eine Entwicklung erfahren, als er den Bruchteil der Gesamtmenge des Elektrolyts bestimmen lehrte, welcher unter gegebenen Verhältnissen in Jonen zerfallen ist. Als übereinstimmendes Ergebnis einer ganzen Anzahl verschiedener Bestimmungsmethoden stellte sich heraus, dass nicht, wie bisher angenommen war, ein verschwindend kleiner Anteil des Elektrolyts die Zerlegung erfährt, sondern dass bei den meisten Neutralsalzen, sowie den starken Säuren und Basen umgekehrt nur ein kleiner Bruchteil unzerlegt in der Lösung existiert, während die Hauptmenge sich in Jonen zu spalten pflegt.

Während man mit der älteren unbestimmten Theorie sich so gut wie ausnahmslos einverstanden erklärt hat, stösst die neuere bestimmte Form derselben immer noch auf Widerspruch. Zwar ist durch einen von uns[1] der Nachweis geführt worden, dass man in elektrostatisch geladenen Elektrolyten freie Jonen annehmen muss, wenn man sich nicht mit den Grundgesetzen der Elektrizitätslehre in Widerspruch setzen will, doch ist die Möglichkeit der experimentellen Ausführung des dort angegebenen Versuchsschemas uns gegenüber gesprächsweise von so massgebender Seite in Zweifel gezogen worden, dass wir es für unsere Pflicht gehalten haben, auch in experimenteller Richtung jeden möglichen Zweifel zu entfernen.

1 Diese Zeitschrift **2**, 271. 1888.

Bekanntlich sind die bei elektrolytischen Vorgängen bewegten Elektrizitätsmengen ausserordentlich gross gegenüber denen, welche elektrostatisch gehandhabt werden können, und um elektrolytische Wirkungen statischer Elektrizität zu beobachten, ist daher eine besondere Feinheit der Mittel erforderlich. Wurden wir doch u. a. darauf hingewiesen, dass ein bis zur Schlagweite geladener Luftkondensator eine nach Quadratkilometern zu bemessende Ausdehnung haben müssen, um bei der Entladung nur ein Milligramm Wasserstoff in Freiheit zu setzen.

Doch ist ein Milligramm Wasserstoff sehr viel mehr, als zum Nachweis der Elektrolyse erforderlich ist. Diese Menge nimmt einen Raum von 12 bis 13 ccm unter gewöhnlichen Verhältnissen ein. Überlegt man, dass man unter der Lupe leicht ein Bläschen von 0,1 mm Durchmesser, unter dem Mikroskop ein solches von 0,01 mm sehen kann, so schrumpft die erwähnte riesige Ausdehnung des Kondensators erheblich, nämlich auf den zehnmillionsten, resp. Zehntausendmillionsten Teil ein, und seine Seiten bemessen sich nur mehr nach Dezimetern oder Centimetern.

Die günstigen Verhältnisse, welche wir für die Beobachtung der kleinen Wasserstoffmengen aufzufinden wussten, liegen in den Kapillaren des LIPPMANNschen Elektrometers vor, und in der Tat gelingen die Versuche mittelst desselben so leicht, dass sie mit den geringsten Mitteln und ohne jede besondere Massnahme ausgeführt werden können. Folgende Anordnung gestattet bequemes und sicheres Arbeiten.

Ein mit einem Glashahn versehenes Rohr von 20 bis 40 cm Länge wird an einem Ende zu einer Kapillare ausgezogen, deren Lumen so bemessen wird, dass der Druck des bis zur Höhe eingefüllten Quecksilbers soeben den kapillaren Gegendruck überwindet und das Metall auszutropfen beginnt. Man befestigt die Röhre senkrecht in einem Halter und lässt ihre Spitze in verdünnte Schwefelsäure tauchen. Durch Saugen am oberen Ende wird das Quecksilber in der Kapillaren gehoben und die Schwefelsäure dringt nach; durch passendes Handhaben des Hahnes bringt man dann die Grenzfläche zwischen Quecksilber und Schwefelsäure an einen geeigneten Ort, etwa in der Mitte der Kapillare. Ein in das Rohr eingeschmolzener

Platindraht vermittelt die Leitung zum Quecksilber. Mit dieser Vorrichtung haben wir folgende Versuche gemacht.

1. Ein grosser Glaskolben wurde mit verdünnter Schwefelsäure gefüllt, nachdem sein Bauch aussen mit Stanniol beklebt und sein Hals der besseren Isolierung wegen mit Schellack gefirnisst war. Der Inhalt des Kolbens stand durch einen nassen Faden mit der Schwefelsäure des vorbeschriebenen Instrumentes, das wir die *Kapillarelektrode* nennen wollen, in Verbindung, der Kolben selbst war durch eine Hartgummiplatte, auf der er stand, isoliert. Der positive Pol einer kleinen Elektrisiermaschine wurde mit der äusseren Belegung des Kolbens in Verbindung gebracht, das Quecksilber der Kapillarelektrode mit der Erde verbunden. Sowie die Elektrisiermaschine in Bewegung gesetzt wurde, ging der Meniskus der Kapillarelektrode heftig nach oben, und in demselben Augenblicke hatten sich mehrere Gasbläschen ausgeschieden, welche den Quecksilberfaden an einigen Stellen geteilt hatten.

Untersuchen wir nun die Vorgänge näher. Durch Zuführung positiver Elektrizität an die äussere Belegung des Kolbens wurde die negative Elektrizität im Inneren desselben angezogen und festgehalten, die positive dagegen abgestossen. Letztere ging durch den Faden in die Kapillarelektrode über, und durch den Platindraht der letzteren in die Erde. Ein geschlossener Strom ist nicht vorhanden, die ganze eintretende Bewegung der Elektrizität geschieht durch Influenz.

Nun beruht der von einem von uns (a. a.O.) gegebene Beweis für das Dasein freier Jonen in elektrisch geladenen Elektrolyten auf dem FARADAYschen Gesetz, nach welchem in Elektrolyten die Elektrizität nicht anders als gleichzeitig mit den Jonen sich bewegt. Fände, wie uns von hochgeschätzter Seite als möglich eingewendet wurde, bei der Influenzwirkung eine *metallische* Leitung durch den Elektrolyten statt, so wäre kein Grund für das Auftreten von Wasserstoff an der Elektrode vorhanden; umgekehrt beweist letzteres, dass *elektrolytische* Leitung stattfand, d. h. dass freie Jonen vorhanden waren und sich bewegt hatten.

Es findet sonach in Übereinstimmung mit der früheren Betrachtung (u. a. O. S. 272) folgendes statt:

In dem Masse, als sich die äussere Belegung des Kolbens positiv ladet, findet eine Anziehung der *negativen Jonen* SO^4 der Schwefelsäure statt. Die positiven Jonen *H* werden dagegen abgestossen und verschieben sich durch den nassen Faden bis an das Quecksilber, wo sie ihre Elektrizität abgeben und als gewöhnlicher Wasserstoff erscheinen.

Man könnte gegen diesen Versuch einwenden, dass durch das Glas hindurch eine *elektrolytische* Elektrizitätsbewegung stattfinden könnte, so dass die Ausscheidung von Wasserstoff von dieser, und nicht von der Influenzelektrizität herrühre. Dieser Einwand entfällt schon dadurch, dass die benutzte Leidnerflasche ihre Ladung sehr gut behielt; er wird ausserdem durch folgenden Versuch widerlegt.

2. Während die äussere Belegung des Kolbens mit der Erde verbunden ist, führt man der Schwefelsäure im Inneren desselben mittelst eines nassen Fadens positive Elektrizität zu. Dann unterbricht man die Leitung zur Elektrisiermaschine und stellt, ebenfalls mittelst eines nassen Fadens, die Verbindung der Schwefelsäure des Kolbens mit der Kapillarelektrode her, während das Quecksilber derselben zur Erde abgeleitet ist. Alsbald zeigen sich die gleichen Erscheinungen wie früher, der Quecksilberfaden zuckt nach oben und zwischen ihm und der Schwefelsäure sind Gasbläschen sichtbar.

Die Erklärung dieses Versuches ist ganz ähnlich der des ersteren. Indem die Elektrisiermaschine positive Elektrizität der Schwefelsäure zuführt, neutralisiert sie die negativen Jonen derselben, welche an der Stelle, wo der nasse Faden den Konduktor berührt, sich mit dem Metall desselben verbinden. Die positiven Jonen ordnen sich den Gesetzen der statischen Elektrizität gemäss an der Oberfläche des Leiters, insbesondere der äusseren Belegung gegenüber an. Verbindet man alsdann die Schwefelsäure durch Vermittelung der Kapillarelektrode mit der Erde, so bewegt sich die positive Elektrizität mit dem Wasserstoff bis zum Quecksilber; erstere geht dort weiter, der letztere bleibt unelektrisch zurück und scheidet sich gasförmig aus.

3. Ein ähnlicher Versuch lässt sich folgendergestalt anstellen. Die Schwefelsäure der Kapillarelektrode wird mit der Erde, das Quecksilber derselben mit einer Metallplatte von einigen Decimetern Seite verbunden. Man nähert der letzteren eine negativ geladene zweite Platte, und alsbald erscheint wiederum ein Wasserstoffbläschen am Quecksilbermeniskus. Hier wird die positive Elektrizität aus der Erde gegen die erste Platte bewegt und muss an der Elektrode den mit ihr bis dahin vergesellschaftet gewesenen Wasserstoff wieder in Form einer Gasblase zurücklassen.

4. Verbindet man das obere Quecksilber eines LIPPMANNschen Kapillarelektrometers mit einer isoliert aufgestellten Metallkugel und unterwirft diese durch Nähern und Entfernen von geriebenen Glas- oder Ebonitstangen einer Influenzwirkung, so bewegt sich der Quecksilberfaden des Elektrometers um erhebliche Strecken in dem vorauszusehenden Sinne. Die Bewegungen im Kapillarelektrometer entstehen bekanntlich durch Änderungen der Oberflächenspannung, welche ihrerseits durch Änderungen der Potentialdifferenz der elektrischen Doppelschicht an der Grenzfläche von Quecksilber und Schwefelsäure bedingt werden. Es findet mit anderen Worten durch die Influenzwirkung eine *Polarisation* des Quecksilbermeniskus statt. Eine Polarisation kann aber nur durch materielle Änderungen an der Grenzschicht hervorgerufen werden; die Elektrizitätsbewegung, welche bei diesem Versuche in der Schwefelsäure des Elektrometers bewirkt wird, ist somit eine *elektrolytische*, d. h. mit Ionenbewegung verbundene, und selbst diese äusserst geringen Elektrizitätsmengen werden nicht etwa durch eine Spur *metallischer* Leitung vermittelt.

Um schliesslich uns davon zu überzeugen, dass bei den gewählten Dimensionen ein Auftreten deutlich sichtbarer Elektrolyse nichts Unwahrscheinliches hat, wurde Versuch 1) unter Berücksichtigung der quantitativen Verhältnisse wiederholt. Die Kapazität des Kolbens für kurzdauernde Ladung ermittelte man durch galvanometrische Messung, indem derselbe von einer elektromotorischen Kraft mehrmals in der Sekunde mittelst einer mechanischen Vorrichtung geladen und durch ein empfindliches Galvanometer entladen wurde; aus dem Vergleich des so erhaltenen Ausschlags mit demjenigen, welcher entstand, als ein kleiner Bruchteil der obigen elektromotorischen Kraft direkt in die Galvanometerleitung eingeschaltet wurde, ergab sich die gesuchte Kapazität im elektromagnetischen Mass zu $6{,}9 \times 10^{-18}$ (cgs). Bei dem Versuch wurde der Kolben, aus der Funkenstrecke (0,1 mm) geschätzt, zum Potential von 800 Volt = 8×10^{10} absoluten Einheiten geladen, so dass die influenzierte Elektrizitätsmenge, welche die Kapillarelektrode passierte, $5{,}5 \times 10^{-7}$ betrug. Da die Elektrizitätsmenge 1 (cgs) 0,104 mg *H* in Freiheit setzt, so hätten unter gewöhnlichen Temperatur- und Druckverhältnissen $6{,}3 \times 10^{-7}$ ccm *H* in der Kapillare zum Vorschein kommen müssen.

Thatsächlich fand sich in ihr nach Beendigung des Versuchs ein Gasbläschen vor, dessen Länge etwa das doppelte des inneren Durchmessers der Kapillare betrug. Aus der Beobachtung, dass die an die Kapillarelektrode angesetzte Glasröhre 23 ccm hoch mit Quecksilber angefüllt werden musste, damit dieses in die (mit Luft erfüllte) Kapillare bis zu etwa der Stelle eindrang, wo früher das Bläschen erschienen war, berechnet sich unter Benutzung der QUINCKEschen Zahlen für die Oberflächenspannung des Quecksilbers der innere Radius *r* an dieser Stelle zu $3{,}7 \times 10^{-3}$ cm. Schätzen wir das Volum des Gasbläschens als Ellipsoid mit den Axen *r*, *r*, *2 r*, so ergibt sich dasselbe zu $4{,}3 \times 10^{-7}$ ccm, also in einer Übereinstimmung mit dem berechneten Werte, welche in Anbetracht der vielen eingehenden Faktoren, die teilweise mit sehr grosser Unsicherheit behaftet sind, als genügend angesehen werden kann.

Es steht somit fest, dass die Elektrizitätsbewegung in Elektrolyten dem FARADAYschen Gesetz entsprechend nur unter gleichzeitiger Bewegung ponderabler Massen, der Jonen, erfolgen kann, und dass somit in elektrostatisch geladenen Elektrolyten eine der Elektrizitätsmenge entsprechende Anzahl freier Jonen vorhanden sind. Dieselben werden sich, den elektrostatischen Gesetzen gemäss, wesentlich an der Oberfläche des Leiters anordnen.

Es kann nun aber noch die Frage aufgeworfen werden, ob nicht diese freien Jonen erst im Augenblicke der elektrostatischen Ladung in Freiheit gesetzt worden sind, so dass gleichzeitig mit der Scheidung der Elektrizitäten eine Art Elektrolyse im Inneren der Flüssigkeit selbst verbunden wäre. Gegen diese Annahme hat indessen schon CLAUSIUS seine unwiderlegt gebliebenen Einwände erhoben,[1] welche wesentlich darauf hinauslaufen, dass die Elektrizitätsbewegung in Elektrolyten den allerschwächsten elektromotorischen Impulsen gehorcht, was nicht möglich wäre, wenn die Elektrizität vorher eine merkliche Arbeit leisten müsste. Durch die nachfolgenden Betrachtungen hoffen wir zu erweisen, dass eine solche Annahme nicht nur den von CLAUSIUS angeführten Verhältnissen widerspricht, sondern auch zu Konsequenzen führt, die mit den Hauptsätzen der Thermodynamik unvereinbar sind.

Denken wir uns zunächst einen metallischen Leiter in Form einer sehr dünnen horizontalen Kreisscheibe angeordnet, welche um eine durch ihren Mittelpunkt gehende senkrechte Axe drehbar ist. An einer Stelle sei oberhalb- wie unterhalb der Scheibe je eine Platte eines Kondensators angebracht; zwischen beiden bestehe eine bestimmte Potentialdifferenz. Setzt man die Scheibe in Bewegung, so ist dazu keine Arbeit erforderlich, vorausgesetzt, dass die Bewegung so langsam ist, dass die durch die Verschiebung der Elektrizitäten im Leiter von sehr kleinem Widerstande bedingte JOULEsche Wärme, die dem *Quadrat* der Stromstärke proportional ist, vernachlässigt werden kann. Ersetzen wir jetzt die Metallscheibe durch einen gleichgeformten Elektrolyten, so ist zur Drehung derselben, wenn das COULOMBsche Gesetz auch für elektrolytische Leiter Geltung hat, gleichfalls keine Arbeit erforderlich. Nimmt man nun an, dass bei der elektrostatischen Ladung eines Elektrolyten Arbeit zur Trennung der Jonen verbraucht werde, so muss dieselbe als Wärme der Umgebung entzogen werden, und der Teil des Elektrolyts, welcher zwischen die Kondensatorplatten tritt, muss sich abkühlen. Beim Austritt aus dem elektrischen Felde werden sich die Jonen wieder vereinigen und eine gleiche Wärmemenge erzeugen. Wir hätten somit einen Apparat, in welchem wir ohne Arbeitsaufwand fortdauernd Temperaturdifferenzen erzeugen können, was dem zweiten Hauptsatze widerspricht.

---

1 Pogg. Ann. **101**, 338. 1857.

Dieser hier zunächst in möglichst anschaulicher Form gegebene Beweis lässt sich, was bisher noch nicht beachtet wurde, mit Hülfe einer in der Thermodynamik vielfach benutzten Schlussweise in ganz allgemeiner Gestalt führen, wodurch, wie das in der Natur derartiger Betrachtungen liegt, von vornherein die Möglichkeit ausgeschlossen wird, dass durch bestimmte experimentelle Anordnungen ein gegenteiliger Erfolg erzielt werden könne.

Um die Ideen zu fixieren, betrachten wir folgenden einfachen Fall. Eine Metallkugel sei konzentrisch von einer weiteren, aus der Lösung eines Elektrolyten gebildeten Hohlkugel umgeben, doch so, dass zwischen beiden eine isolierende Luftschicht sich befindet. Irgend eine Vorrichtung ermögliche es, der Metallkugel beliebige positive oder negative elektrostatische Ladungen mitzuteilen; dabei sei die Hohlkugel mit einer Masse derselben Lösung von so beträchtlicher Kapazität in Verbindung, dass durch die elektrischen Ladungen der Metallkugel das Potential jener nicht merklich geändert wird. Bekanntlich wird nach den Gesetzen der Elektrostatik unter diesen Umständen durch eine bestimmte Ladung der inneren Kugel eine gleich grosse Elektrizitätsmenge vom entgegengesetzten Zeichen auf der Hohlkugel influenziert, welche sich auf der Innenfläche derselben anhäuft, und zwar in Gestalt der freien Jonen, vorausgesetzt, dass auch auf die von letzteren mitgeführte Elektrizität das COULOMBsche Gesetz Anwendung findet.

Wir hielten es nicht für überflüssig, diese Voraussetzung, so wahrscheinlich sie auch ist, experimentell zu prüfen, umsomehr als dies mit grosser Schärfe geschehen kann. Wenn nämlich die im Innern der elektrolytischen Hohlkugel und die auf der Oberfläche der Metallkugel aufgehäuften Elektrizitäten nicht gleich gross wären, so würde dies von aussen an dem Vorhandensein einer elektrostatischen Wirkung erkennbar sein, die elektrolytische Hohlkugel würde sich nicht wie ein für elektrostatische Kraftlinien undurchdringlicher Schirm verhalten. Es war also experimentell zu entscheiden, ob eine passend angebrachte elektrolytische Scheibe ebenso Schirmwirkung übt, wie eine aus einem Metall gebildete.

Zu diesem Zwecke wurde aus über Holzrahmen aufgespanntem Zinkblech ein grosser Metallkasten angefertigt, in dessen Innern eine kleine Influenzelektrisiermaschine aufgestellt war. Die eine Vertikalseite enthielt einen kreisförmigen Ausschnitt, welcher aussen durch eine elektrolytische Scheibe (zwischen zwei Glasplatten eingepresstes, mit $\frac{1}{10}$-normaler Salzsäure getränktes Fliesspapier) reichlich bedeckt wurde. Zu beiden Seiten derselben befanden sich runde Metallscheiben von 25 cm Durchmesser, deren eine, im Innern des Kastens befindlich, mit dem einen Pol der Elektrisiermaschine, deren andere mit dem Goldblatt eines HANKELschen Elektrometers in Verbindung war. Der andere Pol der Maschine war mit dem Kasten, letzterer mit der Erde in leitender Verbindung. Die elektrolytische Scheibe stand mittels einer unpolarisierbaren Elektrode (Quecksilber mit $Hg_2\,Cl_2$ überschüttet) ebenfalls mit der Erde in Kontakt. Bei Erregung der Maschine und Kommutieren der beiden Polleitungen, was von aussen besorgt werden konnte, zeigte sich, wie erwartet, keine Wirkung auf das Elektrometer. Wenn die Schirmwirkung auch nur bis auf $\frac{1}{10000}$ unvollständig gewesen wäre, hätte es uns nicht entgehen können.

Somit ist die oben gemachte Voraussetzung durchaus zulässig und wir können den Zustand des beschriebenen Systems als bedingt durch die beiden Veränderlichen, absolute Temperatur T und elektrostatische Ladung E der Metallkugel, ansehen, wenn wir die Änderungen von E so langsam vor sich gehen lassen, dass die Konzentrationsänderungen, welche durch die Influenz von dE erzeugt werden und von der ungleichen Beweglichkeit der Jonen herrühren, sich ausgleichen, ehe wir zu einem neuen Zuwachs von E übergehen, und dass die durch die Elektrizitätsbewegungen erzeugte JOULEsche Wärme verschwindet. Beide Bedingungen sind derart, wie man sie bei thermodynamischen Ableitungen zu machen gewohnt ist.

Wir setzen den ersten Hauptsatz, wonach die dem System zugeführte Wärmemenge dQ zu Vergrösserung der innern Energie U und zur Leistung äusserer Arbeit verwendet wird, in der Form an

(1) $$dQ = dU + a\,E\,dE;$$

a ist eine Konstante, welche von den Dimensionen des Systems abhängt; in dem speziellen Fall, den wir hier betrachten, beträgt sie $\frac{D}{R(R+D)}$, wo R den Radius der Metallkugel und D die Dicke der zwischen ihr und der Hohlkugel befindlichen Schicht bedeutet, indem nach CLAUSIUS[1] die Arbeit, welche bei der Entladung von E auf E' geleistet wird

$$\frac{1}{2}(E-E')^2\alpha$$

zu setzen ist.

Gleichung (1) lässt sich in der Weise umformen:

$$\frac{dQ}{T} = \frac{1dU}{TdT}dT + \frac{1}{T}\left(\frac{dU}{dE} + aE\right). \tag{2}$$

Nach dem zweiten Hauptsatz ist $\frac{dQ}{T} = dS$ eine eindeutige Funktion von T und E; es ist somit

$$\frac{dS}{dT} = \frac{1}{T}\frac{dU}{dT}\;;\;\frac{dS}{dE} = \frac{1}{T}\left(\frac{dU}{dE} + aE\right).$$

Differenzieren wir beide Gleichungen bezw. nach E und T, so wird

$$\frac{d^2S}{dTdE} = \frac{1}{T}\frac{d^2U}{dTdE}\;;\;\frac{d^2S}{dTdE} = -\frac{1}{T^2}\left(\frac{dU}{dE} + aE\right) + \frac{1}{T}\frac{d^2U}{dTdE}.$$

Es ist also

$$o = \frac{dU}{dE} + aE. \tag{3}$$

Dies in Gleichung (2) eingesetzt giebt

$$dQ = \frac{dU}{dT}dT,$$

oder, wenn wir uns den Vorgang isotherm verlaufend denken

$$d\,Q = o, \tag{5}$$

1 Pogg. Ann. **86**, 337.

d. h. zur Trennung der Molekeln in die Jonen, welche die Influenzelektrizität liefern, wird keine Arbeit erfordert, und wir können allgemein schliessen, dass die Jonen, welche sich an der Stromleitung beteiligen, im freien Bewegungszustande sich befinden. Dieser Forderung der mechanischen Wärmetheorie entspricht von den bisherigen Anschauungen über Elektrolyse nur die Hypothese von ARRHENIUS.

Schliesslich sollen noch an dieser Stelle die Vorstellungen dargelegt werden, welche man sich auf Grundlage der Annahme der Präexistenz freier Jonen von dem Vorgange der Elektrolyse machen muss. Wir heben hervor, dass wir hierbei nicht beanspruchen, erheblich Neues zu bringen. Doch erschien es wünschenswert, die Theorie der Elektrolyse einmal von dem neuen Standpunkte aus in ihrer ganzen Einfachheit und Anschaulichkeit darzustellen.

Es sein ein Elektrolyt, etwa eine Lösung von Chlorkalium gegeben, in welchem an zwei Querschnitten die Potentiale $+ V$ und $- V$ herrschen. Die erste Wirkung wird darin bestehen, dass sich dem OHMschen Gesetz gemäss eine elektrostatische Ladung von $+ V$ bis $- V$ auf der Oberfläche des Leiters herstellt, die, wie oben nachgewiesen wurde, durch eine Ansammlung positiver, resp. negativer Jonen an der Oberfläche hervorgebracht wird. Hierdurch wird, wie das von KIRCHHOFF für metallische Leiter auseinandergesetzt wurde, eine Triebkraft auf die im Innern vorhandenen Elektrizitäten in dem Sinne hervorgerufen, dass die negative Elektrizität nach einer, die positive nach deren anderen Seite sich bewegt. In Elektrolyten ist aber die Elektrizität an die Jonen gebunden; die Triebkraft, welche für die beiden Elektrizitäten gleich und entgegengesetzt wirkt, setzt die Jonen mit Geschwindigkeiten in Bewegung, welche umgekehrt proportional den Reibungswiderständen sind, welche sie erfahren. Die in der Zeiteinheit transportierte Elektrizitätsmenge ist also proportional: *erstens* der Potentialdifferenz, *zweitens* der Anzahl freier Jonen, *drittens* der Summe der Wanderungsgeschwindigkeit der letzteren.

Dies ist der primäre Vorgang bei der elektrolytischen Leitung, wie er sich z. B. realisieren lässt, wenn man einen in sich geschlossenen Leiter zweiter Klasse in einem ungleichförmigen Magnetfelde bewegt. Die gegen die elektrodynamischen Kräfte hierbei geleistete Arbeit erscheint als JOULEsche Wärme im Leiter.

Verwickeltere Verhältnisse treten ein, wenn die Elektrizität in einem aus Leitern erster und zweiter Klasse gebildeten System in Bewegung gesetzt wird. Wir nennen die Teile des ersteren, welche an den Elektrolyt grenzen, Elektroden. An diesen verlässt die Elektrizität ihre Träger, die Jonen, um sich auf eine noch nicht nä her gekannte Weise (die vielleicht der im Elektrolyt stattfindenden ähnlich ist) im Metall fortzubewegen. Die Jonen bleiben unelektrisch zurück und bilden, da sie in diesem Zustande nicht beständig sind, entweder miteinander Molekeln (wie *H*, *Cl* und andere elementare Jonen), oder sie reagieren auf das Lösungsmittel (wie das Jon der Schwefelsäure SO^4, welches nach der Gleichung $2\ SO^4 + 2H^2O = 2\ H^2SO^4 + O^2$ Schwefelsäure und Sauerstoff giebt), oder endlich, sie reagieren auf die Substanz der Elektrode, wenn diese von geeigneter Beschaffenheit ist.

Der Übergang der Elektrizität von den Jonen auf die Elektroden erfolgt im allgemeinen nicht ohne weiteres, sondern er setzt eine bestimmte Potentialdifferenz voraus. Solange diese nicht erreicht ist, verhält sich das aus Elektrolyt und Elektrode gebildete System wie ein Kondensator, indem sich an der Berührungsfläche eine Ansammlung von gleichnamig geladenen Jonen herstellt, welche die entgegengesetzte Elektrizität in der Elektrode bindet und die gleichnamige abströmen lässt. Es bedingt somit, wie bekannt, auch die geringste elektromotorische Kraft in einem zusammengesetzten System einen Strom, derselbe dauert aber nur an, bis der Kondensator geladen ist, und hört dann auf, falls Konvektion ausgeschlossen ist. Wir können hier des weiteren nur auf die grundlegenden Arbeiten hinweisen, durch welche v. HELMHOLTZ diesen Teil der elektrolytischen Vorgänge ins Klare gesetzt hat.

Die eben dargelegten Vorgänge erfolgen an jeder der beiden Elektroden, welche den Leiter zweiter Klasse begrenzen, nur mit umgekehrten Zeichen, und bedingen die *Polarisation* derselben. Übereinstimmend mit der Erfahrung zeigt die Theorie, dass bei anwachsenden elektromotorischen Kräften des primären Stromes die elektromotorische Kraft der Polarisation anwächst, bis sie ein

Maximum erreicht, bei welchem die Doppelschicht vollkommen ausgebildet ist. Bei weiterer Steigerung der primären Potentialdifferenz erfolgt alsdann der Übergang der Elektrizität von den Jonen auf die Elektrode, der Funkenentladung des Kondensators entsprechend.

Werden die Elektroden im Zustande der Polarisation metallisch verbunden, so dass ihr Potential gleich wird, so hört die Ursache auf, welche die Jonen des Elektrolyts auseinander trieb, und diese beginnen sich durch die Flüssigkeit hindurch zu vereinigen. Dadurch werden die an den Elektroden kondensatorisch gebundenen Elektrizitätsmengen frei und gleichen sich durch die Verbindungsbahn aus.

Diese Auffassung unterscheidet sich etwas von der, welche L. SOHNCKE (diese Zeitschrift **3**, 8) entwickelt hat, indem die Ursache des Polarisationsstromes in die elektrischen Verhältnisse der Jonen und nicht in die chemischen Verwandtschaften des Sauerstoffs und Wasserstoffs verlegt wird. Wir sind der Meinung, dass es nicht zulässig ist, die Polarisation durch *Jonen* mit den elektromagnetischen Kräften zu identifizieren, welche durch die Beladung von Platin- oder anderen Elektroden mit Stoffen im gewöhnlichen, unelektrischen Zustande hervorgerufen werden. Auch wissen wir keinen Grund zur Annahme, welche SOHNCKE macht, dass durch die Gegenwart eines Elektrolyts auch das Wasser in Jonen zu zerfallen disponiert werde. Eine solche Annahme steht vielmehr in striktem Widerspruch zu den Thatsachen, welche KOHLRAUSCH in seinem Gesetz von der unabhängigen Wanderung der Jonen zusammengefasst hat. Die Fortbildung und genau Bestätigung, welche dies Gesetz neuerdings erfahren hat,[1] schliesst die Möglichkeit einer messbaren Beteiligung des Lösungswassers bei der Elektrolyse vollkommen aus.

Bei dieser Gelegenheit sei noch auf einen anderen Differenzpunkt in der Auffassung elektrolytischer Vorgänge durch SOHNCKE und uns hingewiesen (a. a. O., S. 39, Anmerkung). SOHNCKE nimmt an, dass in einer Chlorkaliumlösung nicht die Jonen *K* und *Cl* vorhanden seien, sondern das dieselben auf das Wasser wirken, um

1 Diese Zeitschr. **2**, 948. 1888.

KOH und *HCl* zu bilden. Indessen ist unzweifelhaft eine Chlorkaliumlösung verschieden von einem Gemenge aus Kali- und Chlorwasserstofflösung, denn stellt man letztere einzeln her und vermischt sie dann, so findet eine bedeutende Wärmeentwicklung statt. Ferner müsste die Elektrolyse einer solchen Lösung nur Kali und Salzsäure geben. Sie giebt aber einerseits Kali und eine äquivalente Menge Wasserstoff, andererseits Chlor, was nur verständlich ist, wenn man *K* und *Cl* als die Jonen ansieht, von denen ersteres den Wasserstoff sekundär aus dem Lösungswasser frei macht.

Durch diesen Einwand wird auch die Bemerkung desselben Verfassers (diese Zeitschr. **3**, 10) zu einem Versuche von HERTZ getroffen. Doch lässt sich der Grundgedanke jener Erörterung auch nach der unsererseits vertretenen Auffassung festhalten. Dass Chlornatrium in *fester* Gestalt durchlässig für die aktiven Strahlen ist, fände hiernach seine Erklärung nicht darin, dass beide Lösungen *HCl* enthalten, sondern darin, dass sie beide *Cl*-Jonen enthalten, denen die fragliche Wirkung zuzuschreiben wäre. Dieselben sind im festen Chlornatrium nicht vorhanden, da dieses kein Leiter ist.

Leipzig, physikalisch-chemisches Laboratorium. Januar 1889.

II. Zur Theorie der Lösungen

von
W. Nernst

Ein grosses Thatsachenmaterial hat gelehrt, dass in sehr verdünnten Lösungen die Gasgesetze exakt gelten, und zwar nicht nur für elektrisch neutrale Moleküle, sondern aller Wahrscheinlichkeit nach auch für die Ionen.

Bei höheren Konzentrationen treten, ähnlich wie bei stark komprimierten Gasen, Abweichungen auf, und zwar scheint es, als ob in den Fällen, dass Ionen zugegen sind, diese Abweichungen schon bei relativ verdünnten Lösungen sich stark bemerkbar machen.

Herr JAHN[1] hat soeben, dieser Thatsache Rechnung tragend, im Anschluss an die Behandlungsweise PLANCKs, eine Theorie der Lösungen entwickelt, die von der Annahme ausgeht, dass bei nicht zu konzentrierten Lösungen lediglich durch eine störende Wechselwirkung der Ionen untereinander Abweichungen von den Gasgesetzen eintreten. Es ist aber wohl durch manche Beobachtungen sichergestellt, dass, wenigstens in gewissen Fällen, sich schon in mässig konzentrierten Lösungen auch eine störende Wechselwirkung zwischen Ionen und elektrisch neutralen Molekülen bemerkbar macht.

Molekulartheoretisch kann man dies so ausdrücken, dass, wie Herr JAHN zuerst betont hat, beim Zusammenstoss der Ionen wegen ihrer elektrischen Ladungen eine stärkere gegenseitige Wechselwirkung eintritt, als beim Zusammenstoss von elektrisch neutralen Molekülen untereinander, dass aber auch, wie ich hinzufügen möchte, wegen dielektrischer Kräfte solche Wechselwirkung statt-

1 Diese Zeitschr. **37**, 490 (1901).

hat, sobald ein elektrisch neutrales Molekül durch Zusammenstoss in das elektrostatische Feld eines Ions gelangt.

Gegen einzelne Schlussfolgerungen der Theorie JAHNs erhob ich brieflich meinem verehrten Kollegen gegenüber Bedenken, die er in der loyalsten Weise anerkannt hat.[1] Ohne weiter auf gewisse Differenzpunkte untergeordneter Art hier einzugehen, möchte ich meinerseits eine, wie ich glaube, anschaulichere, allgemeinere und wohl auch strengere Behandlungsweise der „nicht idealen" Lösungen geben, nicht aber ohne ausdrücklich hervorzuheben, dass die erwähnte Arbeit Herrn JAHNs und ein intensiver brieflicher Verkehr mit ihm mir die Anregung zu der nachfolgenden Studie gegeben hat.

Den Weg, der meines Erachtens einzuschlagen ist, wenn man die Theorie der idealen Lösungen zu einer Theorie von konzentrierteren Lösungen ausbauen will, die jedoch immerhin noch das Lösungsmittel im starken Überschuss enthalten sollen, glaube ich bereits 1893 durch folgende Bemerkung vorgezeigt zu haben:[2]

> „Es wird nunmehr nahegelegt, das Problem in Angriff zu nehmen, wie der chemische Gleichgewichtszustand vom Mengenverhältnisse abhängt, wenn die verschiedenen Molekülgattungen in beliebigen Konzentrationen zugegen sind; die Komplikationen, die hier eintreten, bestehen darin, dass die Teilungskoëffizienten Funktionen der Konzentrationen anderer Molekülgattungen, d. h. des jeweiligen Gleichgewichts werden. Doch möchte ich hier darauf verzichten, die hieraus sich ergebenden allgemeinen Formeln zu entwickeln, teils weil sie wenig übersichtlich ausfallen, besonders aber weil ich mich damit auf ein vom Experimente noch sehr wenig und zielbewusst wohl noch gar nicht bebautes Gebiet begeben möchte."

Auch heute noch bin ich überzeugt, dass lediglich durch Ausführung des obigen Gedankens ein sicherer Fortschritt auf diesem immer noch sehr diskutablen Gebiete zu erzielen sein wird. Im fol-

1 Diese Zeitschr. **38**, 125 (1901).

2 Diese Zeitschr. **11**, 351 (1893).

genden möchte ich den Versuch machen, eine Theorie der Lösungen von den erwähnten Gesichtspunkten aus zu entwickeln.

Wir betrachten z. B. eine wässerige Lösung, in der verschiedene gelöste Stoffe sich befinden mögen; um unsere Rechnungen aber nicht unnötig weitschweifig werden zu lassen, wollen wir uns auf drei gelöste Molekülgattungen beschränken.

Bei einer idealen verdünnten Lösung gilt für jede Molekülgattung DALTONs Absorptionsgesetz, d. h. es ist:

$$\pi_1 = A_1 c_1,\ \pi_2 = A_2 c_2,\ \pi_3 = A_3 c_3;$$

darin bedeutet π den Dampfdruck, A einen Proportionalitätsfaktor und c die Konzentration, während der Index 1 bis 3 sich auf die drei Molekülgattungen bezieht. Wenn aber die Gasgesetze ihre strenge Gültigkeit verlieren, so wird eine Abweichung von DALTONs Gesetz eintreten, der wir jedenfalls in erster Annäherung durch Ausdrücke der Form:

$$\pi_1 = A_1 c_1 (1 + \alpha_1 c_1 + \alpha_{12} c_2 + \alpha_{13} c_3), \tag{I}$$

oder:

$$\pi_1 = A_1 c_1 e^{\alpha_1 c_1 + \alpha_{12} c_2 + \alpha_{13} c_3,} \tag{II}$$

Rechnung tragen können. Für nicht zu grosse Werte der Konzentrationen und der Koëffizienten a werden beide Ausdrücke praktisch identisch; da aber die Form (II) für die unten folgenden Rechnungen sehr viel bequemer ist und vielleicht auch als Interpolationsformel den thatsächlichen Verhältnissen sich besser anpasst, als Form (I), so wollen wir die Abweichungen von den Gasgesetzen durch die Formeln darstellen:

$$\left.\begin{aligned} \pi_1 &= A_1 c_1 e^{\alpha_1 c_1 + \alpha_{12} c_2 + \alpha_{13} c_3,} \\ \pi_2 &= A_2 c_2 e^{\alpha_2 c_2 + \alpha_{21} c_1 + \alpha_{23} c_3,} \\ \pi_3 &= A_3 c_3 e^{\alpha_3 c_3 + \alpha_{31} c_1 + \alpha_{32} c_2,} \end{aligned}\right\} \tag{a}$$

Es tragen die Koëffizienten α_1, α_2, α_3 der gegenseitigen Wechselwirkung gleichartiger, die Koëffizienten α_{12} usw. der gegenseitigen Wechselwirkung verschiedenartiger Moleküle Rechnung. Im folgenden wird sich ergeben, dass die wichtigsten Erscheinungen der Lösungen ausser durch die Gasgesetze von jenen Koëffizienten beherrscht werden, und dass daher umgekehrt letztere auf die mannigfachste Weise bestimmbar sind.

Als *Konzentration* soll im folgenden das Verhältnis der Zahl n der gelösten Moleküle eines Stoffes zur Zahl der Wassermoleküle N bezeichnet werden; wir setzen also:

$$c_1 = \frac{n_1}{N}, \qquad c_2 = \frac{n_2}{N}, \qquad c_3 = \frac{n_3}{N}; \tag{b}$$

diese Definition dürfte für die hier befolgten Zwecke weitaus die einfachste sein, indem sie uns in den Stand setzt, die nachfolgenden Rechnungen *ohne jede weitere Vernachlässigung* durchzuführen.

Die Dampfspannung p des Wassers finden wir durch folgende Betrachtung.

Gegeben seien zwei Lösungen, die auf n_1, n_2, n_3 Molekeln gelöster Stoffe N, bezw. $N + \Delta N$ Moleküle Wasser enthalten mögen, und deren Mengen wir uns so gross denken wollen, dass während der nachfolgend beschriebenen Operationen ihre Konzentrationen sich nicht merklich ändern. Die Arbeit, um $N + n_1 + n_2 + n_3$ Molekeln der betreffenden Molekülgattungen von (I) nach (II) zu befördern, beträgt dann:

$$RT\left(N \ln \frac{p}{p + \Delta p} + n_1 \ln \frac{\pi_1}{\pi_1 + \Delta\pi_1} + \ldots\right):$$

wenn wir dann von Lösung II uns $N + \Delta N$ Moleküle Wasser nebst den darin befindlichen gelösten Molekülen $(n_1 + n_2 + n_3)$ abgetrennt denken, so können wir die abgetrennte Menge auf die Zusammensetzung von Lösung I dadurch bringen, dass wir ΔN Moleküle Wasser zu Lösung II hinüberdestillieren; hierzu ist die Arbeit:

$$RT \int_{N+\Delta N}^{N} \ln \frac{p'}{p + \Delta p} \cdot dN$$

erforderlich, worin p' die während dieses Prozesses zwischen $p + \Delta p$ und p variable Dampfspannung des Wassers bezeichnet. Nach Ausführung dieser Operation können wir ohne Arbeitsleistung die

$N + n_1 + n_2 + n_3$ Molekeln Lösung I wieder beimischen, wodurch wir zum Anfangszustand zurückgekehrt sind.

Bei diesem reversiblen isothermen Kreisprozess muss die Summe der aufgewandten Arbeiten verschwinden; es wird also:

$$N \ln \frac{p}{p+\Delta p} + n_1 \ln \frac{\pi_1}{\pi_1 + \Delta\pi_1} + n_2 \ln \frac{\pi_2}{\pi_2 + \Delta\pi_2} + n_3 \ln \frac{\pi_3}{\pi_3 + \Delta\pi_3} + \int_{N+\Delta N}^{N} \ln \frac{p'}{p+\Delta p} dN = 0 \qquad \text{(c)}$$

Lassen wir nunmehr ΔN und damit auch Δp, $\Delta\pi_1$ usw. sehr klein werden, so wird, da p' zwischen den Grenzen p und $p + dp$ variiert, das Integral in vorstehender Gleichung kleiner als:

$$\frac{dp}{p} dN,$$

also jedenfalls unendlich klein zweiter Ordnung, so dass es neben den übrigen Summanden, die unendlich klein erster Ordnung werden, verschwindet. Wir bekommen somit[1]:

$$N \frac{dp}{p} + n_1 \frac{d\pi_1}{\pi_1} + n_2 \frac{d\pi_2}{\pi_2} + n_3 \frac{d\pi_3}{\pi_3} = 0, \qquad \text{(d)}$$

oder wenn wir die Ausdrücke (a) einführen:

$$N \frac{dp}{p} + n_1 \frac{(1+\alpha c_1) dc_1 + \alpha_{12} c_1 dc_2 + \alpha_{13} c_1 dc_3}{c_1} + \ldots,$$

und wenn wir schliesslich durch N dividieren und die Gleichungen (b) berücksichtigen:

$$\left.\begin{aligned} & d\ln p + (1 + \alpha_1 c_1 + \alpha_{21} c_2 + \alpha_{31} c_3) dc_1 + (1 + \alpha_2 c_2 + \alpha_{12} c_1 \\ & \quad + \alpha_{32} c_3) dc_2 + (1 + \alpha_3 c_3 + \alpha_{13} c_1 + \alpha_{23} c_2) + dc_3 = 0 \end{aligned}\right\} \qquad \text{(e)}$$

Nun ist p eindeutig durch die Konzentration der gelösten Molekülgattungen bestimmt: mit anderen Worten, es muss der auf der rechten Seite der Gleichung befindliche Ausdruck ein vollständiges Differential sein, so dass wir bekommen:

1 Vgl. H. J. S. *Sand*, Diese Zeitschr. **36**, 503 (1901).

$$-\frac{\partial \ln p}{\partial c_1} = 1 + \alpha_1 c_1 + \alpha_{21} c_2 + \alpha_{31} c_3, \ldots$$

Vertauschen wir bei zweimaliger Differenzierung nach je zwei verschiedenen Konzentrationen die Reihenfolge der Differentiation, so wird: $\alpha_{12} = \alpha_{21}$, $\alpha_{13} = \alpha_{31}$, $\alpha_{23} = \alpha_{32}$, wodurch die Zahl der empirischen Konstanten unserer Gleichungen von neun auf sechs reduziert wird.

Die Integration von (e) ist nunmehr sofort ausführbar; es wird:

$$\ln p + c_1 + \frac{\alpha_1}{2} c_1^2 + c_2 + \frac{\alpha_2}{2} c_2^2 + c_3 + \frac{\alpha_3}{2} c_3^2 + \alpha_{12} c_1 c_2 + \alpha_{23} c_2 c_3 + \alpha_{13} c_1 + \text{konst} = 0.$$

Für reines Wasser, d. h. $c_1 = c_2 = c_3 = 0$, wird $-\ln p_0 = \text{konst.}$, so dass wir schliesslich erhalten:

$$\ln\frac{p_0}{p} = c_1 + \frac{\alpha_1}{2} c_1^2 + c_2 + \frac{\alpha_2}{2} c_2^2 + c_3 + \frac{\alpha_3}{2} c_3^2 + \alpha_{12} c_1 c_2 + \alpha_{23} c_2 c_3 + \alpha_{13} c_1 c_3 . \text{(f)}$$

Über das Molekulargewicht des flüssigen Wassers wird, wie ausdrücklich zur Vermeidung von Missverständnissen bemerkt sei, offenbar keinerlei Voraussetzung gemacht.

Bei der Behandlung von *Elektrolyten* tritt als eine weitere Bedingung noch hinzu, dass die positiven und negativen Ionen in elektrisch äquivalenter Menge, sowohl in Lösung, wie im Gasraum, vorhanden sein müssen; es ist also z. B., wenn wir die vorstehenden Gleichungen auf einen binären Elektrolyt anwenden wollen und unter c_1 die Konzentration der elektrisch neutralen Moleküle, unter c_2 und c_3 diejenigen der Ionen verstehen:

$$c_2 = c_3, \; \pi_2 = \pi_3,$$

und da dies für alle möglichen Konzentrationsverhältnisse gilt[1], auch:

$$A_2 = A_3, \qquad \alpha_2 = \alpha_3, \qquad \alpha_{12} = \alpha_{13}.$$

Wollte man übrigens wegen der Existenz von Ionen im Gasraume Bedenken hegen, die übrigens meiner Ansicht nach für die hier befolgten Ziele irrelevant sind, so mag man sich anstatt des

1 Vergl. hierzu auch Nernst, diese Zeitschr. **9**, 139 (1892).

Gasraumes ein zweites, mit Wasser nicht merklich mischbares Lösungsmittel vorstellen, in welchem die betrachteten Substanzen sehr wenig löslich sind. Dann gelten für den osmotischen Druck π der einzelnen Molekülgattungen, bez. Ionen in diesem zweiten Lösungsmittel den Gleichungen (a) ganz analoge Formeln, weil im zweiten Lösungsmittel die betreffenden gelösten Stoffe sich im idealen Gaszustande befinden.

Ebenso kann man in den Fällen, dass wegen zu hohen Dampfdruckes etwa die Anwendung der Gasgesetze auf die π-Werte bedenklich erscheint, für letztere den osmotischen Druck in einem Lösungsmittel der soeben charakterisierten Art einführen.

Osmotischer Druck. Bis zu ziemlich hohen Konzentrationen[1] gilt für den osmotische Druck P die Gleichung:

$$P = \frac{S}{M_0} \cdot RT \ln \frac{p_0}{p},$$

worin S das spezifische Gewicht des reinen Lösungsmittels und M_0 sein Molekulargewicht im Gaszustande bezeichnet; der Wert für

$\ln \frac{p_0}{p}$ ist der Gleichung (f) zu entnehmen.

Gefrierpunktserniedrigung. Die Gefrierpunktserniedrigung t berechnet sich nach *Dieterici*[2] aus der Gleichung:

$$\ln \frac{p_0}{p} = \frac{t\rho}{RTT_0}\left(1 - \frac{C_1 - C_2}{2} \cdot \frac{T_0}{\rho} \cdot \frac{t}{T}\right); \tag{g}$$

darin ist ρ die Schmelzwärme, T_0 der Gefrierpunkt des reinenLösungsmitels und $T = T_0 - t$ derjenige der Lösung; $C_1 - C_2$ ist die Differenz der spezifischen Wärmen von flüssigem und festem Lösungsmittel. Wenn wir für das in den Klammern stehende Korrektionsglied die Zahlenwerte einsetzen, so wird Gleichung (g):

1 Vgl. dazu Nernst, Theoretische Chemie (3. Aufl.) S. 161, 162.

2 Wied. Ann. **52**, 263 (1894).

$$\ln\frac{p_0}{p} = \frac{t\rho}{RTT_0}\left(1-0,81\frac{t}{T}\right);$$

bei Gefrierpunktserniedrigungen bis zu wenigen Dezigraden wird man das Korrektionsglied wohl stets vernachlässigen können. Unter dieser Bedingung ergiebt sich, indem wir ferner den dann sehr kleinen Unterschied zwischen T und T_0 vernachlässigen, nach Gleichung (f):

$$\frac{t\rho}{RT_0^2} = c_1 + \frac{\alpha_1}{2}c_1^2 + c_2 + \frac{\alpha_2}{2}c_2^2 + c_3 + \frac{\alpha_3}{2}c_3^2 + \alpha_{12}c_1c_2 + \alpha_{23}c_2c_3 + \alpha_{13}c_1c_3 .$$

Für einen binären Elektrolyten erhalten wir also, indem wir mit c_1 die Konzentration der elektrisch neutralen Moleküle und mit $c_2 = c_3$ diejenigen der beiden Ionen bezeichnen und, wie oben gefunden, $\alpha_2 = \alpha_3$, $\alpha_{12} = \alpha_{13}$ setzen:

$$\frac{t\rho}{RT_0^2} = c_1 + 2c_2 + \frac{\alpha_1}{2}c_1^2 + 2\alpha_{12}c_1c_2 + c_2^2(\alpha_2 + \alpha_{23}). \tag{h}$$

Jahn nimmt in seiner Theorie an, dass die Werte von α_1 und α_{12} zu vernachlässigen seien; wir würden dann bekommen:

$$\frac{t\rho}{RT_0^2} = c_1 + 2c_2[1 + c_2(\alpha_2 + \alpha_{23})] .$$

Aus den Formeln Jahns ergiebt sich (freilich nur unter gewissen Vernachlässigungen):

$$\frac{t\rho}{RT_0^2} = c_1 + 2c_2\left(1 - \frac{\ln\lambda}{2}c_2\right),$$

worin

$$\frac{\ln\lambda}{2} = \frac{\varphi_{11} + \varphi_{22} + \varphi_{12}}{R}$$

bezeichnet. Der Vergleich beider Formeln lehrt, dass die in Jahns Theorie etwas abstrakten φ-Koëffizienten mit den von mir eingeführten α-Koëffizienten, welch letztere der Abweichung von den einfachen Löslichkeitsgesetzen Rechnung tragen, in der einfachen Beziehung stehen:

$$\frac{\varphi_{11}+\varphi_{22}}{R}=-\alpha_2,\ \frac{\varphi_{12}}{R}=-\alpha_{23}.$$

Gesetz der chemischen Massenwirkung. Die Theorie des chemischen Gleichgewichts in der Lösung ergiebt sich sehr einfach durch folgende Bemerkung. Auf die Dampfdrucke (π-Werte) ist das Gesetz der Massenwirkung ohne weiteres anwendbar; die π-Werte bestimmen aber ihrerseits nach den Grundgleichungen (a) die Konzentrationen in der Lösung.

Als Beispiel wollen wir die Dissociation eines binären Elektrolyts betrachten, woselbst $\pi_2 = \pi_3$ und $c_2 = c_3$ wird. Es ergiebt sich dann:

$$\frac{\pi_2^2}{\pi}=\text{konst.}$$

und mit Berücksichtigung von (a):

$$\frac{c_2^2}{c_1}e^{2c_2(\alpha_2+\alpha_{23}-\alpha_{12})+c_1(2\alpha_{12}-\alpha_1)}=K. \qquad \text{(i)}$$

Der Vergleich dieser Formel mit Gleichung (h) lehrt, dass die an den Gefrierpunktserniedrigungen und die an dem Ausdruck $\frac{c_2^2}{c_1}$ anzubringenden Korrektionen von gleicher Grössenordnung sind; wenn das Massenwirkungsgesetz nicht exakt gilt, darf man also auch nicht Dissociationsgrade aus Gefrierpunkten berechnen.[1]

Setzen wir wiederum, wie oben, mit JAHN:

$$\alpha_1=\alpha_{12}=0,$$

so ergiebt sich aus (i) die von JAHN abgeleitete Formel, wobei, wie oben,

$$\frac{\varphi_{11}+\varphi_{22}+\varphi_{12}}{R}=-(\alpha_2+\alpha_{23})\ \text{ist.}$$

---

1 Aus den sehr erheblichen Abweichungen der Gleichung der Dissociationsisotherme ergiebt sich also, dass auch die aus den Gefrierpunkten berechneten Dissociationsgrade erheblich fehlerhaft sein müssen; das Gleiche folgt natürlich für die davon wenig verschiedenen aus der Leitfähigkeit berechneten Werte.

Löslichkeit. Die Anwesenheit eines gelösten Stoffes als Bodenkörper liefert die einfache Bedingung, dass sein π-Wert konstant ist; Zusatz eines zweiten Stoffes wird nach den Grundgleichungen (a) π beeinflussen, und es wird also die Löslichkeit des festen Körpers sich insofern ändern, als soviel ausfallen oder sich lösen wird, bis der ursprüngliche π-Wert wieder hergestellt ist.

Als Beispiel betrachten wir den jüngst von ROTHMUND[1] theoretisch und von WILSMORE experimentell untersuchten Fall der gegenseitigen Beeinflussung der Löslichkeit zweier Stoffe. Es seien c_1 und c_2 die Löslichkeiten der einzelnen Stoffe, c_1' und c_2' die Löslichkeiten in gemeinsamer Lösung; die Konstanz der π-Werte für beide Körper ($\pi_1 = \pi_1'$, $\pi_2 = \pi_2'$) liefert die Gleichung:

$$c_1 e^{\alpha_1 c_1} = c_1' e^{\alpha_1 c_1' + \alpha_{12} c_2'},$$

$$c_2 e^{\alpha_2 c_2} = c_2' e^{\alpha_2 c_2' + \alpha_{12} c_1'};$$

Logarithmierung liefert:

$$\ln \frac{c_1}{c_2'} = \alpha_1 c_1' + \alpha_{12} c_2' - \alpha_1 c_1, \tag{k}$$

$$\ln \frac{c_2}{c_2'} = \alpha_2 c_2' + \alpha_{12} c_1' - \alpha_2 c_2. \tag{l}$$

ROTHMUND macht bei seiner thermodynamischen Ableitung die Voraussetzung, dass für jeden einzelnen Stoff die Gasgesetze gelten, und dass die gegenseitige Beeinflussung der Löslichkeit in einer Wechselwirkung der Stoffe ihre Ursache finden; in der Sprache der hier entwickelten Theorie liefert die Bedingung

$$\alpha_1 = \alpha_2 = 0.$$

In der That folgt dann sofort die von ROTHMUND gegebene Gleichung (indem wir hier von elektrolytischen Dissociation absehen, d. h. $i = 1{,}00$ setzen):

$$c_1' \ln \frac{c_1}{c_1'} = c_2' \ln \frac{c_2}{c_2'}.$$

---

1 Zeitschr. f. Elektrochemie **7**, 675 (1901).

Nun hat WILSMORE die vorstehende Gleichung mit grosser Sorgfalt geprüft und gut bestätigt gefunden; es wäre aber wohl voreilig, wenn man umgekehrt daraus schliessen wollte, dass thatsächlich die α_1- und α_2-Werte neben α_{12} klein sind. Bei den Versuchen *Wilsmores* waren die Werte von $c_1' - c_1$ und von $c_2' - c_2$ immerhin klein gegen c_1' und c_2', und dann wird der Einfluss von $\alpha_1(c_1' - c_1)$ klein gegen $\alpha_{12}c_2'$, derjenige von $\alpha_2(c_2' - c_2)$ klein gegen $\alpha_{12}c_1'$, auch wenn α_1 und α_2 nicht neben α_{12} zu vernachlässigen sind. Jedenfalls aber beweist das in neuerer Zeit vielfach untersuchte Phänomen einer Löslichkeitsbeeinflussung, die sich nicht aus den Gasgesetzen und dem Gesetze der Massenwirkung erklären lässt, dass man die Theorie doch wohl ein wenig zu eng fasst, wenn man, wie es JAHN thut, die gegenseitige Beeinflussung von Ion und Nichtelektrolyt von vornherein als verschwindend klein annimmt.

Die gleichzeitige Löslichkeit verschiedener Gase, die Verteilung zwischen zwei Lösungsmitteln und ähnliche Löslichkeitserscheinungen sind wohl ohne weiteres nach den dargelegten Gesichtspunkten zu behandeln.

Elektromotorische Kraft. Die Arbeit, um einen Elektrolyten, dessen elektrisch neutrale Moleküle den Dampfdruck π_1 besitzen mögen, von einer Lösung zu einer zweiten zu befördern ist:

$$A = RT \ln \frac{\pi_1'}{\pi_1''},$$

oder auch gleich

$$A = 2RT \ln \frac{\pi_2'}{\pi_2''},$$

wenn π_2 der Dampfdruck der Ionen ist. Die elektromotorische Kraft einer Konzentrationskette ohne Überführung ist nun aber bekanntlich gleich jener Arbeit; mit Berücksichtigung von (a) ergiebt sich also:

$$\left.\begin{aligned} E &= RT\left[\ln \frac{c_1'}{c_1''} + \alpha_1(c_1' - c_2') + 2\alpha_{12}(c_2' - c_2'')\right] \\ &= 2RT\left(\ln \frac{c_2'}{c_2''} + (\alpha_2 + \alpha_{23})(c_2' - c_2'') + \alpha_{12}(c_1' - c_1'')\right) \end{aligned}\right\} \quad \text{(m)}$$

worin R, die „elektrolytische Gaskonstante", $0{,}861 \times 10^{-4}$ ist, wenn wir E in Volt ausgedrückt erhalten wollen.

In meiner früheren Notiz[1] bemerkte ich, dass die in neuerer Zeit viel benutzte Formel

$$E = 2RT \ln \frac{c_2'}{c_2''} \tag{n}$$

lediglich voraussetzt, dass für die Ionen die Gasgesetze gelten; in der That geht Gleichung (m) in vorstehende Form über, wenn

$$\alpha_2 = \alpha_{23} = \alpha_{12} = 0$$

ist. Die gegenteilige Bemerkung Herrn JAHNs[2], wonach die obige Gleichung „mit der Gleichung der Dissociationsisotherme steht und fällt", ist unzutreffend, weil letztere Gleichung, auch wenn Gleichung (n) zutrifft, ungültig wird, falls α_1 einen merklichen Betrag haben sollte (übrigens auch dann, wenn die nicht dissociierten Moleküle sich associieren sollten).

Die Gleichung übrigens, die JAHN[3] giebt, befindet sich auch unter seinen vereinfachenden Annahmen nicht im Einklange mit meinen obigen Formeln; es rührt dies daher, dass JAHN die „Formel von ARRHENIUS":

$$dE = RT\left(\iota \frac{dc}{c} + di\right)$$

(c = Gesamtkonzentration , ι VAN'T HOFFS Koëffizient) verwendet und im Sinne von ARRHENIUS:

$$\iota = \frac{c + C}{c}$$

setzt. Dies ist aber unstatthaft, wie ich schon kürzlich[4] betont habe; die „Formel von ARRHENIUS" ist mit den meinigen identisch, wenn die Gasgesetze exakt gelten, und sie wird mit den HELMHOLTZschen Formeln identisch, wenn man ι aus Gefrierpunkten ableitet. Irgend

1 Diese Zeitschr. **36**, 598 (1901).

2 Diese Zeitschr. **37**, 49 (1901).

3 Diese Zeitschr. **37**, 501 (1901).

4 Diese Zeitschr. **36**, 598 (1901).

eine selbständige Bedeutung besitzt diese Formel also nicht; wohl aber kann sie in der widerspruchsvollen Darstellungsweise von ARRHENIUS zu Irrtümern Veranlassung geben, wie das vorliegende Beispiel deutlich zeigt.

Übrigens möchte ich noch bemerken, dass ein binärer Elektrolyt durch nur drei 37, *a*-Werte charakterisiert wird, nämlich durch α_1, α_{12} und $\alpha_2 + \alpha_{23}$, deren Einfluss wahrscheinlich in der genannten Reihenfolge ansteigt.

Verdünnungswärme. Die Wärmeentwicklung bei Zusatz von 1 Mol Wasser zu einer grossen Menge der Lösung ist nach KIRCHHOFF:

$$Q = -RT^2 \frac{d \ln \frac{p_0}{p}}{dT},$$

ausser in dem Falle, dass ein chemisches Gleichgewicht mit der Temperatur sich verschiebt, kann man in der Gleichung (f) die Konzentrationen als von der Temperatur unabhängig ansehen, so dass also unter dieser Bedingung die Verdünnungswärme lediglich durch die $\frac{d\alpha}{dT}$-Werte bestimmt wird.

Nach einer Beobachtung von ROTHMUND[1], der bereits auch seinerseits mit Hilfe der Thermodynamik den entsprechenden Schluss zog, scheinen die α-Werte sich kaum mit der Temperatur zu ändern, d. h. es würde die Verdünnungswärme sehr klein sein.

Thermodynamisches Potential. Um schliesslich die obige Beobachtungsweise an die in neuerer Zeit vielfach (vielleicht unnötig viel) benutzten thermodynamischen Funktionen anzuschliessen, genüge die Bemerkung, dass, da das thermodynamische Potential in koëxistierenden Phasen gleich ist, diese Funktion für die zur Konzentration c_1, c_2 ... gelösten Stoffe einfach gleich ist dem thermodynamischen Potentiale eines idealen Gases vom Drucke π_1, π_2 ... –

1 Zeitschrf. f. physik. Chemie XXXVIII:

Die vorstehend abgeleiteten Formeln sind, soweit ich sehe, völlig exakt, d. h. sie folgen ohne jede weitere Vernachlässigung aus den Grundgleichungen (a). Letztere dürften ihrerseits bis zu ziemlich hohen Konzentrationen zutreffen.

Offenbar ist es eine für die Theorie der Lösungen grundlegende Aufgabe, an einer Reihe von Beispielen die Zahlenwerte der α-Werte zu bestimmen, die auf das Verhalten der in Lösung befindlichen Stoffe speziell der Ionen, neues Licht zu werfen im stande sein dürften.

Aus dem bisherigen Zahlenmaterial kann man, worauf mich ROTHMUND aufmerksam machte, der sich ja bereits wiederholt mit den Abweichungen von den Gesetzen der idealen Lösungen beschäftigt hat, und dem ich bei wiederholter Besprechung der hier obwaltenden Verhältnisse manchen wertvollen Hinweis verdanke, wohl nur so viel mit einiger Wahrscheinlichkeit schliessen, dass bei mässigen Konzentrationen der Einfluss der α-Werte für Nichtelektrolyte verschwinden dürfte. Wir gedenken in einer Reihe weiterer Arbeiten neues experimentelles Material zu erbringen und numerische Rechnungen mitzuteilen.

Nachtrag

Vor einiger Zeit hatte Herr ARRHENIUS[1] einige Einwände gegen meine Theorie der elektromotorischen Wirksamkeit der Ionen in ihrer Anwendung auf nicht völlig dissociierte Lösungen erhoben. Da diese Ausführungen mir in keiner Weise geeignet schienen, zur Klärung der von Herrn ARRHENIUS behandelten Frage etwas beizutragen, so glaubte ich, seine mir höchst befremdlichen Angriffe nicht mit Stillschweigen übergehen zu dürfen, und ich unterzog die

1 Diese Zeitschr. **36**, 28 (1901).

Arbeit des Herrn ARRHENIUS einer Kritik, die meines Erachtens die Unrichtigkeit seiner Angriffe gegen mich ergab. Gleichzeitig und unabhängig sind übrigens einige der Irrtümer des Herrn ARRHENIUS auch von anderen Seiten hervorgehoben worden.[1]

Meine Einwände übergeht Herr ARRHENIUS[2] in einer ganz neuerdings erschienenen Arbeit grossenteils mit Stillschweigen; da aber Herr ARRHENIUS, wie es scheint, an seinem, meines Erachtens ganz widerspruchsvollen Standpunkte festhält, so muss ich nochmals das Wort dazu ergreifen.

Ich schicke voraus, dass die neue Notiz des Herrn ARRHENIUS in einer dermassen gewundenen Form mir abgefasst erscheint, dass ich häufig gar nicht zu erkennen vermag, was er eigentlich will.

Um ein Beispiel zu erwähnen, so ging Herr ARRHENIUS in seiner ersten Arbeit von den Gleichungen aus:

$$\pi v = \iota RT, \; \iota = 1 + \alpha, \qquad (o)$$

α bezeichnet er ausdrücklich (S. 31) als Dissociationsgrad.

Ich wies darauf hin, dass die Gleichungen (o) genügen, um mit völliger Sicherheit das Gesetz der chemischen Massenwirkung thermodynamisch abzuleiten. Den Lesern dieser Zeitschrift brauche ich dies nicht näher zu erörtern und, obwohl Herr ARRHENIUS dies in seiner neuen Notiz (klar spricht er sich nicht darüber aus) nicht zuzugeben scheint, so sehe ich keinen Anlass, mit ihm über solche längst erledigte Dinge zu debattieren. Ich sagte ausdrücklich: „Damit ist denn ein weiterer circulus vitiosus in den Ausführungen des Herr ARRHENIUS klargelegt; er macht in einer Notiz, die sich im Anschluss an JAHN mit den Abweichungen vom Gesetze der chemischen Massenwirkung beschäftigen soll, Prämissen, aus denen mit Notwendigkeit, d. h. mit den gleichen thermodynamischen Prinzipien, die Herr ARRHENIUS anwendet, eben jenes Gesetz der chemischen Massenwirkung folgt. Die Sache liegt natürlich einfach so, dass ... mindestens eine der drei Prämissen nicht exakt zutrifft.“

1 Vgl. besonders die gründliche Studie des Herrn H. J. S. SAND, Diese Zeitschrift **36** (499 (1901).

2 Diese Zeitschr. **37**, 315 (1901).

Hieraus liess ich eine Diskussion über die verschiedenen möglichen Abweichungen von den Gasgesetzen folgen.

Was thut darauf Herr ARRHENIUS? Seine Arbeit beginnt mit den Worten: „Mein erster ... Aufsatz hat von Seiten der Herren JAHN und NERNST Widersprüche erregt. Herr JAHN verwendet fortwährend die Gasgesetze. Herr NERNST thut es in vielen Fällen ..., aus anderen geht es deutlich hervor, dass er diese Gesetze im betreffenden Fall nicht für hinreichend exakt hält ... Wenigstens sollte man, wenn darüber diskutiert wird, ob das OSTWALDsche Gesetz, welches aus den Gasgesetzen folgt, gültig ist, nicht, wenigstens nicht ohne eingehende Prüfung, annehmen, dass die Gasgesetze gültig seien." Und späterhin (S. 320) bemerkt er: „... man ersieht auch, dass die Behauptung von Herrn NERNST, dass ‚man selbstverständlich mittels der Formen (b), (d) und (f) *identische* Resultate findet – *immer natürlich die Gültigkeit der Prämissen vorausgesetzt*' – so gedeutet werden muss, dass eben die von Herrn NERNST angewandten Prämissen (die Annahme der unbeschränkten Gültigkeit der Gasgesetze) nicht richtig sind."

Die vorstehenden Citate liefern also das wohl überraschende Resultat, dass Herr ARRHENIUS, nachdem ich ihm die Unhaltbarkeit seines Standpunktes [Gasgesetze, gegeben durch Gleichungen (0)] klar nachgewiesen habe, er mir zum Vorwurf macht, dass ich mich auf diesen Standpunkt gestellt hätte.

Herr JAHN bemerkt in seiner Erwiderung an einer Stelle sehr richtig, dass „Herr ARRHENIUS in seiner letzten Abhandlung ein klein wenig den Standpunkt verschiebt, indem er NERNST und mir vorwirft, wir hätten ihn missverstanden". Ich darf wohl hinzufügen, dass mir gegenüber Herr ARRHENIUS die Dinge einfach auf den Kopf stellt.

Man wird es begreifen, dass ich keine Lust verspüre, eine derartig unerspriessliche Polemik fortzusetzen. Zum Glück kann ich die neuere Arbeit des Herrn ARRHENIUS, indem ich ausdrücklich erkläre, *dass ich im übrigen an meiner früheren Kritik in allen Punkten festhalte*, mit wenigen Worten erledigen und mir jedes Eingehen auf seine weiteren, ebenso überraschende Äusserungen mir gegenüber ersparen.

Herr ARRHENIUS will nämlich in seiner in Rede stehenden Notiz (die er übrigens ausdrücklich tituliert: „Zur Berechnungsweise des Dissociationsgrades starker Elektrolyte") den Dissociationsgrad aus der Gefrierpunktserniedrigung berechnet sehen. Um mich vor weiteren Unterstellungen der oben gekennzeichneten Art seitens des Herrn ARRHENIUS nach Möglichkeit zu schützen, citiere ich wörtlich: „Es zeigt sich aber, dass in dem betreffenden Fall der aus Gefrierversuchen ermittelte i-Wert innerhalb der Versuchsfelder dem Wert $\iota = 1 + \alpha$ gleich gesetzt werden kann, wo α den aus der elektrischen Leitfähigkeit berechneten Wert des Dissociationsgrades vorstellt."

Nun ist von vornherein klar, dass man Dissociationsgrade nur dann aus Gefrierversuchen (d. h. nach AVOGADROs Regel) berechnen kann, wenn die Gasgesetze gültig sind. In der oben entwickelten Theorie (S. 27) ergiebt sich demgemäss, dass die α-Werte, welche den quantitativen Ausdruck der Abweichungen von den Gasgesetzen angeben, sowohl zur Dissociationstherme wie zur Gefriergleichung Korrektionsglieder (und zwar von gleicher Grössenordnung) liefern. Herr ARRHENIUS nimmt also ganz unbegreiflicher Weise, obwohl er Herrn JAHN und mich noch extra ermahnt, „man solle nicht ohne eingehende Prüfung die Gasgesetze als gültige annehmen", selber auch in seiner neuen Arbeit die Gasgesetze für exakt an, wo es sich gerade um Deutungen von Abweichungen von denselben handelt, und hält somit an einem circulus vitiosus fest, dessen Unstatthaftigkeit in meiner früheren Notiz ihm klar zu machen ich mich offenbar vergeblich bemüht habe.

III. Erwiderung auf einige Bemerkungen der Herren Arrhenius, Kohnstamm, Cohen und Noyes

von
W. Nernst

Da Herr ARRHENIUS in einer soeben erschienenen Arbeit[1] einige Bemerkungen über die elektromotorische Wirksamkeit der Ionen veröffentlicht hat, die in ein Gebiet, auf dem meines Erachtens Klarheit herrschte, Verwirrung hineinbringen könnten, so sei mir im folgenden eine Erwiderung gestattet.

Herr ARRHENIUS teilt zunächst ausführlich einen Kreisprozess mit, wie er wohl jedem mit der Theorie der verdünnten Lösungen Vertrauten seit Jahren geläufig ist: die Prämissen seiner Rechnung sind die üblichen, nämlich die Anwendung der Theorie des osmotischen Druckes auf Elektrolyte unter Benutzung der bekannten Formel

$$\pi v = (1+\alpha)RT, \quad \alpha = \frac{\lambda}{\lambda_\infty}.$$

Für die elektromotorische Kraft dV einer Konzentrationskette mit der Konzentration c und $c + dc$ an den Elektroden folgt dann aus der Arbeit, die nötig ist, um $(1 - n)$ Mole des gelösten (einwertigen) Salzes von c auf $c + dc$ zu bringen, bekanntlich sofort:

$$dV = (1+\alpha)(1-n)RT\frac{d|c(1+\alpha)|}{c(1+\alpha)}, \tag{a}$$

1 Diese Zeitschr. **36**, 28 (1901).

wenn R die (elektrolytische) Gaskonstante und $1 - n$ die Überführungszahl des Anions bedeutet. Teilweise Integration liefert:

$$V_1 - V_2 = RT(1-n)\int_{c_2}^{c_1}(1+\alpha)d\ln c + RT(1-n)(\alpha_1 - \alpha_2), \tag{b}$$

d. h. die von Herrn ARRHENIUS recht umständlich abgeleitete Gleichung (1) seiner Notiz[1].

Man kann die Rechnung aber auch, wie ebenfalls längst bekannt, in der Weise führen, dass man sich (etwa mittels geeigneter halbdurchlässiger Membrane) $(1 - n)$ Äquivalente Ionen von der einen Elektrode zur anderen transportiert denkt; dann wird:

$$dV = 2RT(1-n)\frac{d(c\alpha)}{c\alpha} \tag{c}$$

oder integriert $$V_1 - V_2 = 2RT(1-n)\ln\frac{c_1\alpha_1}{c_2\alpha_2}\,. \tag{d}$$

Schliesslich kann man auch in Gestalt des nicht dissociierten Salzes $(1 - n)$ Mole von der einen zur anderen Elektrode transportieren und man findet dann:

$$dV = RT(1-n)\frac{d|c(1-\alpha)|}{c(1-\alpha)} \tag{e}$$

oder integriert $$V_1 - V_2 = RT(1-n)\ln\frac{c_1(1-\alpha_1)}{c_2(1-\alpha_2)}\,. \tag{f}$$

Herr ARRHENIUS erklärt wunderlicherweise Gleichung (b) für exakt und Gleichung (d) für falsch oder nur annähernd gültig;[2] ganz selbstverständlich findet man auf den drei Wegen *identische* Resultate – *immer natürlich die Gültigkeit der Prämissen vorausgesetzt.*

Zunächst findet man nach dem von VAN'T HOFF gegebenen [3]:

---

1 Der von Herrn ARRHENIUS gewählte Ersatz des Integrals durch ein Summenzeichen dürfte übrigens kaum als mathematisch zulässig zu bezeichnen sein.

2 Denselben Fehler beging kürzlich Herr LEHFELDT, wie F. KRÜGER (Diese Zeitschr. **36**, 87 (1901) soeben auf meine Veranlassung dargelegt hat.

3 Diese Zeitschr. **1**, 498 (1887); vergl. dazu z. B. meine Theoretische Chemie (3. Aufl.), S. 594.

$$2RT\frac{d(\alpha c)}{\alpha c} = RT\frac{d(1-\alpha)c}{(1-\alpha)c}, \tag{g}$$

woraus die Identität von (c) und (e), bez. von (d) und (f) folgt. Das Integral von (g) liefert

$$\frac{a^2 c}{1-a} = K, \tag{h}$$

das wohl bekannte Gesetz der chemischen Massenwirkung, das bekanntlich von OSTWALD zuerst auf diesen Fall angewandt wurde. Vergleichen wir die Formeln (a) und (c), so sieht man, dass ihre Identität die Beziehung

$$(\alpha - \alpha^2)\, dc + (2 - \alpha)\, cd\,\alpha = 0$$

verlangen würde. Nun ergiebt sich durch Differentiation von (h) in der That:

$$dc = -c\frac{2-\alpha}{\alpha-\alpha^2}d\alpha,$$

womit die Identität auch von (a) und (c), bez. von (b) und (d) erwiesen ist.[1]

Damit ist zunächst konstatiert, dass Herr ARRHENIUS in irrtümlicher Weise von zwei im Sinne seiner Prämissen identischen Formeln die einen für richtig und die andere für unrichtig erklärt, womit dann zugleich die ersten vier Seiten seiner Arbeit als verfehlt erwiesen sind.

---

1 Ich möchte hier noch eine Bemerkung über das Verhältnis der Formeln (*b*), (*d*) und (*f*) einschalten. Dieselben sind allerdings vom thermodynamischen Standpunkte, die Gültigkeit der angegebenen Prämissen vorausgesetzt, völlig gleichwertig; diese Gleichwertigkeit hört aber auf, sobald wir über den Gültigkeitsbereich der Thermodynamik heraus uns bestimmte Vorstellungen über den Mechanismus der galvanischen Stromerzeugung bilden wollen, wie ich es in den Theorien der Hydrodiffusion und der elektrolytischen Lösungstension versucht habe. Dann wird es offenbar, dass der Formel (*d*) eine weit tiefere Bedeutung innerwohnt, als (*b*) und (*f*); ich brauche in dieser Beziehung ja nur an die in den letzten Jahren so viel benutzte Gleichung $\varepsilon = \frac{RT}{n}\ln\frac{C}{c}$

(c = Ionenkonzentration, oben mit αc bezeichnet) zu erinnern.

Auf der fünften Seite seiner Arbeit teilt nun Herr ARRHENIUS eine Rechnung mit, nach der Formel (b) und (d) etwas verschiedene Resultate ergeben. Wenn man den Koëffizienten $1 + \alpha = i$ aus Gefrierpunktsbestimmungen berechnet, so geht die Formel (b) in die wohlbekannte HELMHOLTZsche Gleichung für Konzentrationsketten über, die unabhängig von jeder Hypothese über den osmotischen Druck der gelösten Substanzen gilt. Wenn man hingegen *i* aus der elektrischen Leitfähigkeit berechnet, so macht man drei gesonderte Hypothesen, nämlich 1. dass die Leitfähigkeit wirklich das exakte Mass der Ionenkonzentration ist, 2. dass für die Ionen die Gasgesetze gelten, 3. dass auch für das nichtdissociierte Salz die Gasgesetze gelten. Es kommt also alles darauf an, wie man *i* berechnet; um so unerklärlicher ist es, wenn Herr ARRHENIUS hierüber nichts sagt. Es ist aber wohl ziemlich sicher zu erraten, dass er die Leitfähigkeit benutzt hat.

Damit ist denn gleichzeitig ein weiterer circulus vitiosus in den Ausführungen des Herrn ARRHENIUS klargelegt; er macht in einer Notiz, die sich im Anschluss an JAHN mit den Abweichungen der Elektrolyte vom Gesetze der chemischen Massenwirkung beschäftigen soll, Prämissen, aus denen die Notwendigkeit, d. h. mit den gleichen thermodynamischen Prinzipien, die Herr ARRHENIUS anwendet, eben jenes Gesetz der chemischen Massenwirkung folgt. Die Sache liegt natürlich einfach so, wie ja auch durch die Arbeiten von JAHN festgestellt ist, dass mindestens eine der drei obigen Prämissen nicht exakt zutrifft.

Sollten für die Ionen die Gasgesetze nicht hinreichend streng gültig sein, so würden Formeln (c) und (d), sollten für die elektrisch neutralen Moleküle die Gasgesetze nicht streng gelten, so würden Formeln (e) und (f) ihre strenge Gültigkeit verlieren. *Gerade die von Herrn* ARRHENIUS *bevorzugten Formeln* (a) *und* (b) *werden aber in beiden Fällen fehlerhaft.* Damit ist denn auch die von Herrn ARRHENIUS auf der fünften Seite seiner Arbeit aufgestellte Behauptung, Formel (b) sei genauer als (d), als falsch erwiesen; im Gegenteil versagt mit (d) auch (b), nicht aber notwendig umgekehrt.

Wenn man also annimmt, dass die Ionen den Gasgesetzen exakt gehorchen, so ist Herr JAHN völlig im Rechte, indem er aus Formel

(c) die Ionenkonzentration ableitet. Übrigens möchte ich schon hier erwähnen, dass Herr HAUSRATH, ein Schüler von mir, in einer demnächst erscheinenden Dissertation auf einige Anzeichen dafür hinweist, dass der osmotische Druck elektrisch neutraler Moleküle durch Gegenwart von Ionen modifiziert wird, und dass auch daher die bekannten Unregelmässigkeiten bei stark dissociierten Elektrolyten kommen. Sollte sich dies bestätigen – zur Zeit lässt sich meines Erachtens dieser Beweis noch nicht in jeder Hinsicht überzeugend führen –, so würden also nur die von mir bisher benutzten Formeln (c) und (d) genau gültig bleiben, während (a), (b), (e) und (f) einer noch unbekannten Korrektion bedürfen würden.

Die Erklärung dafür, dass Herr ARRHENIUS sich in derartige Widersprüche verwickelt, findet man auf der sechsten Seite seiner Arbeit in dem Absatz: „Leider hat aber die letzterwähnte Formel" – Formel (c) – „keine volle Gültigkeit usw." Dieser Absatz enthält eine unmotivierte und offenbar ganz unrichtige Behauptung; da aber jeder aufmerksame Leser und, wie ich hoffe, wohl auch Herr ARRHENIUS selber dies nach den obigen Ausführungen sofort erkennen wird, so gehe ich nicht näher darauf ein.

Die Zahl der Missverständnisse auf der fünften Seite der Arbeit des Herr ARRHENIUS ist aber noch nicht erschöpft; die zweite Hälfte dieser Seite lautet nämlich:

> „Bei der grossen theoretischen Bedeutung dieses Gegenstandes möge es mir erlaubt sein, anzudeuten, warum die von JAHN benutzte NERNSTsche Formel sich von der oben abgeleiteten unterscheidet. In seiner ersten Abhandlung über diese Konzentrationsketten sagt NERNST: ‚Die von Herrn VON HELMHOLTZ gegebenen Formeln sind insofern viel allgemeiner, als sie sich nicht, wie die oben abgeleiteten, auf verdünnte Lösungen beschränken; sie gestatten aber nicht, wie die unserigen, die elektromotorische Kraft in ihre Komponenten zu zerlegen.'
>
> „Es muss doch sonderbar erscheinen, dass die NERNSTsche Formel nicht dieselbe Tragweite wie die HELMHOLTZsche besitzen sollte. In seiner Abhandlung operierte HELMHOLTZ mit dem Dampfdruck, während NERNST dagegen seine Deduktionen mit Hilfe der Eigenschaften des osmotischen Druckes durchführt.

Nun besteht aber bekanntlich ein so inniger Zusammenhang zwischen dem Dampfdruck und dem osmotischen Druck, dass alle Rechenoperationen mit dem ersten zu ähnlichen Operationen mit dem letzten umgeformt werden können. Es wäre also nur eine geeignete Umschreibung der HELMHOLTZschen Formel zu machen, so wäre man zu den entsprechenden NERNSTschen Formeln mit identischer Tragweite herübergekommen.

Dieser sichere Weg, welcher oben benutzt wurde, ist nicht betreten worden, sondern NERNST hat einen anderen eingeschlagen, als die Praxis eine Verallgemeinerung seiner nur für unendliche Verdünnungen streng gültigen Formel verlangte ..."

Hierzu ist zunächst zu bemerken, dass ich bereits in meiner Arbeit vom Jahre 1889 den Nachweis geführt habe, dass die Formeln von HELMHOLTZ für verdünnte Lösungen mit den meinigen identisch werden, wenn man die Theorie von HELMHOLTZ mit derjenigen des osmotischen Druckes kombiniert.[1] Die Bemerkungen des Herrn ARRHENIUS enthalten also in dieser Hinsicht gar nichts Neues: unbewiesen ist aber seine Behauptung, dass man bei *beliebig konzentrierten* Gemischen den Dampfdruck aus dem osmotischen Druck berechnen kann; wenigstens kenne ich keine *völlig exakte* Behandlung dieser Frage. Ferner übersieht er, dass ich auch in meiner Arbeit vom Jahre 1889 bereits mit der Formel (*c*) gerechnet habe.[2] Wie es im übrigen mit dem „sicheren Weg des Herrn ARRHENIUS" steht, habe ich oben erörtert.

Auf der anderen Seite seiner Arbeit bemängelt Herr ARRHENIUS, dass ich, um von der Gleichung (*c*) zu (*d*) zu gelangen, das OSTWALDsche Verdünnungsgesetz eingeführt habe[3] und erklärt meine Bemerkung, dass die Gültigkeit des Verdünnungsgesetzes für Formel (d) erforderlich sei, für hinfällig. Auch hierin hat Herr ARRHENIUS offenbar unrecht. Richtig ist natürlich, dass man durch unmittelbare Integration von (*c*) zu (*d*) gelangen kann, was ich in meiner

1 Diese Zeitschr. **4**, 162 (1889).

2 Vergl. z.B. S. 160.

3 Wied. Ann. **45**, 360 (1892).

damaligen Arbeit übersehen hatte; übrigens hat bereits vor längerer Zeit mich freundlichst Herr JAHN, wie unter Fachgenossen üblich, auf dies Versehen aufmerksam gemacht, das ich denn auch bereits richtig gestellt hatte, ehe die Arbeit von Herrn ARRHENIUS erschien.[1] Im übrigen aber ändert sich dadurch in meiner damaligen Arbeit gar nichts; denn es war doch auch schon damals hinlänglich bekannt, dass das OSTWALDsche Verdünnungsgesetz mit Notwendigkeit aus den Prämissen folgt, von denen ich bei meiner damaligen Rechnung ausging. Dadurch, dass ich das Verdünnungsgesetz einführte, kamen also keinerlei neue Hypothesen hinein. Im Gegenteil hätte gerade der Weg, den ich damals einschlug und auch heute für völlig einwandfrei halte, Herrn ARRHENIUS davor warnen müssen, den oben erwähnten Irrtum (sechste Seite meiner Arbeit, vorletzter Absatz) zu begehen. Dass an meinen Behauptungen irgend etwas „hinfällig“ wird, hat Herr ARRHENIUS, wie mir scheint, also nicht nachgewiesen.

Schliesslich wirft Herr ARRHENIUS die Frage auf, ob die HELMHOLTZschen Formeln nicht gestatten, die elektromotorische Kraft in ihre Komponenten zu zerlegen, um dann auszuführen, dass man an jeder Kontaktstelle die mit dem Ionentransport verbundene Arbeit zu berechnen habe. Dies ist ja aber doch genau der Weg, den auch ich bereits 1889 und, wie ich glaube, zuerst eingeschlagen habe.[2] HELMHOLTZ selber hat diese Anwendung seiner Formeln nicht gemacht, und es scheint auch nicht, dass sie so nahe lag, wie Herr ARRHENIUS jetzt glauben machen möchte. Übrigens sind die Potentialdifferenzen zwischen verdünnten Lösungen eines Elektrolyts auch gar nicht auf diesem Wege zuerst gefunden worden; ich darf wohl daran erinnern, dass ich bei der Entwickelung der Theorie der Hydrodiffusion auf diese Potentialdifferenzen stiess und dann erst nachträglich fand, dass man zu ihnen auch durch Berechnung der betreffenden Arbeitsgrösse kommen könne.

Auf den übrigen Teil der Arbeit des Herrn ARRHENIUS weiter einzugehen, liegt für mich keine Veranlassung vor, um so mehr, als

1 Diese Zeitschr. **36**, 89 (1901).

2 Loc. cit. S. 136.

infolge der oben dargelegten Missverständnisse fast alle seine Behauptungen entfallen. Nur auf ein eigentümliches Verfahren des Herrn ARRHENIUS muss ich noch hinweisen, darin bestehend, dass er in dem ersten Teile seiner Arbeit mir gegenüber sich auf den Standpunkt des reinsten Thermodynamikers stellt, im zweiten Teile aber den Herren JAHN und PLANCK gegenüber den genau entgegengesetzten Standpunkt einnimmt (man lese z. B. den Satz „die Gleichungen von PLANCK und anderen Mathematikern, welche dies Gebiet behandelten, kamen erst, nachdem die betreffenden Gesetze formuliert waren. Die von ihnen gegebenen thermodynamischen Ableitungen haben nicht in nennenswertem Grade zur Vergrösserung unsere positiven Wissens beigetragen ...“). Kein Leser dürfte sich unter diesen Umständen des Eindrucks entschlagen können, dass Herr ARRHENIUS in der Verfechtung seiner wissenschaftlichen Maximen sich nicht gerade einer besonderen Konsequenz befleissigt.

Zum Glück sehr viel kürzer fassen kann ich mich zu einer Kritik des Herrn KOHNSTAMM gegen Anwendungen, die ich vom Verteilungssatze gemacht habe. Herr KOHNSTAMM bemängelt[1], dass ich aus einer starken Abweichung der Proportionalität zwischen Konzentration von in Benzol gelöster Essigsäure und ihrem Partialdrucke in der Gasphase auf eine Verschiedenheit des Molekularzustandes in beiden Phasen geschlossen habe. Die Sache liegt aber doch bekanntlich einfach so, dass aus der erwähnten Abweichung sofort mit Notwendigkeit folgt, dass Essigsäure in beiden Phasen bei entsprechenden Konzentrationen verschiedenen osmotischen Druck[2] und demgemäss nach der VAN'T HOFF-AVOGADROschen Regel auch verschiedenen Molekularzustand aufweist. Herr KOHNSTAMM ist sich wohl nicht klar darüber gewesen, dass er konsequenter Weise jede Anwendung anzweifeln müsste, die man von den neueren Methoden der Molekulargewichtsbestimmung gemacht hat. Übrigens ist seine Kritik um so unverständlicher, als gerade in

1 Diese Zeitschr. **36**, 57 (1901).

2 Vergl. z. B. mein Lehrbuch der Theoret. Chemie (3. Aufl.) S. 144 u. 155.

dem von mir studierten Falle der Verteilungssatz eine, wie man wohl sagen kann, ganz ungewöhnlich auffallende experimentelle Bestätigung gefunden hat.[1] Ich glaube es mir ersparen zu können, auf die übrigen, kaum minder anfechtbaren Ausführungen des Herrn KOHNSTAMM noch weiter einzugehen.

Gegenüber einer Bemerkung des Herrn COHEN zum Clarkelement: „Bis dahin wurde der Reaktionsmechanismus beim Stromdurchgang (siehe z. B. NERNST, Theoret. Chemie 2. Aufl. 1898, S. 657-658) folgendermassen vorgestellt:

$$Zn + Hg_2SO_4 \leftrightarrow 2Hg + ZnSO_4.$$

Wäre diese Darstellungsweise richtig, so würde die Wärmetönung der Unterschied zwischen den Bildungswärmen von $ZnSO_4$ und Hg_2SO_4 sein", möchte ich die Forscher auf elektrochemischem Gebiete (und auch mich selber) ein wenig in Schutz nehmen; die Meinung, dass die Bildungswärme des festen *wasserfreien* Zinksulfats, das sich bekanntlich gar nicht im Elemente bildet, für die Wärmetönung massgebend sein soll, ist denn doch wohl nie ernstlich gehegt worden. Das Clarkelement galt von jeher als der Typus eines umkehrbaren Elements; wie sollte da wohl jemand auf die Idee verfallen, dass ein so erheblicher Verlust an freier Energie, wie es die Hydratation wasserfreien Zinksulfats sein würde, mit der Stromlieferung seitens des Elements untrennbar verbunden sein sollte. Das hielt ich für so selbstverständlich, dass ich in meinem Lehrbuch keinen Anstand nahm, den stromliefernden Prozess durch obige Reaktionsgleichung auszudrücken und auch kurzweg von „festem Zinksulfat" (wohl in vollkommener Übereinstimmung mit dem üblichen Sprachgebrauch) anstatt von „festem Zinksulfat mit sieben Molekülen Wasser" zu sprechen.

Schliesslich muss ich noch gegen eine Unterstellung, die mir Herr NOYES macht, Verwahrung einlegen; er sagt nämlich[2]: „Zur

1 Man sehe die Tabelle 9: Diese Zeitschr. **8**, 132 (1891).

2 Diese Zeitschr. **35**, 712 (1900).

Klarlegung meiner Auffassung mögen hier noch zwei weitere Beispiele diskutiert werden, welche im Lehrbuch von NERNST (Theoret. Chemie 2. Aufl. S. 101 u. 226) gerade in dieser Beziehung hervorgehoben werden. Der erste Fall bezieht sich auf die Berechnung der Arbeit, die durch die umkehrbare Vermischung zweier verschiedener Gase zu gewinnen sei; der Autor betont dabei, dass die Gültigkeit der abgeleiteten thermodynamischen Relation von der wirklichen Realisierbarkeit passender halbdurchlässiger Wände abhängig ist.“ Thatsächlich aber habe ich eine solche Behauptung gar nicht aufgestellt; was ich gesagt habe und durchaus aufrecht erhalte, das ist, „dass eine mit halbdurchlässigen Wänden geführte Herleitung erst durch den Nachweis beweiskräftig wird, dass die jeweilig benutzten Wände sich auch wirklich realisieren lassen“. Es ist doch ein gewaltiger Unterschied, ob man einen *Beweis* oder eine *Relation* anzweifelt; Herr NOYES wird gewiss wissen, dass man mit ganz verkehrten Beweisen doch bisweilen richtige Relationen ableiten kann. Hätte Herr NOYES sich die Mühe genommen, die von ihm bemängelten Seiten meines Buches wirklich durchzulesen, so hätte er sich überzeugt, dass ich noch einen zweiten Beweis (in Anlehnung an RAYLEIGH und BOLTZMANN) mitteile, der zur gleichen Relation unabhängig von der Realisierbarkeit halbdurchlässiger Wände gilt, andererseits um darzuthun, dass die theoretische Verwendung solcher Wände zu richtigen Relationen führt.[1]

Ferner bemängelt Herr NOYES, dass ich wegen der Unrealisierbarkeit des betreffenden Prozesses den bekannten Beweis von der Gleichheit der beiden Flächenstücke, welche die Dampfdruckisothermen von der VAN DER WAALSschen Kurve abschneidet, für nicht völlig bindend erkläre, und fügt hinzu, „mir scheint es, dass die

1 Ein gutes Beispiel dafür, dass im Gegensatz zur Ansicht des Herrn NOYES bei solchen Betrachtungen Vorsicht geboten ist, scheint mir folgendes: Man erhält ganz fehlerhafte Resultate, wenn man halbdurchlässige Wände in die Rechnung einführt, welche die Molekeln mit grosser lebendiger Kraft durchlassen, nicht aber die mit kleiner lebendiger Kraft. Dafür, dass solche Wände realisierbar sind, fehlt aber auch jeder experimentelle Anhalt; a priori liegt, soweit ich sehe, kein Bedenken vor.

Beziehung nur insofern unsicher ist, als es die VAN DER WAALSsche Gleichung selbst ist“ (und damit Punktum).

Dazu muss ich denn noch bemerken, dass Herr NOYES einen Beweis dieser kategorischen Behauptung schuldig bleibt; ich habe um so weniger Veranlassung, darauf einzugehen, als ja VAN DER WAALS selber längst vor mir den von mir in meinem Lehrbuch angenommenen Standpunkt vertreten und auch in seiner 1899 erschienenen zweiten Auflage seiner Kontinuität (S. 99) beibehalten hat. Ob Herr NOYES in den S. 711 seiner Arbeit mitgeteilten Betrachtungen über „Kompensation von Intensitätsgrössen“ u. dgl. einen Beweis seiner Auffassung sieht, vermag ich nicht zu beurteilen, weil mir seine Redewendungen ziemlich unverständlich sind; es liegt auch völlig ausserhalb meiner Neigung, über diese Spekulationen mit Herrn NOYES zu debattieren, weil mir zur Zeit die klassische Thermodynamik doch bedeutend sicherer und klarer erscheint, als diejenige des Herrn NOYES.

IV. Über die elektrische Nervenreizung durch Wechselströme

von
W. Nernst und J. O. W. Barratt
(Aus dem Göttinger Institut für physikalische Chemie)

Es ist eine besonders durch die Untersuchungen von D'ARSONVAL festgestellte Tatsache, dass Wechselströme von sehr hoher Frequenz eine relativ sehr schwache physiologische Wirkung ausüben; ein Strom z. B., der eine Glühlampe zum hellen Leuchten zu bringen vermag, passiert ohne merkliche Wirkung den menschlichen Körper, während ein Strom der gleichen Stärke in Gestalt des Gleichstroms oder langsamen Wechselstroms unbedingt tötdlich wirken würde.

Als Erklärung hierfür findet man bis in die neueste Zeit angegeben, dass die schnellen Wechselströme nur auf der Oberfläche des Körpers sich fortpflanzen und daher nicht physiologisch wirken, obwohl diese Auffassung wohl schon seit einiger Zeit als in jeder Richtung widerlegt gelten kann.

Erstens nämlich ist es eine missverständliche Anwendung der Theorie, dass bei so schlechten Leitern, wie sie die Elektrolyte überhaupt und ganz besonders die verdünnten wässerigen Lösungen des menschlichen Organismus sind, ein merkliches Zusammendrängen der Stromlinien an der Oberfläche des Leiters, wie es erst bei den ausserordentlich viel besser leitenden Metalle deutlich auftritt, stattfinden soll.[1]

1 Vergl. NERNST, Wied. Ann. **60**, 615 (1897).

Zweitens ist auch experimentell gezeigt worden,[1] dass der Widerstand selbst der besten Elektrolyte für schnelle Schwinungen der gleiche ist, wie für gewöhnliche Ströme.

Drittens existiert eine, wie es scheint, auch experimentell bereits bewährte Theorie der elektrischen Reizung, welche die relativ so geringe physiologische Wirkung schneller Schwingungen aufs einfachste erklärt.[2]

In folgendem sind einige Versuchsreihen mitgeteilt, die, wie wir glauben, zu einer sehr exakten Prüfung der erwähnten Theorie geführt haben; doch sei zunächst letztere in ihren Hauptpunkten dargelegt, wie sie von einem von uns vor fünf Jahren entwickelt wurde.

Nach unseren bisherigen Kenntnissen kann der galvanische Strom im organisierten Gewebe, also einem Leiter rein elektrolytischer Natur, keine anderen Wirkungen als Ionenverschiebungen, d. h. Konzentrationsänderungen, verursachen; wir schliessen also, dass letztere die Ursache des physiologischen Effekts sein müssen. Bei Wechselströmen treten Konzentrationsänderungen in mit der Richtung der Stromes wechselndem Sinne auf. Wenn ihr Mittelwert einen bestimmten Betrag erreicht, wird die physiologische Wirkung merklich werden, d. h. die Reizschwelle ist erreicht.

Es ist nun möglich, diese mittleren Konzentrationsänderungen zu berechnen, ohne gar zu spezielle Vorstellungen zu Hilfe nehmen zu müssen. Es ist bekannt, dass im organisierten Gewebe die Zusammensetzung der wässerigen Lösung, die den elektrolytischen Leiter bildet, nicht überall die gleiche ist, und insbesondere ist sie innerhalb und ausserhalb der Zellen verschieden. Halbdurchlässige Membrane verhindern den Ausgleich durch Diffusion; nur an diesen Membranen können Konzentrationsänderungen durch den Strom erzeugt werden, während bekanntlich im Innern einer Lösung von überall gleicher Zusammensetzung der Strom eine solche Wirkung nicht hervorbringen kann, weil in jedes Volumelement in jedem Augenblick ebenso viel Ionen hinein- wie hinauswandern.

---

1 NERNST, l. c. 614; vergl. ferner NERNST und LERCH, Gött. Nachr. 1904.

2 Gött. Nachr., Math. phys. Klasse, Heft 1 (1899), S. 104.

An den halbdurchlässigen Membranen hingegen müssen Konzentrationsänderungen auftreten, weil der Strom daselbst Salz hintransportiert, dessen weiteren Transport die Membran verhindert. Salze, welche die Membran zu passieren im stande sind, übernehmen die Stromleitung durch die Membran. Hier also ist offenbar der Sitz der elektrischen Reizung zu suchen.[1]

Wenn nun ein Strom von der Dichtigkeit Eins die Salzmenge v an die Membran transportiert, so wird gleichzeitig infolge Diffusion eine Rückwanderung des Salzes eintreten; die mittlere Konzentrationsänderung an der Membran wird also bedingt durch die entgegenwirkenden Effekte des Stromes und der Diffusion.

Die Gleichungen dieser Prozesse sind leicht zu entwickeln; betrachten wir einen Wechselstrom von der Intensität

$$\iota = a \sin mt, \tag{1}$$

worin a die Amplitude des Stromes, t die variable Zeit und $\frac{m}{2\pi}$ die Anzahl der Wechsel pro Sekunde bezeichnet, so bringt dieser Strom in der Zeit dt die Menge $(va \sin mt)\, dt$ Salz an die Membran, die aus der unmittelbaren Nähe derselben durch den Diffusionsstrom sofort in die benachbarten Schichten zurückgeführt werden muss, weil ja andernfalls in der allernächsten Nähe der Membran unendlich grosse, bzw. unendlich kleine Konzentrationen (je nach der Stromesrichtung) auftreten müssten. Bezeichnet x die Richtung des durch den galvanischen Strom bedingten Salzstromes und die damit gleiche, aber entgegengesetzte des Diffusionsstromes, so gilt für $x = 0$, d. h. für die nächste Nähe der Membran, wenn wir x von der Membran aus zählen,

$$va \sin mt = -k\frac{dc}{dx}, \tag{2}$$

---

1 Es ist vielleicht nicht ausgeschlossen, dass elektrostatische Ladungen an den halbdurchlässigen Membranen, auf die jetzt OSTWALD (Zeitschr. F. physik. Chemie **6**, 71 [1890]) hingewiesen hat, ebenfalls Reizerscheinungen ausüben; da diese aber mit den Konzentrationsänderungen parallel gehen, so brauchen wir sie hier nicht weiter zu berücksichtigen.

worin k den Diffusionskoëffizienten, $-k\frac{dc}{dx}$ also die Dichtigkeit des Diffusionsstromes bezeichnet.

In hinreichender Entfernung von der Membran bleibt die Konzentration ungeändert, d. h. es ist

(3) $$c = c_0 \text{ für } x = \infty.$$

Ueberall gilt die bekannte Diffusionsgleichung

(4) $$\frac{dc}{dt} = k\frac{d^2c}{dx^2},$$

welche nichts anderes aussagt, als dass in jedem Volumelement die Konzentration um so viel wächst, als der Ueberschuss der hineingewanderten Menge beträgt.

Die obigen Gleichungen (1) bis (4) sind im Prinzip genau dieselben, zu denen Herr WARBURG[1] in seiner bekannten Theorie der Polarisierbarkeit von Elektroden durch Wechselstrom infolge von Konzentrationsänderungen an den Elektroden gelangte; es spielt eben, wie wir sehen, die halbdurchlässige Membran in mancher Hinsicht die Rolle einer in die Strombahn geschalteten Elektrode (eines sogen. Zwischenleiters). Herr WARBURG findet das Integral obiger Gleichungen für den stationären Zustand zu

(5) $$C - c_0 = -\frac{av}{\sqrt{k}\sqrt{m}},$$

worin C die Konzentration in unmittelbarer Nähe der Membran (d. h. für $x = 0$) bedeutet. $C - c_0$ müsste nach unsern obigen Betrachtungen also die physiologische Reizung bedingen; damit eine solche überhaupt auftritt, muss $C - c_0$ einen gewissen absoluten Betrag A erreichen. Wir finden also als Bedingung für einen physiologischen Effekt

1 Verhandl. phyik. Ges. Berlin vom 20. November 1896. Die obigen Gleichungen dürften auch für die Untersuchung der Polarisationserscheinungen im organisierten Gewebe neue Anhaltspunkte liefern.

$$(6) \qquad A \leq \frac{av}{\sqrt{k}\sqrt{m}}.$$

Nun ist a der Intensität des angewandten Wechselstroms proportional; nach unserer Theorie muss also die Stromintensität, die gerade noch einen Reiz ausübt, mit *der Quadratwurzel aus der Schwingungszahl direkt proportional ansteigen.*

Das vorstehende Theorem wurde auf Veranlassung des einen von uns bereits von Herrn VON ZEYNEK[1] durch Bestimmung der Stromstärke, welche gerade noch die Nervenenden der Fingerspitzen erregte, für Ströme der verschiedensten Periode geprüft. Innerhalb gewisser Grenzen bestätigte sich die obige Formel, doch immerhin nur mit mässiger Annäherung. Die nachfolgend beschriebenen Versuche haben gelehrt, dass es in hohem Masse darauf ankommt, ob die benutzten Ströme den von der Theorie vorausgesetzten sinusförmigen Verlauf besitzen, so dass die erwähnten, im übrigen äusserst vorsichtigen Versuche, bei denen hierauf zunächst nicht sonderlich geachtet wurde, wenn sie auch bereits die Theorie, wie man sagen kann, auffallend bestätigt haben, doch nicht für die Entscheidung der Frage ausreichen, mit welcher Exaktheit die Forderungen der Theorie zutreffen.

Bei unseren Versuchen wurde stets derselbe Wechselstromgenerator benutzt, so dass, wenn er wohl kaum exakt sinusförmige Ströme liefert, doch sicherlich völlig vergleichbare Verhältnisse vorliegen; derselbe besteht aus einer Anzahl kreisförmig angeordneter Drahtrollen, die mit einem Kern von Eisendrähten versehen sind und zu deren beiden Seiten ein elektromagnetisch erregbarer Kranz von stumpfen Eisenspitzen rotierte. Die Zahl der letzteren betrug 60, so dass einer Umdrehung der Maschine 60 Polwechsel entsprechen. Die Maschine wurde mit Hand durch eine Schnurlaufübertragung gedreht und die Umdrehungszahl mittels eines Tourenzählers gemessen. Die Pole der Maschine führten zu einem mittels Gleichstrom geaichten Hitzdraht-Voltameter von HARTMANN & BRAUN, so dass die Spannung der Maschine, die man übrigens durch die

1 l. c., S. 94.

Stärke der Erregung bequem variieren konnte, stets bekannt war. Von den Enden des Voltmeters ging der Strom durch einen einstellbaren Flüssigkeitswiderstand, wie er als Nebenschluss bei dem von einem von uns[1] angegebenen Apparat zur Bestimmung von Dielektrizitätskonstanten verwendet wird, und ferner zu den Enden von zwei Platindrähten, die parallel aufgespannt waren und über die der mit physiologischer Kochsalzlösung befeuchtete Nerv des Nervmuskelpräparats eines Frosches gelegt war. Ein Ende des daran befindlichen Muskels war fixiert, während das andere Ende an den Hebelarm eines drehbar befestigten Spiegelchens geführt wurde. Der Muskel war durch eine Feder leicht gespannt, so dass die geringste Kontraktion oder Zuckung sich auf den Spiegel übertrug und mit Hilfe von Fernrohr und Skala konstatiert werden konnte.

In den nachfolgenden Tabellen bedeutet i die Stromstärke, die gerade noch ein Zucken des Muskels hervorbrachte; indem man bei konstant erhaltener Spannung der Maschine den Flüssigkeitswiderstand allmählich verkleinerte, konnte mit grosser Genauigkeit der Punkt gefunden werden, bei dem eine Reizerscheinung möglichst auf ein Minimum beschränkt wurde, traten die Ermüdungserscheinungen, wie die Konstanz der erhaltenen Resultate lehrte, in keiner Weise störend auf. Selbstverständlich wurden hohe und niedrige Schwingungszahlen des Wechselstroms in geeigneter Weise alternierend benutzt, um jede zeitliche Veränderlichkeit des Präparats nach Möglichkeit zu eliminieren. Die Kontraktion des Muskels dauerte nach dem Erreichen der Reizschwelle stets solange an, als der Strom geschlossen blieb (etwa 2 bis 5 Sekunden). Der Widerstand des Nervs wurde vor und nach jeder Versuchsreihe nach der KOHLRAUSCHschen Methode mit einer Walzenbrücke gemessen; ebenso auch der Betrag des variablen Flüssigkeitswiderstandes unmittelbar nach jeder Einschaltung. Als Vergleichswiderstand diente eine nach CHAPERON gewickelte Rolle von 10 000 Ohm. Zur Vermeidung von störender Polarisation waren sowohl die Elektroden des Nervs wie auch diejenigen des variablen Flüssigkeitswiderstands gut platiniert. Es wurde eine Genauigkeit aller einzelnen in Betracht kommenden

---

1 NERNST, Zeitschr. f. physik. Chemie 14, 622 (1894).

Faktoren bis auf 2% etwa angestrebt und wohl auch meistens erreicht.

In den nachfolgenden Tabellen bedeutet *V* die Spannung des angewandten Wechselstroms in Volt, *w* den Widerstand von Nerv + variablem Flüssigkeitswiderstand in Ohm, so dass also der Quotient die Stromstärke in Ampère angibt. *n* ist die Wechselzahl; die berechneten Werte sind nach der Formel:

$$i = C\sqrt{n}\ \text{Mikro-Ampère}$$

gefunden, worin also *C* deine dem betreffenden Präparat eigentümliche Konstante bedeutet.

Die nachfolgenden drei Tabellen sind in der Reihenfolge erhalten, wie sie mitgeteilt sind; entsprechend der in der Ausführung der betreffenden Messungen, an denen sich auch Herr Dr. VON LERCH mit grösstem Eifer beteiligte, gewonnenen Uebung wuchs auch die Regelmässigkeit der Zahlen und zugleich auch der Anschluss der gewonnenen Werte an die Theorie.

Die Temperatur der untersuchten drei Präparate lag zwischen 15 und 20°; über die Sicherheit der gewonnenen Zahlen geben z. B. folgende drei Parallelversuche Aufschluss:

V	w	n	$\frac{V}{(w+w')\sqrt{n}} \cdot 10^{-9}$
1,65	759 000	480	95
1,53	732 000	430	96
1,53	759 000	435	93

Es bedeuten hier, wie im folgenden, *V* die Spannung in Volt, *w* den gesamten, *w′* den Nervenwiderstand und *n* die Wechselzahl des Stromes.

Tabelle I.

$w' = 30\,000$; $C = 0{,}075$

V	$w \cdot 10^{-3}$	n	i beob.	i ber.	Diff. Prozent
0,77	686	200	1,12	1,06	– 5
1,42	803	550	1,77	1,75	– 1
1,44	817	632	1,76	1,88	+ 7
1,65	817	750	2,02	2,05	+ 1,5

Tabelle II.

$w' = 30050$; $C = 0{,}102$

V	$w \cdot 10^{-3}$	n	i beob.	i ber.	Diff. Prozent
0,82	551	185	1,49	1,38	– 7,4
1,57	785	448	2,00	2,16	+ 8,0
1,50	551	545	2,72	2,38	12,5
1,31	551	641	2,38	2,58	+ 8,4
1,78	551	947	3,23	3,14	– 2,8
2,10	551	1537	3,81	4,00	+ 5,0

Tabelle III.

$w' = 19400$; $C = 0{,}079$

V	$w \cdot 10^{-3}$	n	i beob.	i ber.	Diff. Prozent
0,66	810	105	0,81	0,78	– 4,2
0,66	751	136	0,88	0,92	+ 4,6
1,68	779	485	2,16	2,21	+ 2,3
1,68	699	960	2,41	2,47	+ 2,9
2,24	582	2230	3,85	3,73	– 3,1

Wie man sieht, sind die Schwankungen zwischen den beobachteten und berechneten Werten unregelmässig verteilt; *ein bestimmter Gang in den Abweichungen ist nicht zu erkennen.* Gelegentliche Abweichungen von 8 bis 12% zwischen Theorie und Versuch sind wohl in Anbetracht des Umstandes, dass eine Reihe verschiedenartiger Grössen mit grösster Schnelligkeit gemessen werden mussten, um den Einfluss einer zeitlichen Veränderlichkeit des Präparates auszuschliessen, noch allenfalls durch eine zufällige Häufung von Versuchsfehlern erklärbar; bei der letzten, offenbar genauesten Tabelle, bleiben die Abweichungen stets unter 5%.

Wir können also schliessen, dass für Schwingungszahlen von $n = 100$ bis $n = 2000$ das Quadratwurzelgesetz mit einer Strenge gilt, wie sie vielleicht für wenige physiologische Gesetze bisher nachgewiesen werden konnte. Gleichzeitig sind durch obige Zahlen wohl anderweitige, bisher aufgestellte Erregungsgesetze widerlegt.

Wir haben ferner noch Versuche gemacht, um in der gleichen Weise den Schwellenwert für die von einem sogen. singenden Lichtbogen gelieferten Wechselströme zu ermitteln. Es wurde in der Weise verfahren, dass ein derartiger, durch geeignete Transformatoren erhaltener Wechselstrom eine Spule von bekannter Selbstinduktion passierte, deren Spannung mittels eines Hitzdrahtinstrumentes gemessen wurde; an den Klemmen dieses Instrumentes lag der bei den bisherigen Versuchen benutzte Stromkreis. Indem gleichzeitig auch durch ein zweites Hitzdrahtinstrument der Strom, welcher die Selbstinduktionsspule passierte, gemessen wurde, konnte in bekannter Weise die mittlere Schwingungszahl des Wechselstromes berechnet werden, die sich zu 6 300 bis 6 700 ergab. Die so gewonnenen Schwellenwerte waren unregelmässig und erheblich zu hoch, indem die Ströme für die verschiedenen Präparate um 30 bis 120% grösser waren, als die Theorie verlangt. Offenbar ist nicht anzunehmen, dass unser Erregungsgesetz, welches im Intervall von $n = 100$ bis 2 000 exakt stimmt, für $n = 6\,500$ plötzlich vollkommen versagt und jedenfalls hätte man, wenn man es mit wohldefinierten Verhältnissen zu tun hat, mindestens *regelmässige* Zahlen erwarten sollen. Herr Professor SIMON war so freundlich, uns Photogramme des von einem singenden Lichtbogen gelieferten Stromverlaufes zu zeigen. Dieselben lassen sofort erkennen, dass von einer genauen Sinusform nicht die Rede ist und dass vor allem der Stromverlauf sich mit der Natur und Länge des benutzten Lichtbogens verändert. Damit ist denn auch klargestellt, dass diese Ströme zur Prüfung der Theorie zunächst ungeeignet sind. In noch viel höherem Masse trifft dies natürlich, wie übrigens bereits ZEYNEK und NERNST vollkommen klar waren, für oscillatorische Ladungen Leydener Flaschen zu, so dass die Ergebnisse EINTHOVENS[1] offenbar solche *rein zufälliger Natur* und zur Prüfung unserer Formel ganz ungeeignet sind.

Natürlich wird es von grossem Interesse sein, die Gültigkeit des oben dargelegten Erregungsgesetzes innerhalb weiterer Grenzen der Schwingungszahlen zu prüfen, als bisher möglich war. Zum Teil wird dies durch Benutzung der von M. WIEN und DOLEZALEK kürzlich angegebenen Wechselstromsirenen möglich sein. Eine direkte Lösung des Problems innerhalb der weitesten Grenzen aber würde sich ermöglichen lassen, wenn man eine Vorrichtung konstruierte, die innerhalb weiter Grenzen auf Wechselströme nach einem gleichen Gesetze reagiert.[2]

---

1 PFLÜGERS Archiv **82**, 101 (1900).

2 Ausser einer polarisierten Zelle (*Warburg*) käme vor allem noch ein System von Thermozellen in Betracht, für welch letztere offenbar die gleichen Formeln gelten, wenn man anstatt der Polarisation die thermoelektrische Gegenkraft und anstatt des Diffusionsstromes den Wärmestrom einführt.

V. Über das Ammoniakgleichgewicht

von
Prof. Dr. W. Nernst
(Nach Versuchen des Herrn F. Jost)

Als ich vor einiger Zeit[1] ein neues Wärmetheorem entwickelte, das chemische Gleichgewichte aus Wärmetönungen und aus jeder Molekülgattung eigentümlichen (mittels Dampfdruckkurven berechenbaren) „chemischen Konstanten“ zu ermitteln erlaubt, fand ich dasselbe in einer sehr grossen Anzahl von Fällen durchgehends numerisch bestätigt; nur in einem einzigen Falle, nämlich bei der Berechnung des Ammoniakgleichgewichtes:

$$2NH_3 = 3H_2 + N_2$$

stiess ich auf eine auffallend grosse Abweichung zwischen Versuch und Rechnung.

Meine Theorie liefert nämlich für obiges Gleichgewicht folgende Näherungsformel:

$$\log K = \frac{24000}{4,571T} + 3,5 \log T + 2,6\,, \tag{1}$$

wenn wir die Bildungswärme von 2 Mol Ammoniak zu 24 000 annehmen; darin ist

$$K = \frac{[H_2]^3[N_2]}{[NH_3]^2}\,, \tag{2}$$

1 Ueber die Berechnung chemischer Gleichgewichte aus thermischen Messungen. Nachrichten der K. Ges. d. Wissenschaften zu Göttingen.

wenn $[H_2]$ usw. die Partialdrucke der betreffenden Molekülgattungen bedeuten. Bezeichnen wir mit x den (bei höheren Temperaturen sehr kleinen) Partialdruck des aus dem theoretischen Gemenge bei *Atmosphärendruck* gebildeten Ammoniaks, so wird:

$$K = \frac{(0,75)^3 0,25}{x^2} . \tag{3}$$

Aus Formel (1) berechnet sich z. B., dass einem Werte $x = 1,2 \cdot 10^{-4}$ eine absolute Temperatur von 893 entsprechen sollte, während HABER und VAN OORDT[1] dafür 1293 gefunden haben. Versuche, die ich im Laufe des vorigen Sommers gemeinsam mit Dr. JELLINEK anstellte, zeigten alsbald, dass die grosse Differenz zwischen Rechnung und Versuch auf einer unrichtigen Bestimmung des Gleichgewichtes beruhte.

HABER und VAN OORDT erhielten bei den hohen Temperaturen, bei welchen man notgedrungen infolge der Kleinheit der Bildungsgeschwindigkeit des Ammoniaks aus Stickstoff und Wasserstoff arbeiten muss, nur sehr kleine Ausbeuten. Nach dem Massenwirkungsgesetze lassen sich dieselben durch höhere Drucke steigern, und so konstruierte ich für diese Versuche einen kleinen elektrischen Ofen, in welchem Gase bei starkem Druck und genau definierten Temperaturen zur Reaktion gebracht werden können. Ein weiterer Vorteil der Anwendung hohen Druckes ist übrigens in der dadurch hervorgerufenen Steigerung der Reaktionsgeschwindigkeit zu erblicken.

Elektrischer Druck-Ofen

Die Einrichtung desselben ist aus Fig. 317 zu ersehen. In einem starkwandigen Eisenrohr *e* befindet sich ein mit Platindraht *h* bewickeltes Porzellanrohr *p*; zum Wärmeschutz und zur Abdichtung ist der Zwischenraum zwischen dem Porzellanrohr und dem

1 Ueber Thermodynamik technischer Gasreaktionen, S. 187.

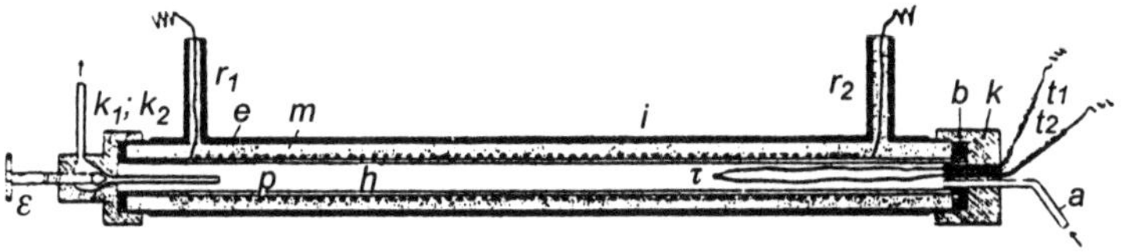

Fig. 317.

Eisenmantel fest mit gebrannter Magnesia *m* ausgefüllt. Die Enden des Eisenrohres sind mit zwei eisernen Kappen k_1 und k_2 verschraubt, zur besseren Dichtung sind Bleiringe b_1 und b_2 eingelegt. Die vordere Kappe k_1 enthält eine Kupferkapillare *a*, die mit einer Bombe kommuniziert, in der sich ein Gemenge von Wasserstoff und Stickstoff unter passendem Druck befindet; ausserdem sind zwei kurze Kupferröhren t_1 und t_2 eingelassen, die zur Einführung des mit Porzellankapillaren isolierten und mit Siegellack gedichteten Thermoelementes *T* dienen. Die hintere Kappe k_2 enthält ein Ventil mit feiner Stellschraube *s*, das zur Regelung der Austrittsgeschwindigkeit der Gasmasse dient. Ein feiner Kanal, in der Figur stark übertrieben gezeichnet, gestattet den Gasen den Austritt. Ausserdem befinden sich im Eisenmantel zwei weitere Metallröhren r_1 und r_2, durch die die Zuleitungen zum Platinofen isoliert hindurchgehen.

Bestimmung des Gleichgewichtes

Ueber diese Messungen, die im Laufe des vergangenen Winters ausgeführt wurden, teilt Herr JOST folgendes mit:

„Die analytische Bestimmung des im Ofen aus den Elementen gebildeten Ammoniaks geschah durch Titration, indem in einem Rohr 5 bis 10 ccm 0,01 n. H_2SO_4 mit Methylorange als Indikator hinter den Ofen geschaltet wurden; das aus diesem Rohr austretende Gas wurde in einem Messzylinder aufgefangen und hieran diejenige Gasmenge abgelesen, die den Farbenumschlag gerade bewirkt hatte. Die Zusammensetzung des austretenden Gases wurde von Zeit zu Zeit analysiert. Als Katalysator wurde Platinfolie benutzt. Der ganze Ofen befand sich in einem grossen Wasserbade.

Die aus derartigen Messungen gewonnenen *K*-Werte waren zunächst etwas schwankend. Der Grund hiervon wurde darin gefunden, dass infolge geringen Sauerstoffgehaltes des benutzten Bombenstickstoffes sich im Ofen etwas Wasser bildete, das durch nachträgliche Kondensation den Ammoniakgehalt verringerte; diese Fehlerquelle wurde beseitigt, indem vor den Ofen eine mit Palladiumasbest gefüllte Kupferkapillare, die auf etwa 300° erhitzt wurde, und darauf ein grösseres, mit Chlorcalcium beschicktes und gut verlötetes Kuperrohr gelegt wurde. Andererseits trat bei hohen Temperaturen in der Abkühlungsperiode des austretenden Gasgemenges eine nachträgliche Bildung von Ammoniak auf; zur Beseitigung dieser Fehlerquelle wurde, wie in Fig. 371 gezeichnet, eine Porzellankapillare in das Innere des Ofens geführt und so die Strömungsgeschwindigkeit des austretenden Gases stark vergrössert.

Dass die nunmehr gewonnenen Zahlen dem wahren Gleichgewicht entsprechen, war daraus zu schliessen, dass bei den jeweiligen, unter sich sehr verschiedenen Temperaturen konstante, von der Strömungsgeschwindigkeit in weiten Grenzen unabhängige Werte erhalten wurden.

In folgender Tabelle sind neben den Temperaturen in gewöhnlicher und absoluter Zählung t und T die Werte von $\sqrt{K}$ und x verzeichnet; der Druck, bei dem das Gleichgewicht sich einstellte, wurde an einem an der Bombe befindlichen, genau geeichten Manometer gemessen und betrug 50 bis 70 Atmosphären. Jede Zahl ist das Mittel aus einer grossen Anzahl Einzelbestimmungen; wegen der weiteren Einzelheiten sei auf die demnächst erscheinende ausführliche Dissertation verwiesen."

t	T	$\sqrt{K}$	100 x beob.	100 x ber.
685	958	1 830	0,0178	0,0196
809	1082	3 783	0,0087	0,0082
836	1109	4 460	0,0072	0,00702
876	1049	5 900	0,0055	0,00561
920	1193	7 560	0,0043	0,00448
1000	1273	10 200	0,0032	0,00308
1040	1313	12 170	0,0026	0,00261

Thermodynamische Berechnung

Unter der Annahme, dass die Reaktionswärme Q sich nur unmerklich mit der Temperatur ändert, liefert der zweite Wärmesatz bekanntlich:

(4) $$\log K = -\frac{Q}{4,571T} + B\,.$$

In der Tat lassen sich die Werte von K befriedigend durch die Formel:

(5) $$\log K = -\frac{6130}{T} + 12,86$$

oder, wie bei Berücksichtigung von Gleichung (3) folgt, durch die Gleichung:

(6) $$\log x = +\frac{3064}{T} - 6,918$$

ausdrücken; die Differenzen zwischen 100 x beob. und 100 x ber. sind etwa ebenso gross, wie die Schwankungen der einzelnen Messungen.

Für die Wärmetönung ergibt sich:

$$Q = 28\,020 \text{ (pro } 2NH_3\text{)},$$

während THOMSEN bei gewöhnlicher Temperatur 24 000 gibt. Da nach allem, was wir über die spezifische Wärme der Gase wissen, eine starke Aenderung von Q mit der Temperatur kaum wahrscheinlich ist, so möchte man vermuten, dass die von THOMSEN und BERTHELOT gefundenen Werte für die Bildungswärme von Ammoniak etwas zu niedrig ausgefallen sind, zumal da die von diesen beiden Forschern benutzte Methode (Bestimmung der Verbrennungswärme des Ammoniaks) notwendig unsichere Werte geben muss; z. B. 1% Fehler in der Bestimmung der Verbrennungswärme zieht etwa 8% Fehler in der Bestimmung der Bildungswärme nach sich.

Für $x = 1,2 \cdot 10^{-4}$ gibt die Formel (5) $T = 1023$, also in weit besserer Uebereinstimmung mit dem von mir theoretisch gefundenen Wert 893, als der ältere HABERsche (1293). Falls, wie oben wahrscheinlich gemacht wurde, die Bildungswärme des Ammoniaks etwas grösser ist, als der von mir benutzte Wert 12 000, so würde die Uebereinstimmung praktisch vollkommen werden.

Nachträglicher Zusatz. Um dem Einwand zu begegnen, der übrigens, zumal bei so hohen Temperaturen, von vornherein kaum Berechtigung hat, dass die obigen Werte merklich von einer Abweichung der komprimierten Gase von den Gasgesetzen beeinflusst werden könnten, wurde eine Anzahl Versuche bei dem niederen Druck von 12 bis 15 Atmosphären ausgeführt. Es ergab sich für $T = 1188$, $100\,x = 0{,}0046$, während Formel (5) *den Wert* 0,0048 liefert.

Diskussion

Prof. Dr. HABER-Karlsruhe: Der Herr Vortragende, meine Herren, hat die Versuche erwähnt, welche ich vor einigen Jahren in Gemeinschaft mit VAN OORDT (Zeitschr. f. anorg. Chemie **44**, 341) veröffentlicht habe. Aus diesen Versuchen habe ich damals geschlossen, dass der Wert der Gleichgewichtskonstante:

$$K_p = \frac{p_{NH_3}}{p_{N_2}^{\frac{1}{2}} \cdot p_{H_2}^{\frac{3}{2}}},$$

wo p die Partialdrucke der als Indices zugefügten Stoffe darstellt bei etwa 1020° C, den Wert $\frac{1}{2706}$, als **3,69** $\cdot 10^{-4}$ besitzt. Aber die einzelnen damals ausgeführten und sehr detailliert publizierten Einzelbestimmungen stimmten nicht sehr genau überein. Es handelte sich um eine Arbeit, welche nicht der Bestimmung des Gleichgewichtes wegen unternommen wurde, und wir begnügten uns mit Zahlen für den Ammoniakgehalt der im Gleichgewicht befindlichen Gasmasse bei 1 Atm. Druck und einem Gehalt von $3H_2$ auf $1N_2$, welche zwischen $0,52 \cdot 10^{-2}$ und $1,3 \cdot 10^{-2}$ Volumprozenten NH_3 gelegen waren. Einigen Versuchen mit höherem Ergebnis, welche wegen vermuteter irreversibler Aenderung des Katalysators als minderwertig abgesondert wurden, wurde immerhin so viel Gewicht beigemessen, dass um ihretwillen der wahrscheinliche Wert des Ammoniakgehaltes beim Gleichgewicht an der oberen Grenze statt an der unteren Grenze des Spielraumes vermutet wurde, welchen wir durch die eben geschilderten Versuche umschrieben. Es blieb uns also, wie gesagt, nach diesen Versuchen die Wahl zwischen Werten, welche zwischen $0,52 \cdot 10^{-2}$ % und $1,3 \cdot 10^{-2}$ % gelegen waren, und wir wählten 1,2. Als Ergebnis eines Dauerversuches, bei welchem eine grössere Menge (145 Liter) eines Gemenges von 3 Volumteilen H_2 und 1 Volumteil N_2 mit einer sehr kleinen Menge (1 mg) Eisen bei 1005 ± 20° C. behandelt wurde, ergaben sich $0,42 \cdot 10^{-2}$ Volumprozente Ammoniak, statt $0,52 \cdot 10^{-2}$ bis $1,3 \cdot 10^{-2}$ Volumprozenten bei den vorerwähnten Versuchen. Wir fassten dieses Ergebnis so auf, dass das Gleichgewicht nicht ganz erreicht worden sei. Eine briefliche Verständigung mit unserem Herrn Präsidenten, der mir mitteilte, dass er Ammoniakgehalte finde, die drei- bis viermal kleiner seien als nach dem Wert von $1,2 \cdot 10^{-2}$ Volumprozent und den von uns daran geknüpften Näherungsrechnungen für andere Temperaturen zu erwarten sei, und das Gewicht, welches derselbe für die Prüfung seiner Theorie auf diese Verhältnisse legte, hat mich dann meinerseits auch veranlasst, in Gemeinschaft mit Herrn LE ROSSIGNOL die seiner Zeit mit gröberen Hilfsmitteln ausgeführten wenigen Versuche zu ergänzen durch eine grosse Anzahl derselben, die mit möglichster Sorgfalt durchgeführt wurden, und diese Versuche gaben für die der damals benutzten Temperatur von etwa 1020° C. sehr nahe liegenden Wert von 1000°C., einen Wert von $0,48 \cdot 10^{-2}$ Volumprozent, welcher mit der unteren Grenze, die wir damals bei den Gleichgewichtsbeobachtungen hatten, jenen $0,52 \cdot 10^{-2}$ Volumprozent, sehr nahe übereinstimmt und über das Ergebnis des Dauerversuches ($0,42 \cdot 10^{-2}$ %) noch hinausgeht. Wir hätten also den mir jetzt richtig erscheinenden Wert auch aus den alten Versuchen herleiten können, wenn wir deren Bewertung anders gewählt hätten.

Bestand damals eine Unsicherheit zwischen den einzelnen Bestimmungen, die nur die Grössenordnung derselben sicher erscheinen liess, was auch für den damaligen Zweck genügte, so sind wir jetzt der Sache sehr nahe gekommen und haben nur noch Abweichungen von wenigen Prozent. Dabei ist – das glaube ich im Unterschiede von dem sagen zu müssen, was der verehrte Präsident uns vorgetragen hat – immer von beiden Seiten das Gleichgewicht erreicht worden. Auch sind dabei verschiedene Gefässmaterialien (Quarz und Porzellan), verschiedene Katalysatormengen und verschieden Katalysatoren benutzt worden, deren wir vier gewählt haben, Mangan, Eisen, Chrom und Nickel.

Was die Ammoniakbestimmung betrifft, die sich hier immer auf Milligramm des Gases oder Bruchteile davon erstreckt, so haben wir das Verfahren der Titration mit ätherischer Jodeosinlösung als Indikator angewendet, welches von FOERSTER und MYLIUS vor einer Reihe von Jahren angegeben wurde, nachdem wir uns auf unabhängigem Wege überzeugt hatten, dass dasselbe für die Titration des Ammoniaks mit HCl brauchbar und auf weniger als $^1/_{100}$ mg genau ist. Die Ergebnisse, die wir gehabt haben, liegen, soweit ein flüchtiger Vergleich derselben mit den Zahlen des Herrn Präsidenten möglich war, im allgemeinen höher, d. h. sie liegen dem Werte, welchen ich früher mit VAN OORDT angenommen habe, näher. Unsere Werte sind in Volumprozenten für eine Gasmasse aus 3 Volumteilen H_2 und 1 Volumteil N_2 bei 1 Atmosphäre Druck die folgenden

° C.	1000	930	850	800
% NH_3	0,0048	0,0065	0,0091	0,0109
$10^4 \cdot K_p$	1,48	2,00	2,79	3,34

° C.	750		700
% N_2	0,0152	etwa	0,0221
$10^4 \cdot K_p$	4,68	etwa	6,8

Was die thermodynamische Behandlung der Sache anlangt, so ergibt sich aus den hier ermittelten Zahlen eine Wärmetönung, welche etwas abweicht von der aus den Bildungsversuchen des Herrn Präsidenten von ihm hergeleiteten, nämlich eine Bildungswärme von rund 12 000 Kalorien bezogen auf 1 Mol NH_3 oder von 24 000 Kalorien, bezogen auf 2 Mol NH_3, so dass allerdings die Bildungswärme mit der Temperatur sich nicht wesentlich zu verändern scheint. Das scheint im Widerspruch mit dem, was man nach den Werten der spezifischen Wärmen der beteiligten Gase zunächst erwartet. Es stellt sich aber heraus, dass, wenn man die Formel des Herrn Präsidenten verwertet, sie ebenfalls durch ein Zusatzglied in Uebereinstimmung mit unseren Zahlen gebracht werden kann. Nur bedingt dieses Zusatzglied, welches dann etwas höher ist als das seinige, eine spezifische Wärme des Ammoniaks, welche gegenüber den bekannten Daten zu hoch erscheint. Dies Zusatzglied ist + 0,000651 T, so dass die Formel lautet:

$$\log K_p = \frac{12000}{4,571T} - 1,75 \log T + 0,000651 T - 1,3\,.$$

Geh. Regierungsrat Prof. Dr. NERNST-Berlin: Ich würde meinen, wenn man mit Bruchteilen von Milligrammen Ausbeute in langen

Zeiträumen operiert, dann kann man wirklich nicht viel machen. Ich würde doch empfehlen, die Ammoniakmenge zu verhundertfachen; mit unserer einfachen Einrichtung bekommen wir in fünf Minuten so viel, dass wir genau titrieren können.

Immerhin möchte ich konstatieren, dass wir uns jetzt auch rein experimentell so sehr viel näher sind als früher. Die jetzige Differenz ist ja immerhin sehr klein im Vergleich zu der Differenz mit Herrn HABERS früheren Zahlen und da möchte ich doch vorschlagen, dass Herr Prof. HABER statt seiner früher angewandten Methode, die so unsichere Werte gegeben hat, doch nun auch eine Methode anwendet, die wegen der grossen Ausbeute wirklich präzise Werte geben muss.

Prof. Dr. HABER-Karlsruhe: Man erreicht mit dem Apparate von Herrn Geheimrat NERNST das Gleichgewicht nur von der einen Seite, während ich es gleichzeitig von beiden Seiten erreiche.

Geh. Regierungsrat Prof. Dr. NERNST-Berlin: Da ist doch keine Schwierigkeit! Man kann in meinem Apparat Ammoniak zersetzen, so viel man will.

Prof. Dr. HABER-Karlsruhe: Erlaubt die Abdichtung das?

Geh. Regierungsrat Prof. Dr. NERNST-Berlin: Ja, warum nicht?

Prof. Dr. HABER-Karlsruhe: Dann wollte ich noch folgendes sagen. Ein hunderstel Milligramm Ammoniak ist bereits ein Betrag, um den man sich, soweit die Schärfe des Indikator-Umschlages in Betracht kommt, bei unserer Titrationsmethode mit ätherischem Jodeosin bei der Bestimmung nicht mehr irrt. Die früheren Schwankungen sind dadurch entstanden, dass uns Präzisionseinrichtungen zu Messungen damals noch nicht zur Verfügung standen.

Geh. Regierungsrat Prof. Dr. NERNST-Berlin: Dann darf ich vielleicht nur noch eine Tatsache konstatieren, die von allgemeinem technischen Interesse ist. Es ist sehr bedauerlich, dass das Gleichgewicht nach der Seite der viel geringeren Bildung mehr verschoben ist, als man nach den stark unrichtigen Zahlen HABERS bisher angenommen hat, denn man hätte wirklich daran denken können,

Ammoniak synthetisch herzustellen aus Wasserstoff und Stickstoff. Aber jetzt liegen die Verhältnisse sehr viel ungünstiger, die Ausbeuten sind ungefähr dreimal kleiner als zu erwarten war.

Prof. Dr. LE BLANC-Leipzig: Ich habe auch mit einem gewissen Bedauern gesehen, dass die Ausbeuten bei hohen Temperaturen so ungünstig wurden. Wir sind in meinem Laboratorium ebenfalls mit Versuchen, aber andersartigen, über die Bildung von Ammoniak beschäftigt. Es ist ja in letzter Zeit mit dunkelen elektrischen Entladungen gearbeitet worden bei niedrigen Temperaturen. Es drängt sich nun die Frage auf, ob bei Temperaturen, wo sich das thermische Gleichgewicht recht schnell einstellt, auch noch ein Einfluss der dunkelen elektrischen Entladung bemerkbar ist. Ist dem Herrn Vortragenden darüber vielleicht etwas bekannt?

Geh. Regierungsrat Prof. Dr. NERNST-Berlin: Mit elektrischen Entladungen haben wir nicht gearbeitet.

Prof. Dr. LE BLANC-Leipzig: Die Beantwortung dieser Frage, der wir näher treten wollen, dürfte von einiger Wichtigkeit sein und auch einen Schluss in der Richtung zulassen, ob z. B. das Gleichgewicht für Stickstoff-Sauerstoff in der Hochspannungsflamme ein rein thermisches ist oder nicht. Ob allerdings das Ammoniak als Versuchssubstanz für höhere Temperaturen besonders empfehlenswert ist, erscheint nach den soeben erörterten ungünstigen Gleichgewichtsverhältnissen zweifelhaft.

VI. Untersuchungen über die spezifische Wärme bei tiefen Temperaturen. III.

von
W. Nernst
(Aus dem Physikalisch-Chemischen Institut der Universität Berlin)

(Vorgetragen am 23. Februar 1911)

Die in meiner früheren Mitteilung mitgeteilten Messungen[1] habe ich nunmehr bis nahe zur Temperatur des siedenden Wasserstoffs hinunter fortführen können.

An der Versuchsanordnung selber war nichts zu ändern, indem die bereits beschriebene Methode wie zu erwarten auch bei diesen Temperaturen jede nur irgend wünschenswerte Präzision lieferte. Schwierigkeiten machte allerdings die Eichung des benutzten Platindrahtes, doch gelang es schließlich, eine Anzahl Temperaturpunkte sicher festzulegen und durch eine so brauchbare Formel zu vereinigen, daß daraus der in dem Gebiet von 20 bis 40° abs. sehr stark variable Temperaturkoeffizient, auf den es wesentlich ankommt, mit ausreichender Genauigkeit abgeleitet werden konnte (vgl. auch weiter unten).

Die Versuche mit Zink stellte ich mit durch einen kleinen käuflichen Apparat aus Bombenwasserstoff gewonnenem flüssigen Wasserstoff an; für die Messungen am Blei und Kupfer benutzte ich flüssigen Wasserstoff, der zugleich für eine andere Gelegenheit von Hrn. Prof. WIENER in Leipzig in seiner großen Anlage in einer

---

1 Sitzungsber. d. Berl. Akad. d Wiss. 1910, 262.

Quantität von etwa 4 l hergestellt und uns freundlich zur Verfügung gestellt wurde; gerade diese Versuche waren mir wegen der relativ großen Mengen flüssigen Wasserstoffs, mit denen ich hier arbeiten konnte, sehr lehrreich, und ich möchte auch hier Hrn. Prof. WIENER und Hrn. Dr. LILIENFELD für ihr großes Entgegenkommen vielmals danken.

Die Mehrzahl der Versuche stellte ich mit Wasserstoff an, der in kleinen selbstgebauten Apparaten verflüssigt wurde; auf die Konstruktion dieser Apparate, die an anderer Stelle beschrieben werden sollen, will ich hier nicht eingehen und nur bemerken, daß ich bei diesen die Einrichtung getroffen habe, das evakuierte Glasgefäß, welches die zu untersuchende Substanz enthält, unmittelbar in den Verflüssigungsraum selber zu bringen; indem so ein Umfüllen des Wasserstoffes vermieden wurde, gelang es, mit wenigen Gramm flüssigen Wasserstoffs auszukommen; die Versuche mit diesem Apparat gehen so einfach und glatt, daß ich fast täglich Messungen ohne besondere Mühewaltung und Kosten auszuführen in der Lage bin. Natürlich läßt sich, wie es im Wesen der von mir benutzten Methode liegt, durch sukzessive Erwärmung von der tiefsten Temperatur aufwärts der Verlauf der wahren spezifischen Wärme ohne weiteres bis zu viel höheren Temperaturen ermitteln.

Blei, Block von 392,25 g

T	Δt	E	WC	WC korr.	Atomwärme	Kurve	Diff. in Prozenten
23,0	2,47	13,96	5,66	5,60	2,96	3,00	+ 1
28,3	7,04	53,0	7,53	7,45	3,93	3,71	− 5
36,5	1,39	11,03	7,94	7,83	4,13	4,38	+ 4
37,9	10,55	94,5	8,96	8,84	4,67	4,48	− 4
38,1	2,45	20,9	8,55	8,43	4,45	4,50	+ 1
42,7 bis 66,2	23,5	241,0	10,25	10,04	5,30	–	–
85,5	5,48	60,3	11,00	10,65	5,62	5,63	0
90,2	5,15	56,5	10,98	10,61	5,61	5,67	+ 1

Indem ich also, wie schon bemerkt, wegen aller sonstigen Einzelheiten auf meine frühere Arbeit verweisen kann, seien im folgenden zunächst als Beispiel die Versuche mit Blei mit ihren Einzelheiten wiedergegeben; was die übrigen Messungen anlangt, werde ich mich hier auf eine graphische Wiedergabe meiner hauptsächlichen Versuchsresultate beschränken.

Es bedeuten Δt die durch die Energie E (g. cal.) hervorgerufene Temperatursteigerung, und zwar bei der Mitteltemperatur T; WC den Wasserwert des Blocks, WC korr. denjenigen nach Abzug des Wasserwerts der außer Blei benutzten Substanzen (hier lediglich etwas Paraffin zur Einhüllung des Platindrahtes; in andern Fällen die Silberumhüllung und dergleichen).

Ferner wurden bisher in ähnlicher Weise bei einer größeren Anzahl von Temperaturen Silber, Zink, Kupfer, Aluminium, Chlorkalium, Merkurochlorid gemessen; die entsprechenden Kurven für die Metalle finden sich in der Figur eingetragen. Beim Chlorkalium liegen die beobachteten Werte in der Mitte zwischen der Silber- und der Zinkkurve, und zwar wurden hier 9 Messungen von $T = 23$ bis $T = 86$ gemacht; Jod lieferte eine wenig unterhalb Blei liegende Kurve.

Bei den einzelnen Messungen können zuweilen wegen Veränderungen des Vakuums und wegen des häufig erforderlichen raschen Arbeitens Fehler bis zu mehreren Prozenten unterlaufen; die den ausgeglichenen Kurven zu entnehmenden Werte aber dürften kaum Fehler enthalten, die 1 - 2 Prozent übersteigen.

Der Umstand, daß bei der nachträglichen graphischen Zusammenstellung sich eine so harmonisch verlaufende Kurvenschar ergab, bestätigt wohl indirekt die Genauigkeit meiner Messungen, die sich übrigens, wenn es darauf ankäme, sicherlich mit größeren Mitteln auf das zehnfache steigern ließe.

An die bisherigen Beobachtungen lassen sich folgende Schlußfolgerungen knüpfen:

1. Der Verlauf der Atomwärmen ist bei tiefen Temperaturen für die sechs untersuchten Metalle übereinstimmend, indem jene gleich $f\left(\frac{T}{T_0}\right)$ gesetzt werden können, wobei die betreffende Funktion von der Natur des betreffenden Stoffes unabhängig und T_0 eine demselben charakteristische Konstante ist. Das gleiche gilt für Chlorkalium

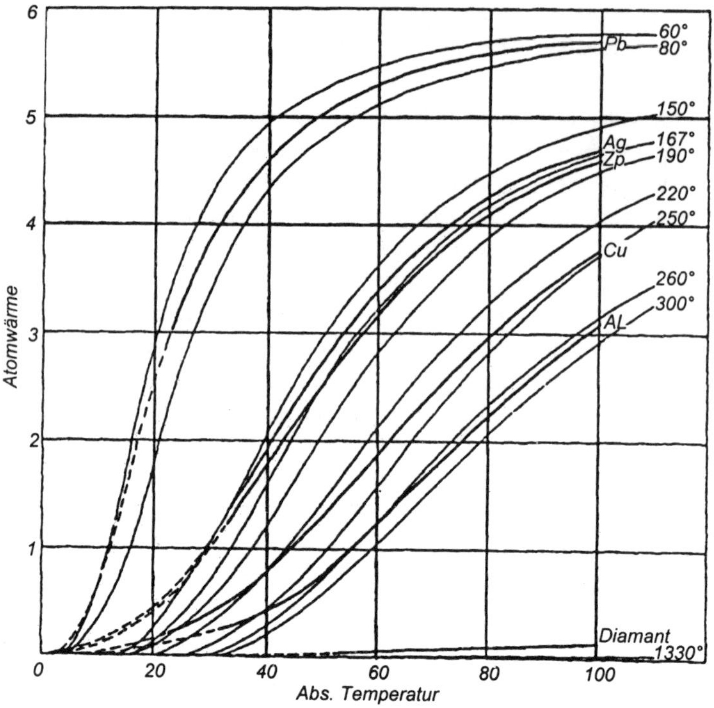

und auch für den Diamant (dessen Werte von DEWAR[1] gemessen wurden), nicht aber für Merkurochlorid (vgl. w. u.).

2. Die dünn gezeichneten Kurven sind nach EINSTEINS[2] Formel berechnet, wonach die Atomwärme

$$3R\frac{e^{\frac{\beta\nu}{T}}\left(\frac{\beta\nu}{T}\right)^2}{\left(e^{\frac{\beta\nu}{T}}-1\right)^2}$$

1 Proc. Royal Soc. A. **76**, 325 (1905).

2 Ann. d. Phys. [4] **22**, 184 (1907); die zu $\beta\nu$ = 1330° gehörige Kurve sollte nach EINSTEINS Berechnung für Diamant gelten.

zu setzen ist; dieselbe stimmt (wie übrigens schon EINSTEIN beim Diamant a. a. O. konstatierte) in allen Fällen dort gut, wo es sich um eine Abnahme der Atomwärme von etwa 5,6 bis auf 2 - 3 handelt; bei tieferen Temperaturen aber fällt letztere merklich langsamer ab, als die Formel verlangt. Bei der Betrachtung der Kurven wird man aber, zumal wenn man ihren übereinstimmenden Verlauf berücksichtigt, nicht bezweifeln können, daß bei sehr tiefen Temperaturen die Atomwärme in allen Fällen nicht nur sehr kleine Werte annimmt, sondern daß sogar ein Tangieren der Temperaturachse eintritt, wie es die punktierte Verlängerung der beobachteten Kurven andeutet.

3. Damit ist aber das von mir aufgestellte Wärmetheorem, wenigstens was seinen einen Teil anlangt, bestätigt, indem für $T = 0$

$$\lim \frac{dU}{dT} = 0$$

wird; vermutlich konvergieren nach Vorstehendem sogar auch die höheren Differentialquotienten gegen sehr kleine Werte.

4. Der Umstand, daß sich Chlorkalium bezüglich des Verlaufs seiner Atomwärme genau wie ein Element verhält, dessen Atome gleichartig gebunden sind, wäre nach EINSTEINS Anschauung so zu deuten, daß beide Atome wenig verschiedene Eigenfrequenz besitzen, was gerade in diesem Falle an sich plausibel erscheint, weil Chlor und Kalium auch im freien (kristallisierten) Zustande nach LINDEMANNS Formel nicht sehr verschiedene Eigenfrequenzen haben (1,69 bzw. $1,75 \cdot 10^{12}$). Anders beim Merkurochlorid; hier sind die Eigenfrequenzen der Elemente sehr verschieden, und die Verbindung verlangt, wie schon POLLITZER[1] fand, dessen Formel sich gut den neuen Beobachtungen anschließt, entsprechend die Einführung zweier $\beta\nu$-Werte (80 und 236), so daß ein ganz anderer (weniger gegen die Temperaturachse geneigter) Verlauf resultiert. – Ähnlich verhält sich nach den früheren Beobachtungen (a. a. O.) übrigens auch Schwefel, so daß auch hier im Molekül verschiedenartig gebundene Atome anzunehmen sind.

---

1 Zeitschr. f. Elektroch. **17**, 5 (191).

5. Daß in ihrer Gesamtheit die Beobachtungen eine glänzende Bestätigung der Quantentheorie von PLANCK und EINSTEIN erbringen, liegt auf der Hand; der bei den tiefsten Temperaturen langsamer erfolgende Abfall der Atomwärme ließe sich im Sinne jener Theorie einfach etwa in der Weise deuten, daß die Eigenfrequenzen nicht scharfen Linien, sondern nach kleinen Schwingungszahlen zu langsam abfallenden Banden entsprechen.

6. Der Umstand, daß die untersuchten Metalle einerseits und die nichtmetallischen Substanzen (Diamant, Chlorkalium) andererseits keinen Unterschied im Verlauf der Atomwärme erkennen lassen, muß gegen die Elektronentheorie des galvanischen Widerstandes insofern Bedenken erregen, als nach letzterer die Elektronen einen keineswegs unbedeutenden Beitrag zur Atomwärme der Metalle liefern müßten, der aber gewiß nicht vorhanden ist. Will man daher daran festhalten, daß die Elektronen die gleiche lebendige Kraft und somit auch die gleiche Atomwärme wie ein einatomiges Gas (2,98) besitzen, so müßte jedenfalls die Zahl der Elektronen viel kleiner sein, als meistens geschätzt wird. Nimmt man ferner noch an, daß die Konzentration der Elektronen durch die Temperatur geändert wird, so wird der Widerspruch noch vergrößert, weil jede Änderung eines Gleichgewichts durch Temperaturerhöhung mit Wärmeabsorption verbunden ist.

7. Der Vergleich der Formel von LINDEMANN[1]

$$\nu = 2,12 \cdot 10^{12} \sqrt{\frac{T_S}{M V^{\frac{2}{3}}}}$$

(T_S Schmelzpunkt, M Atomgewicht, V Atomvolumen) mit den Ergebnissen meiner Messungen liefert folgende Tabelle:

1 Phys. Zeitschr. **11**, 609 (1910).

Tabelle I.

Element	M	T_S	V	$\nu = 2,12 \cdot 10^{12} \sqrt{\frac{T_s}{MV^{\frac{2}{3}}}}$	V aus Kurve
Pb.........	208	600	18,3	$1,4 \cdot 10^{12}$	$1,44 \cdot 10^{12}$
Ag.........	108	1234	10,3	$3,3 \cdot 10^{12}$	$3,3 \cdot 10^{12}$
Zn	65,4	691	9,2	$3,3 \cdot 10^{12}$	$3,6 \cdot 10^{12}$
Cu	63,6	1357	7,1	$5,1 \cdot 10^{12}$	$4,9 \cdot 10^{12}$
Al..........	27,1	930	10,0	$5,8 \cdot 10^{12}$	$6,0 \cdot 10^{12}$
J	126,9	386	25,6	$1,4 \cdot 10^{12}$	$1,5 \cdot 10^{12}$
½ KCl ...	37,2	1051	18,9	$4,2 \cdot 10^{12}$	$3,5 \cdot 10^{12}$

Die Formel von LINDEMANN bewährt sich also an dem neuen genaueren Beobachtungsmaterial viel besser als früher (LINDEMANN a. a. O.); mindestens für die Metalle wird man nunmehr den Verlauf der Atomwärme bei tiefern Temperaturen mit ziemlicher Sicherheit aus Schmelzpunkt, Dichte und Atomgewicht ableiten können, was besonders für die Verwendung meines Wärmetheorems von Bedeutung ist.

Schließlich sei noch auf eine, wie mir scheint, sehr auffallende und von der bisherigen Elektronentheorie nicht vorgesehene Beziehung zwischen Atomwärme und elektrischem Widerstand hingewiesen, die ich empirisch auffand.

Für die obigen Messungen mußte der Temperaturkoeffizient der von mir benutzten Platinsorte im Intervall von 20 bis 80° abs. mit möglichster Genauigkeit festgestellt werden; hierzu benutzte ich außer der Eichung mit Hilfe der Dampfspannungskurve von Sauerstoff (KAMERLINGH-ONNES)[1] und Wasserstoff (TRAVERS)[2]– wobei mir übrigens das VON STOCK[3]angegebene Thermometer ganz vor-

1 Communnications of the Physic. Lab. of Leiden Nr. 107 (1908).

2 Exp. Unters. von Gasen, Braunschweig 1905, S. 266.

treffliche Dienste leistete – luftthermometrische Messungen und vor allem ein Bleiwiderstandsthermometer. Wie nämlich KAMERLINGH-ONNES fand, weicht die Widerstandskurve des Bleies von Zimmertemperatur bis zum Siedepunkt des Wasserstoffs hinab viel weniger von einer geraden Linie ab, als es Platin tut.

Nun zeigt sich, daß der Temperaturkoeffizient des Platins, der von Zimmertemperatur bis etwa $T = 65$ immerhin nicht beträchtlich variiert, bei noch tieferen Temperaturen überaus rasch abfällt, ganz ähnlich, wie es die EINSTEINschen Kurven in obiger Figur tun. Es tritt so der Temperaturkoeffizient des elektrischen Widerstands in eine gewisse Parallele zur Atomwärme, und weiterhin fällt auf, daß beide Größen bei höheren Temperaturen einem gleichen von der Natur des Metalls unabhängigen Wert zustreben; es tritt mit anderen Worten das Gesetz von DULONG-PETIT und die Regel von CLAUSIUS, wonach der Temperaturkoeffizient des Widerstandes dem Ausdehnungskoeffizienten der Gase nahe liegt, in eine deutliche Analogie. Es ergab sich sogar auch darin Ähnlichkeit, daß der Temperaturkoeffizient gerade wie die Atomwärme bei den tiefsten Temperaturen merklich langsamer abfällt, als es der Formel von EINSTEIN entspricht.

Die obigen Erwägungen führen zunächst zur PLANCKschen Strahlungsgleichung als einer einfachen Formel[1] für den elektrischen Widerstand, die sich im Gebiete des raschen Abfalls des Temperaturkoeffizienten, also gerade dort, wo ich dringend eine solche gebrauchte, gut bewährt, wie aus Tabelle II und III zu ersehen ist:

---

3 Ber. d. Deutsch. Chem. Ges. **39**, 2066 (1906).

1 Die nachfolgende Mitteilung bringt eine etwas modifizierte, innerhalb noch weiterer Grenzen brauchbare Formel.

Tabelle II

Widerstand des Bleis nach KAMERLINGH-ONNES[1]

$$w = \frac{0,1626}{e^{\frac{38}{T}} - 1} + 0,00070 .$$

T	w (beob.)	w (ber.)
14,39	0,01311	0,01315
18,02	0,02314	0,02312
20,31	0,03032	0,03030
56,48	0,17129	0,1703
68,57	0,21742	0,2204
273,09	1,0000	(1,091)

Unterhalb 20° sollte nach obiger Interpolationsformel der Widerstand gegen 0,0211 konvergieren und somit der Temperaturkoeffizient sehr klein werden; in Wirklichkeit fällt, wie schon oben bemerkt, letzterer nicht so rasch ab. Bei 15,1 betrug der Widerstand z. B. 0,202, während er nach obiger Formel nur auf 0,0215 gesunken sein sollte.

Tabelle III

Widerstandskurven des von mir benutzten Platins nach eigenen Messungen

$$w = \frac{0,583}{e^{\frac{110}{T}} - 1} + 0,0021 .$$

T	w (beob.)	w (ber.)
20,45	0,0237	0,0238
22,6	0,02585	0,0256
28,2	0,0333	0,0331
34,1	0,0443	0,0452
56,9	0,1200	0,1197
273,09	1,0000	(1,196)

1 Ibid. NR. 99. Übrigens lieferte mir von KAHLBAUM als „rein" bezogenes Blei genau die gleichen Werte, so daß mir das Blei einen vortrefflichen Anschluß an die luftthermometrischen Messungen von KAMERLINGH-ONNES vermittelte.

Daß die PLANCKsche Strahlungsformel eine brauchbare Interpolationsformel für gewisse Gebiete der elektrischen Leitfähigkeit liefert, könnte nun ja allerdings ein zufälliges Zusammentreffen sein, obwohl dies nach den obigen Bemerkungen kaum mehr anzunehmen sein wird. Es stellt sich nun aber weiter heraus, daß die darin als Exponent vorkommende Konstante für mehr oder weniger (aber immer nur schwach) verunreinigte Metalle konstant bleibt, während die additive Konstante mit der Verunreinigung wächst; es hat den Anschein, als ob sich hierauf eine scharfe Prüfung auf Reinheit eines Metalles (und vielleicht auch auf gewisse Strukturveränderungen) wird gründen lassen. Ob diese Konstante bei ganz reinen Metallen gegen Null oder nur gegen einen kleinen, aber bestimmbaren Wert konvergiert, können erst weitere Untersuchungen entscheiden.

Es liegt nun nahe, den aus der Leitfähigkeit abzuleitenden $\beta\nu$-Werte mit demjenigen zu vergleichen, den die spezifische Wärme liefert; dies ist in Tab. IV geschehen; die $\beta\nu$-Werte in der dritten Kolumne sind, wo erforderlich, nach LINDEMANNS Formel berechnet:

Tabelle IV

$\beta\nu$

Metall	aus Widerstand	aus spez. Wärme
Hg	< 28°	48°
Pb	38	70
Au	93,5	122
Pt	110	151
Ag	116	161

Ein Parallelismus zwischen beiden Zahlenreihen ist unverkennbar; wenn also z. B. Blei verglichen mit fast allen andern Metallen bis zu relativ tiefen Temperaturen dem Gesetz von DULONG-PETIT gehorcht, so ist dies nunmehr in einen, allerdings zunächst rein empirischen[1] Zusammenhang damit gebracht, daß Blei ebenfalls im Gegensatz zu fast allen anderen Metallen auch bis zu sehr tiefen

1 Vgl. jedoch die nachfolgende Notiz von LINDEMANN.

Temperaturen einen (nahe) konstanten Temperaturkoeffizienten des elektrischen Widerstandes besitzt. Kupfer und Aluminium hingegen, die ich auf ihre Leitfähigkeit untersucht habe, zeigen bei tiefen Temperaturen, ebenfalls in Analogie zur spezifischen Wärme, einen der Reihe nach stärkeren Abfall des Temperaturkoeffizienten.

Die obenerwähnte Tatsache, daß sich der Einfluß von geringfügigen Verunreinigungen in einem von der Temperatur unabhängigen Zusatzwiderstand dokumentiert, ist nicht auf den Gültigkeitsbereich der S. 312 besprochenen Interpolationsformel beschränkt, sondern gilt, soweit ich sie bisher habe prüfen können, allgemein. Setzen wir, wie üblich, den Widerstand beim gewöhnlichen Nullpunkt gleich 1, so läßt sich Widerstand w_1 der einen Platinsorte aus dem Widerstand w_2 einer zweiten Platinsorte berechnen, nach der aus obigem sich ergebenden Gleichung

$$w_1 = \frac{w_2 - \alpha}{1 - \alpha},$$

worin α sehr klein gegen 1 sein muß. Als beliebig herausgegriffenes Beispiel wollen wir den Widerstand von Pt_{III} (KAMERLINGH-ONNES) auf den von Pt_I reduzieren, indem wir $\alpha = -0{,}00182$ setzen (s. Tabelle V).

Auch das Platin *d* KAMMERLINGH-ONNES läßt sich mit von $\alpha = + 0{,}02614$ mit ziemlicher Annäherung auf Pt_I reduzieren, obwohl hier bei der Temperatur des flüssigen Wasserstoffs der Widerstand etwa dreimal so groß ist, als er reinem Platin entspricht. Interessantes Material in dieser Hinsicht bieten auch die verschiedenen von KAMERLINGH-ONNES untersuchten Goldsorten.

Ähnlich läßt sich die von mir benutzte Platinsorte auf Pt_I von KAMERLINGH-ONNES reduzieren, indem $\alpha = + 0{,}0092$ gesetzt wird.

Man braucht also nur den Widerstand eines möglichst reinen Platindrahtes bei 0° und z. B. bei der Temperatur flüssiger Luft unter Verwendung des STOCKschen Thermometers zu bestimmen, um dann sofort die Widerstandskurve dieses Drahtes aus der sehr genau bestimmten von Pt_I (KAMERLINGH-ONNES) berechnen zu können. Für das Temperaturgebiet von $T = 56$ bis $T = 20°$, in welchem keine Eichungen für Pt_I vorliegen, benutze man die oben ange-

Tabelle V

T	w_1	w_{III}	$(w_1 - w_{III}) \cdot 10^5$	$\frac{w_{III} + 0,00182}{1,00182}$	$\left(w_I - \frac{w_{III} + 0,00182}{1,00182}\right) \cdot 10^5$
273,09	1,00000	1,00000	0	1,00000	0
242,56	0,87890	0,87860	30	0,87882	8
214,53	0,76693	0,76652	41	0,76694	- 1
195,55	0,65984	0,64923	61	0,64987	- 3
169,26	0,58346	–	–	–	–
164,00	0,56204	0,56034(?)	170	0,56114	90
132,28	0,43313	0,43201	112	0,43304	9
113,98	0,35370	0,35245	125	0,35363	7
90,30	0,25283	0,25154	129	0,25290	- 7
77,98	0,20043	0,19900	143	0,20045	- 2
68,41	0,15974	0,15819	155	0,15973	1
60,91	0,12814	0,12653	161	0,12812	2
56,44	0,11016	0,10854	162	0,11016	0
(34,1)	(0,0354)	–		–	
(28,2)	(0,0243)	–		–	
20,27	0,01421	–		–	
17,91	0,01244	–		–	
14,23	0,01072	–		–	

gebenen Interpolationsformel oder interpoliere direkt (unter Beachtung des α-Wertes meines Platins) nach Tab. III, wie für die zwei in Klammern befindlichen Temperaturen in Tab. V geschehen; im übrigen Gebiete reichen einfache Interpolationsformeln der üblichen Art aus. Es ist so ermöglicht, von Zimmertemperatur bis etwa - 253° jede Temperatur bis auf etwa 0,2° genau zu messen und meistens noch genauer; dies scheint mir einen beachtenswerten Fortschritt in der Thermometrie tiefer Temperaturen zu bedeuten.

Bei den vorstehend mitgeteilten häufig recht schwierigen experimentellen Arbeiten wurde ich von meinem Privatassistenten Hrn. Dr. POLLITZER wiederum aufs eifrigste unterstützt; ebenso verdanke ich ihm bei der Konstruktion der Kalorimetergefäße und der Apparate zur Wasserstoffverflüssigung manche nützliche Anregungen und originellen Vorschläge.

VII. Untersuchungen über die spezifische Wärme

VII. Zur Berechnung chemischer Affinitäten

von
W. Nernst

(Aus dem Physikalisch-chemischen Institut der Universität Berlin

Wie in der vorhergehenden Arbeit gezeigt wurde, schließt sich bei tieferen Temperaturen die neue Formel von DEBYE erheblich besser an als die früher von LINDEMANN und mir benutzte Gleichung. Da letztere bei der Berechnung zahlreicher chemischer Gleichgewichte verwendet worden ist, auch Tabellen zur bequemeren Benutzung der erwähnten Formel vorhanden sind[1], so entsteht die Frage, inwieweit hier eine Korrektur anzubringen ist.

Zur Berechnung der Affinität A aus Wärmetönung U (oder umgekehrt) haben wir die Gleichungen

$$A - U = T\frac{dA}{dT}, \tag{4}$$

$$A = -T\int_0^T \frac{U}{T^2}dT. \tag{5}$$

Von vornherein ist klar, daß für die Berechnung der U-Kurve eine merkliche Änderung nicht eintreten kann; denn die Abwei-

1 F. POLLITZER, Berechnung chemischer Affinitäten nach dem NERNSTschen Wärmetheorem (Stuttgart 1912).

chungen zwischen den beiden Formeln (2) und (3) der vorstehenden Arbeit liegen in Gebieten, in denen die Atomwärmen bereits sehr kleine Beträge angenommen haben, und es kann daher keinen wesentlichen Unterschied machen, ob man den Energiegehalt (worauf es bei der Festlegung der *U*-Kurve allein ankommt) nach der alten oder der neuen Formel berechnet. Anders liegt die Frage betreffs des Verlaufs der *A*-Kurven; hier macht sich eine kleine Änderung im Verlauf der *U*-Kurve bei sehr tiefen Temperaturen auf die durch die Gleichung

$$\frac{dA}{dT} = \frac{A-U}{T}$$

gegebene Richtung der *A*-Kurve schon stärker geltend, und wenn auch eine einfache Überschlagsrechnung erkennen lässt, daß es sich keineswegs um große Einflüsse handeln kann, so erschien doch eine Prüfung nach dem Betrage dieser Einflüsse notwendig.

Nach DEBYE gilt die Formel:

$$U = \frac{9}{12}R\left(\frac{C}{C_\infty} + \frac{3x}{e^x - 1}\right)T;\; x = \frac{\beta\nu}{T},\; C_\infty = 3R. \tag{6}$$

Eine Reihenentwicklung liefert (vgl. Gleichung 3):

$$U = 0{,}75\beta\nu R\left(\frac{77\cdot 94}{x^4} - 12\sum_{n=I}^{n=\infty} e^{-nx}\left(\frac{1}{nx} + \frac{3}{n^2x^2} + \frac{6}{n^3x^3} + \frac{6}{n^4x^4}\right)\right).ä$$

Die Integration nach (5) bietet keine Schwierigkeiten; mit Hilfe der bekannten Rekursionsformel

$$\int_x^\infty \frac{e^{-x}}{x^{n+1}}\,dx = \frac{1}{n}\frac{e^{-x}}{x^n} - \frac{1}{n}\int_x^\infty \frac{e^{-x}}{x^n}dx$$

findet man leicht

$$A = -9R\left(\frac{2{,}1646}{x^3} - \sum e^{-nx}\left(\frac{1}{n^2x} + \frac{2}{n^3x^2} + \frac{2}{n^4x^3}\right)\right)T. \tag{7}$$

Führt man in (7) Gleichung (3) ein, so findet man

(8) $$A = -9R\left(\frac{C}{C_\infty 36} + \frac{x}{(e^x - 1)12} + \sum \frac{e^{-nx}}{3n}\right)T,$$

welche Formel erheblich bequemer wird als (7), wenn für $\frac{C}{C_\infty} = \frac{C}{3R}$ Werte berechnet sind, wie durch DEBYE (a. a. O. S. 803) und ausführlicher in Tabelle I des Anhangs geschehen.

Hr. SCHWARZSCHILD teilte mir freundlich mit, daß sich A auch in geschlossener Form darstellen lasse:

(9) $$A = -9R\left(\frac{C}{C_\infty 36} + \frac{x}{(e^x - 1)12} - \frac{1}{3}\ln(1 - e^{-x})\right)T;$$

dieser Ausdruck ergibt sich übrigens aus (8), wenn man die Beziehung benutzt

$$-\ln(1-y) = y + \frac{y^2}{2} + \frac{y^3}{3} + \ldots$$

und

$$y = e^{-x}$$

setzt.

In Tabelle II des Anhangs findet man eine Anzahl Werte des in Gleichung (6) mit T multiplizierten Faktors berechnet; in Tabelle III sind die entsprechenden Rechnungen nach Gleichung (7) durchgeführt; in beiden Fällen sind die Differenzen gegen die entsprechenden Tabellen der Monographie POLLITZERs verzeichnet. Man überzeugt sich leicht, daß man die alten ausführlichen Tabellen bequem beibehalten kann und nur die entsprechenden relativ kleinen Korrekturen den neuen Tabellen zu entnehmen braucht.

Dem Umstande entsprechend, daß bei Werten unterhalb $x = 1$, die nach Formeln (2) und (3) berechneten Atomwärmen praktisch identisch sind, finden wir in der Tabelle III hier konstante Differenzen.

Bei Berechnung von Dampfdruckformeln werden sich, wenn man, von hohen Temperaturen ausgehend, mit Hilfe der spezifischen Wärmen bei sehr tiefen Temperaturen berechnet, merkliche Unterschiede ergeben; bei der Berechnung chemischer Affinitäten von kondensierten Systemen sind wohl bei allen Temperaturen (vielleicht ganz extreme Fälle ausgenommen) die Differenzen praktisch belanglos. Keines der von Herrn POLLITZER in seiner obenerwähnten Monographie besprochenen Beispiele würde merklich berührt werden, wenn man den Verlauf der Atomwärme nach der Formel von DEBYE anstatt nach der von LINDEMANN und mir angegebenen Formel berechnen würde.

Als Beleg ist im folgenden der von U. FISCHER[1] sehr eingehend und genau untersuchte Fall der Bildung des Jodsilbers neu berechnet worden. Hier war

$$U = 15166 + T \cdot \sum F_1\left(\frac{\beta\nu}{T}\right) + \frac{2}{5}\sum aT^{\frac{5}{2}} \;;$$

$$A = 15166 - T \cdot \sum F_2\left(\frac{\beta\nu}{T}\right) - \frac{4}{15}\sum aT^{\frac{5}{2}} \;;$$

in der folgenden Tabelle befinden sich unter U_1 und A_1 die mit Verwendung der alten Funktionen, unter U_2 und A_2 die mit Verwendung der neuen Funktionen berechneten Werte verzeichnet; darin sind die $\beta\nu$-Werte im ersten Falle wie früher für Jod zu 98, für Silber zu 221 und für Jodsilber zu 70 bzw. 220 angenommen; im zweiten Falle wurden, dem Umstande entsprechend, daß bei Benutzung der neuen Formel die $\beta\nu$-Werte nur im Mittel 2 Prozent kleiner werden, die Werte 96, 216, 68,4 bzw. 215 zugrunde gelegt. Bezüglich des letzten Gliedes der beiden vorstehenden Formeln, welches lediglich der Reduktion der Atomwärmen auf konstanten Druck Rechnung trägt und überhaupt nur von kleinem Einfluß ist, ändert sich natürlich nichts und es waren daher die von Herrn U. FISCHER berechneten Werte beizubehalten.

---

1 Zeitschr. anorg. Chemie **50**, 41 (1912).

T	U_1	A_1	U_2	A_2	$U_1 - U_2$	$A_1 - A_2$
20	15 153	15 173	15 153	15 173	0	0
40	15 136	15 201	15 135	15 202	+ 1	– 1
60	15 124	15 235	15 123	15 238	+ 1	– 3
100	15 114	15 316	15 113	15 322	+ 1	– 6
180	15 101	15 477	15 099	15 489	+ 2	– 12
260	15 085	15 650	15 086	15 669	– 1	– 19
300	15 074	15 733	15 075	15 762	– 1	– 29

Anhang

Tabelle I
C_v nach Gl. 3

$\frac{\beta\nu}{T}$	0,0	0,1	0,2	0,3	0,4	0,5	0,6	0,7	0,8	0,9	1,0
0	5,955	5,95	5,94	5,93	5,91	5,883	5,85	5,81	5,77	5,73	5,67
1	5,670	5,61	5,54	5,48	5,41	5,34	5,26	5,18	5,08	5,00	4,91
2	4,914	4,82	4,73	4,64	4,54	4,437	4,34	4,24	4,14	4,04	3,91
3	3,941	3,84	3,74	3,65	3,55	3,45	3,36	3,27	3,18	3,09	3,00
4	2,996	2,91	2,83	2,75	2,67	2,59	2,51	2,43	2,35	2,27	2,20
5	2,198	2,13	2,06	2,00	1,94	1,88	1,82	1,76	1,70	1,64	1,58
6	1,581	1,53	1,48	1,43	1,38	1,34	1,30	1,26	1,22	1,18	1,14
7	1,137	1,102	1,067	1,033	1,000	0,968	0,937	0,907	0,879	0,853	0,83
8	0,830	0,810	0,790	0,770	0,750	0,731	0,712	0,693	0,674	0,655	0,63
9	0,636	0,617	0,598	0,579	0,560	0,541	0,523	0,505	0,487	0,469	0,45
10	0,451	0,435	0,421	0,409	0,398	0,388	0,378	0,368	0,359	0,351	0,34
11	0,343	0,335	0,327	0,319	0,311	0,303	0,295	0,287	0,280	0,273	0,26
12	0,267	0,261	0,255	0,249	0,243	0,237	0,231	0,225	0,220	0,215	0,21
13	0,210	0,205	0,200	0,196	0,192	0,188	0,184	0,180	0,176	0,172	0,16
14	0,168	0,164	0,161	0,158	0,155	0,152	0,149	0,146	0,143	0,140	0,13
15	0,137	0,134	0,131	0,128	0,125	0,123	0,121	0,119	0,117	0,115	0,11

$\frac{\beta\nu}{T}$		$\frac{\beta\nu}{T}$		$\frac{\beta\nu}{T}$	
16	0,113	21	0,0499	26	0,0262
17	0,094	22	0,0433	27	0,0262
18	0,079	23	0,0380	28	0,0211
19	0,067	24	0,0385	29	0,0189
20	0,0579	25	0,0296	30	0,0172

Tabelle II

$\frac{U-U_0}{T}$ nach Formel (6)

x	$\frac{U-U_0}{T}$	Alte Formel ist größer um
0,250	5,415	+ 0,001
0,333	5,245	+ 0,001
0,500	4,913	+ 0,003
0,667	4,596	+ 0,007
1,000	4,017	+ 0,011
1,111	3,833	+ 0,017
1,250	3,623	+ 0,015
1,429	3,357	+ 0,023
1,667	3,032	+ 0,029
2,000	2,6265	+ 0,0385
2,500	2,1082	+ 0,0528
3,333	1,4550	+ 0,070
4,000	1,0819	+ 0,0721
4,021	1,0723	+ 0,0722
5,000	0,7009	+ 0,0661
6,000	0,463	+ 0,050
6,667	0,3552	+ 0,0368
6,90	0,326	+ 0,032
9,58	0,1347	– 0,0129
10,00	0,1151	– 0,0128
13,33	0,0489	– 0,0199
20,00	0,0145	– 0,0130
40,00	0,0018	– 0,0018

Tabelle III

$-\frac{A-A_0}{T}$ nach Formel (7).

x	$-\frac{A-A_0}{T}$	Alte Formel ist größer um
0,1	15,92	– 0,08
0,6	6,314	– 0,075
1	4,077	– 0,066
2	1,747	– 0,052
3	0,8675	– 0,038
4	0,4711	– 0,017
5	0,2737	– 0,001
6	0,1688	+ 0,010
7	0,1097	+ 0,015
8	0,0749	+ 0,019
9	0,0529	+ 0,019
10	0,0386	+ 0,019

VIII. Die theoretischen und experimentellen Grundlagen des neuen Wärmesatzes

von
W. Nernst
o. ö. Professor und Direktor des
physik.-chem. Instituts an der Universität Berlin

In neuester Zeit haben EUCKEN und SCHWERS (84) einige Messungen mit dem Vakuumkalorimeter angestellt, die speziell die Prüfung des T^3-Gesetzes von DEBYE zum Gegenstand hatten und bei denen in Rücksicht auf diesen Zweck bei tiefsten Temperaturen höchste Genauigkeit anzustreben war (bei thermodynamischen Rechnungen spielen meistens die spezifischen Wärmen wegen ihrer Kleinheit gerade in diesem Gebiete eine nebensächliche Rolle). Es wurde im wesentlichen die oben beschriebene Methode benutzt, nur wurde die Heizung mit einem Konstantandraht bewirkt, während die Temperaturmessung durch einen Bleidraht erfolgte, dessen Widerstandskurve bei sehr tiefen Temperaturen eine besser geeignete Form besitzt, als beim Platin der Fall ist. Aus den Messungen von KAMERLING-ONNES und CLAY wurde von oben genannten Autoren folgende Tabelle berechnet, die durch Umrechnung mit Hilfe der α-Regel auf die von ihnen benutzte Bleisorte bezogen wurde:

Tabelle III: Widerstandskurve von Blei

T	W	$10^3\frac{dW}{dT}$	T	W	$10^3\frac{dW}{dT}$
14	0,01212	2,48	45	0,12638	3,95
16	0,01733	2,73	50	0,14598	3,90
18	0,02305	2,98	55	0,16537	3,86
20	0,02928	3,24	60	0,18458	3,82
22	0,03603	3,40	65	0,20354	3,78
24	0,04325	3,71	70	0,22236	3,75
26	0,05082	3,85	75	0,24105	3,73
28	0,05862	3,93	80	0,25968	3,72
30	0,06654	3,97	85	0,27825	3,71
35	0,08652	4,01	90	0,29676	3,70
40	0,10653	3,99	273,1	1,00000	–

Man erkennt sofort, daß bei tiefen Temperaturen die Interpolation von $\frac{dW}{dT}$ viel sicherer beim Blei als beim Platin erfolgen kann.

5. Das Vakuumkalorimeter; zweite Form. Bei der ersten Form wurde das Kalorimeter mit Hilfe eines Platindrahtes elektrisch geheizt, der zugleich als Widerstandsthermometer diente. Die Messungen sind so genau, wie man einerseits die durch eine bekannte elektrische Energiezufuhr hervorgerufene und nötigenfalls wegen Wärmeverluste korrigierte Widerstandsänderung ermitteln kann und wie andererseits der Temperaturkoeffizient des benutzten Platindrahts in dem betreffenden Temperaturbereich bekannt ist.

Nun ist, wie schon oben betont, bei tiefen Temperaturen dieser Temperaturkoeffizient von einem für die Genauigkeit der Messung nicht sehr günstigen Verhalten; er hat in der Gegend von 80° abs. ein ziemlich steiles Maximum, um unterhalb 40° ganz rapide abzufallen. trotz sorgfältigster Eichung, die übrigens in den Temperaturgebieten von 25 bis 45° abs. wegen Mangels an Fixpunkten ihre Schwierigkeiten hat, bleiben natürlich kleine Unsicherheiten bestehen. Eine Unbequemlichkeit liegt ferner darin, daß bei Zufuhr der elektrischen Energie der Platindraht seinen Widerstand stark ändert und daß daher die genaue Ermittlung der zugeführten elektrischen Energie, wenn auch durchaus möglich, so doch immerhin etwas umständlich wird.

Diese Nachteile lassen sich nun allerdings sämtlich umgehen und schon durch Anwendung von Bleidraht anstatt Platindraht stark vermindern, aber der Wunsch nach einem einfacheren Verfahren bleibt bestehen. Die Aufgabe, den Verlauf der spezifischen Wärme für eine große Anzahl Stoffe mit möglichster Vollständigkeit festzulegen, ist ja wichtig, sohl hinsichtlich jeder künftigen Theorie des festen Aggregatszustandes, die offenbar auf Grund des Verhaltens bei tiefen Temperaturen sich weiter entwickeln wird, wie auch wegen der Anwendung unseres Wärmesatzes und des Studiums der chemischen Affinität.

Wenig würde in diesen Beziehungen gewonnen worden sein, wenn ich mir die Aufgabe gestellt hätte, mit möglichster Genauigkeit einige wenige Stoffe zu untersuchen; schon die Willkür, die in der Auswahl gelegen hätte, würde die theoretische Forschung gehemmt haben. Nur durch die Messung zahlreicher Vertreter der verschiedensten Körperklassen gelang es, den einfachsten Typus mit Sicherheit festzustellen, der denn auch der Gegenstand der theoretischen Forschung wurde (vgl. Kapitel IV). Und da noch ein gewaltiges Material weiterer Bearbeitung harrt, so bedeutet jede Vereinfachung der vorher beschriebenen Methode einen Gewinn.

Eine solche Vereinfachung läßt sich, wenigstens in gewissen Beziehungen, dadurch erzielen, daß man die Methode der Temperaturmessung ändert. Bei der nun zu beschreibenden zweiten Form des Vakuumkalorimeters, die ich gemeinschaftlich mit Dr. F. SCHWERS ausarbeitete (95), wurde daher die Temperaturänderung infolge der elektrischen Heizung mit Hilfe eines Thermoelements gemessen, dessen eine Lötstelle an das Kalorimeter gelötet war, während die andere an einem Bleiblock lag; die Temperatur des letzteren bleibt während der Messung sehr nahe konstant, und die kleinen Änderungen erfolgen so langsam und regelmäßig, daß sie bei der Korrektion wegen des Temperaturganges des Kalorimeters gleichzeitig völlig eliminiert werden. Um die wirkliche Temperatur des Kalorimeters zu erkennen, muß natürlich die des Bleiblocks

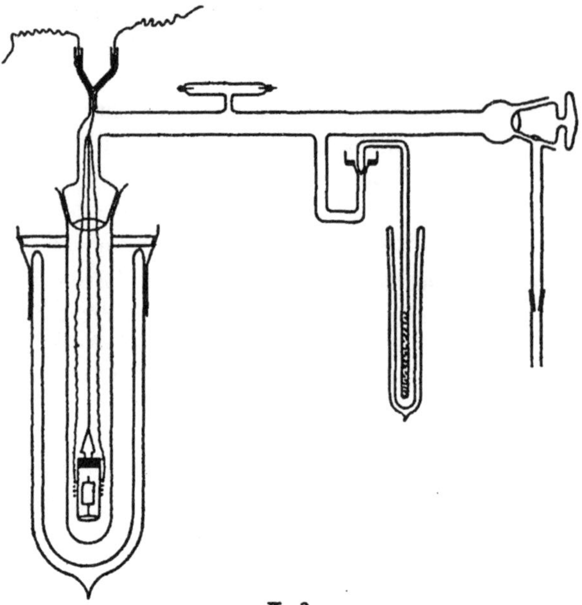

Fig. 8.

fortlaufend bestimmt werden. Die Heizung erfolgte mit Hilfe eines innerhalb des Kalorimeters angebrachten Konstantandrahts; da dieser auch bei den tiefsten angewandten Temperaturen einen verschwindenden Temperaturkoeffizienten besitzt, so bleibt während der Heizung Strom und Spannung völlig konstant, was für die Bequemlichkeit und die Genauigkeit gleichzeitig von Vorteil ist.

An den oben erwähnten Bleiklotz war ein Kupfermantel angelötet, der das Kalorimeter umgab und jedenfalls den Erfolg hat, daß sich letzteres in einem Raum von völlig gleichmäßiger Außentemperatur befindet. Man könnte diese Schutzvorrichtung für überflüssig halten, da doch bei gutem Vakuum und tiefen Temperaturen weder Strahlung noch Wärmeleitung merklich sind; trotzdem aber zeigte sich, daß bei Weglassung derselben die Ausschläge des mit dem Thermoelement verbundenen Galvanometers nicht entfernt den regelmäßigen Gang hatten wie mit demselben. In experimenteller Hinsicht muß der Kupfermantel also als eine ganz entschiedene Verbesserung bezeichnet werden.

Die Versuchsanordnung ist aus Fig. **8** ersichtlich. Ein großes, mit Gummikappe und Korken verschließbares DEWAR-Gefäß dient als Kühlbad; der Verschluß ermöglicht es, den darin befindlichen Wasserstoff abzupumpen und so die Temperatur noch weiter zu erniedrigen. Ein langes zylindrisches Gefäß dient zur Aufnahme des Kalorimeters und Schutzmantels; die obere Öffnung ist durch einen hinreichend weiten Glasstopfen verschlossen. Durch letzteren werden die erforderlichen Drähte (in unserem Falle 8) hindurchgeführt, und zwar in der Weise, daß sie durch ein dünnes Glasrohr gehen, das sehr sorgfältig mit weißem Siegellack und Picein abgedichtet wird. Außerdem führt aus dem Glasstopfen ein sehr weites Rohr zu einer GAEDEschen Molekularpumpe; an seinem Ende befindet sich ein Hahn mit ebenfalls sehr weiter Bohrung, alles zu dem Zwecke, um die Wirkung der Molekularpumpe voll ausnutzen zu können.

Es erwies sich übrigens das von dieser vorzüglichen Pumpe[1] gelieferte Vakuum doch nicht als ausreichend, auch dann nicht, wenn man sie dauernd laufen ließ. Zum Teil erklärt sich dieses daraus, daß gerade Wasserstoff, der notwendigerweise zur Abkühlung des Kalorimeters im Apparat vor Beginn des eigentlichen Versuches vorhanden sein mußte, bekanntlich von dieser Pumpe weniger gut gefördert wird. Etwas halfen Ausspülungen mit Helium, noch besser hätte vielleicht Neon gewirkt (andere Gase sind natürlich bei Temperaturen von 15 bis 20° abs. wegen ihres kleinen Dampfdruckes nicht verwendbar).

Das Vakuum mußte daher durch Benutzung von ausgeglühter Kokosnußkohle, die mit flüssigem Wasserstoff abgekühlt wurde, vervollständigt werden; um die Kohle hinreichend wirksam zu machen, ist ein starkes vorhergehendes Ausglühen im Vakuum wünschenswert, und sie befand sich daher, wie auch bei den früheren Versuchen, in einem Rohr aus schwer schmelzbarem Glase.

---

1 Es würde, abgesehen von Zeitgewinn, die GAEDEsche rotierende Quecksilberpumpe also ebenfalls vollkommen ausgereicht haben, vielleicht sogar infolge des Wegfalls der häufig störenden Vibrationen, die das Arbeiten mit der Molekularpumpe bedingt, vorzuziehen sei.

Zur Prüfung des Vakuums diente das in Fig. 8 gezeichnete Geißlerrohr; doch ist keineswegs gesagt, daß das Vakuum bei kleiner Wärmekapazität des Kalorimeters ausreicht, wenn keine Entladung durch das Geißlerrohr hindurchgeht, vielmehr liefert die eigentliche Prüfung des Vakuums der Versuch selber; nach der elektrischen Heizung muß eben der Gang des Kalorimeters hinreichend klein sein. Bei Anwendung von Kohle und flüssigem Wasserstoff war das Vakuum immer vorzüglich.

Die Anordnung des Kalorimeters selbst zeigt Fig. 9. Man sieht oben den schraffiert gezeichneten Bleiblock, daran anschließend den Kupfermantel. Derselbe ist mit dünnem Bleidraht in der Mitte bewickelt, von dessen beiden Enden je zwei Zuleitungsdrähte herausführen, um die Temperatur des Mantels zu messen. Der Bleidraht war isoliert auf dünnem Papier aufgewickelt und hierauf mit Papier und dann Stanniol überklebt. Die Messung des Widerstandes erfolgte nach der Potentialmethode, bei der bekanntlich der Einfluß der Zuleitungsdrähte völlig eliminiert wird: durch Vergleich der Ausschläge eines direkt zeigenden Galvanometers, wenn letzteres einmal an den Enden des Bleidrahtes, ein zweites Mal an den Enden eines bekannten und im gleichen Stromkreise mit dem Bleidraht befindlichen Widerstandes lag, konnte sehr rasch in jedem Momente der Widerstand des Bleidrahtes bis auf 1 bis 2 Promille die Temperatur des Kupferdrahtes also genauer als auf 0,1° gemessen werden, was mehr als ausreichend war.

Über das Verhalten derartiger Bleithermometer sind in unserem Institute viele Erfahrungen gesammelt [vgl. z. B. BULLE (85)]. Es ist notwendig, den Widerstand des Bleidrahtes häufig bei der Temperatur des schmelzenden Eises zu bestimmen, weil er im Laufe der Zeit langsam ansteigt. Durch diese Vorsichtsmaßregel sind irgendwie merkliche Unsicherheiten leicht zu vermeiden. Die Temperaturen wurden aus dem Widerstande mit Hilfe der von EUCKEN und SCHWERS und berechneten Tabelle ermittelt; durch Bestimmung des Widerstandes in siedendem Wasserstoff wurde der α- Wert der benutzten Bleiwicklung festgestellt. Daß diese Regel, wie bei Platindrähten, auch bei Bleidrähten sehr gute Dienste zu leisten vermag, hat noch kürzlich SCHIMANK (94) bewiesen.

Das Kalorimeter wurde, anstatt wie früher aus Silber, wegen des rascheren Abfalls der spezifischen Wärme aus Kupfer gefertigt. Da seine Dimensionen ziemlich klein waren (vgl. Fig. 9), so ist sein Wasserwert, der durch besondere Versuche sorgfältig bestimmt wurde, häufig ein beträchtlicher Bruchteil der Wärmekapazität des mit irgendeiner Substanz beschickten Kalorimeters. Für eine Steigerung der Genauigkeit würde sich die Verwendung eines größeren Kalorimeters und demgemäß auch eines größeren Mantels empfehlen, doch wird dann der Bedarf an flüssigem Wasserstoff entsprechend größer. In den unteren Deckel des Kalorimeters sind zwei dünne Platinröhrchen gelötet, durch die isolierte Platindrähte geführt werden. Der luftdichte Abschluß erfolgt durch Schmelzglas. Zwischen diesen Platindrähten liegt fast auf dem Boden des Gefäßes der kreisförmig aufgewickelte Konstantandraht, dessen Widerstand nahe 100 Ohm betrug. Auf diesem Draht liegt dünnes, nicht lackiertes Seidenpapier, das für Wasserstoffgas gut durchlässig ist, und

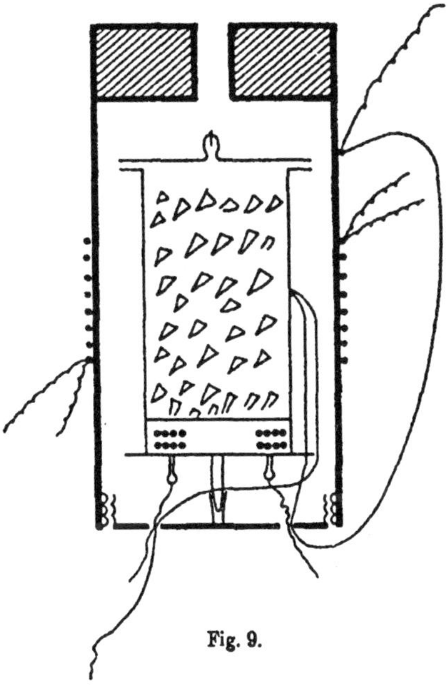

Fig. 9.

darüber ist die zu untersuchende Substanz geschichtet. Der obere Deckel wird zum Hinein- und Herausbringen der Substanz ab- und angelötet, wobei darauf geachtet wird, immer die gleiche Menge Lot zu verwenden. In der Mitte des oberen Deckels sitzt ein dünnes Kupferrohr, das nach Auspumpen und Füllen mit Wasserstoff durch einen gut passenden Stift verschlossen und dann verlötet wird. Bei der beschriebenen Anordnung dauerte der Temperaturausgleich im Innern des Kalorimeters nach erfolgter Heizung meistens nur etwa eine Minute (vgl. hierzu das weiter unten berechnete Beispiel). Das Kalorimeter ruht, wie gezeichnet, auf einem dünnen Ebonitstab. – Die Anbringung der beiden Lötstellen des Thermoelements ist ebenfalls aus der Figur ersichtlich.

Ich suchte anfänglich nach einem Thermoelement, das im Gebiete von 15 bis 100° abs. der Temperaturdifferenz proportionale Angaben liefert; wie die eingehende Untersuchung von WIETZEL (86) zeigt, ist die Wahrscheinlichkeit, ein solches Element zu finden, nicht groß. Es wurde daher schließlich ein Kupfer-Konstantanelement benutzt; der direkte Verbindungsdraht zwischen den beiden Lötstellen (vgl. Fig. 9) war aus dünnem Konstantan, die beiden Ableitungsdrähte aus Kupfer gefertigt.

Die Eichung des benutzten Elements geschah auf zwei verschiedenen Wegen. Nach bekannten Methoden wurde ein längeres Stück homogenen dünnen Konstantandrahts ausgesucht und die thermoelektrische Kraft möglichst genau gemessen, indem die eine Lötstelle sich in schmelzendem Eise, die andere der Reihe nach in Bädern von verschiedenen tiefen Temperaturen befand. Letztere wurden mittels der von Herrn H. v. SIEMENS (91) geeichten STOCKschen Thermometer bestimmt. Für die tiefsten Temperaturen dient unter gewöhnlichem Druck oder unter genau gemessenem Unterdruck siedender Wasserstoff. Die Zahlen ließen sich durch folgend Interpolationsformel ziemlich gut wiedergeben:

$$E = 31{,}32\, T \log\left(1 + \frac{T}{90}\right) + 1{,}0 \cdot 10^{-7} T^4 \text{ Mikrovolt,}$$

worin E die elektromotorische Kraft zwischen absolutem Nullpunkt und der Versuchstemperatur bedeutet.

Mit Hilfe obiger Formel ließen sich die $\frac{dE}{dT}$-Werte von Grad zu Grad berechnen, wodurch eine der Wirklichkeit schon recht nahe kommende Tabelle gewonnen war.

Zur weiteren Kontrolle wurde ferner das Kupferkalorimeter in Fig. 9durch den von EUCKEN und SCHWERS (S. 111) genau untersuchten Bleiblock ersetzt; unter Verwendung dieser Zahlen wurde die erwähnte Tabelle korrigiert, was leicht ausführbar war, da diese Korrektionen bei höheren Temperaturen immerhin nur wenige Prozente betrugen.

In der Gegend von Zimmertemperatur, woselbst die obige Formel ungenau wird, wurde durch eine zweite Reihe von Versuchen $\frac{dE}{dT}$ unabhängig festgelegt, was natürlich keinerlei Schwierigkeiten machte.

In der folgenden Tabelle findet sich ein Auszug aus den so gewonnenen Zahlen. Man sieht, was eine große Erleichterung bedeutet, daß $\frac{dE}{dT}$ viel regelmäßiger variiert als der Temperaturkoeffizient des Platins:

Tabelle IV: Thermoelement Kupfer-Konstantan

T	$\frac{dE}{dT}$	T	$\frac{dE}{dT}$	T	$\frac{dE}{dT}$
15,5	4,08	60,5	12,68	150,5	23,26
20,5	5,26	70,5	14,10	170,5	25,20
25,5	6,42	80,5	15,43	190,5	27,30
30,5	7,50	90,5	16,63	210,5	29,5
35,5	8,47	100,5	17,70	230,5	31,3
40,5	9,37	110,5	18,80	250,5	33,1
45,5	10,24	120,5	19,90	270,5	34,9
50,5	11,10	130,5	21,06	290,5	36,5

Wie man sieht, fällt $\frac{dE}{dT}$ bei tiefen Temperaturen zwar regelmäßig, doch ziemlich stark ab, bei den Messungen stellte sich bald heraus, daß dieses zunächst unwillkommene Verhalten doch seine großen Vorteile bietet. Die Wärmekapazität des Kalorimeters, sei es mit, sei es ohne Füllung, fällt ebenfalls mit der Temperatur stark ab, und das Gesetz des Abfalls hat meistens eine große Ähnlichkeit mit dem des Abfalls von $\frac{dE}{dT}$. Wenn, was in einzelnen Fällen für ein ziemliches Temperaturgebiet erfüllt war, beide Kurven parallel verlaufen, so ist der Galvanometerausschlag, dividiert durch die zugeführte Energie, von der Temperatur unabhängig. In diesem Falle ist der Verlauf der Wärmekapazität also durch die jedenfalls recht genau dargestellte Eichkurve der obigen Tabelle gegeben; in andern Fällen ist dies Verhältnis viel weniger mit der Temperatur veränderlich, als es bei Temperaturunabhängigkeit von $\frac{dE}{dT}$ der Fall sein würde, was natürlich für die Messung günstig ist.

Übrigens stimmen die obigen Zahlen recht gut mit den Werten von WIETZEL (86) überein, der eine andere Konstantansorte benutzte, nur daß die Werte WIETZELs durchweg um konstant 9,8% größer sind; es wäre für die Benutzung derartiger Thermoelemente bei tiefen Temperaturen eine große Erleichterung, wenn ein solches Verhalten verschiedener Konstantansorten allgemein wäre.

Zur näheren Erläuterung seien die in einem Versuch erhaltenen Zahlenwerte kurz angeführt, und zwar greifen wir willkürlich als Beispiel einen Versuch heraus, bei welchem das Kalorimeter 38,31 g = 1,414 Mol. Aluminium enthielt. Die Temperatur des Bleiblocks betrug 21,0° abs. Geheizt wurde mit 40,2″ mit 2,02 Volt und 0,0202 Amp.; diese Zahlen wurden an sorgfältig geeichten Westoninstrumenten abgelesen. Der Heizeffekt betrug

$$2{,}02 \cdot 0{,}0202 \cdot 40{,}2 \cdot 0{,}2388 = 0{,}392 \text{ g-cal.}$$

Wegen des Widerstandes der Zuleitungsdrähte des Konstantandrahtes und des Spannungsverlustes im Strommesser beträgt die dem Kalorimeter wirklich zugeführte Energie nur 0,387 g-cal. Die Kraft des Thermoelements wurde mit Hilfe eines kleinen Siemenschen Spiegelgalvanometers nach DIESSELHORST gemessen; ohne dies ausgezeichnete Instrument, das sich bei hinreichender Empfindlichkeit in wenigen Sekunden einstellt, wäre die Untersuchung viel schwieriger gewesen. Im Stromkreise des Galvanometers lag (neben 300 Ohm Vorschaltwiderstand) ein Normalohm, an welches behufs jederzeitiger Bestimmung der Empfindlichkeit ein Westonelement mit 100 000 Ohm Vorschalt angelegt werden konnte. Beim Kommutieren des Elements ergab sich bei dieser Versuchsreihe ein Stellungsunterschied von 30,0 mm. Die Galvanometerausschläge wurden mit Glasskala und Fernrohr abgelesen, so daß 0,1 mm völlig sicher geschätzt werden konnten.

Der Gang der Ablesungen war folgender:

Zeit	Ablesung
19′	185,8
20	185,7
21	185,8
von 21′ 10″ bis 21′ 50″ Heizung	
22′	201,8
23	200,0
24	199,0
25	198,0
26	197,0
27	196,1

Schon von 23′ ab ist der Gang völlig regelmäßig; der Temperaturausgleich im Kalorimeter war also etwa in einer Minute erfolgt. Es berechnet sich als Heizeffekt leicht in üblicher Weise, indem die Galvanometerstellungen für 21′ 30″ beiderseitig extrapoliert werden

$$201{,}6 - 185{,}8 = 15{,}8.$$

Die Ruhelage des Galvanometers, wie man sie durch Kommutieren des Thermoelements mit Hilfe eines thermokraftfreien Quecksilberkommutators fand, lag bei 172, es berechnet sich daraus die Anfangstemperatur des Kalorimeters zu $21{,}0 + 1{,}7 = 22{,}7°$. Dem obigen Heizeffekt entspricht eine Temperatursteigerung des Kalorimeters um

$$\frac{15{,}8}{14{,}7 \cdot 0{,}602} = 1{,}786°,$$

und es berechnet sich nunmehr die Wärmekapazität des Kalorimeters samt Inhalt zu $\frac{0,387}{1,786} = 0,217$ g-cal., gültig für die Mitteltemperatur $22,7 + \frac{1,8}{2} = 23,6°$. Es konnte unmittelbar eine große Anzahl weiterer Messungen angeschlossen werden. Nachdem der Abstand der Galvanometerstellung von der Ruhelage auf 60 mm gestiegen war, wurde der Bleidraht auf dem Kupfermantel durch einen hinreichend starken Strom geheizt und somit die Temperaturdifferenz zwischen Mantel und Kalorimeter wieder ausgeglichen, woraus sich sofort neue Messungen anschlossen.

Nachdem die Temperatur des Kalorimeters durch die aufeinanderfolgenden Heizungen hinreichend gestiegen, wird das große, in Fig. 8gezeichnete, mit flüssigem Wasserstoff beschickte Vakuumgefäß durch ein zweites, mit flüssiger Luft gefülltes ersetzt, das kleine, ebenfalls mit Wasserstoff gefüllte Vakuumgefäß einige Minuten entfernt, um die Temperatur von Kalorimeter und Vakuummantel rasch auszugleichen, und hierauf durch erneutes Abkühlen der Kohle mit flüssigem Wasserstoff wieder ein vollkommenes Vakuum hergestellt. So konnte dann sofort eine Anzahl Messungen bei höheren Temperaturen angeschlossen werden.

Übrigens steigt, sobald ein gutes Vakuum hergestellt ist, infolge Wärmeleitung durch die Zuführungsdrähte stets die Temperatur des Kupfermantels; es ist daher notwendig, diese Drähte so dünn wie möglich zu wählen.

Überhaupt unterlasse man nicht, durch Berechnung der von den Zuleitungsdrähten fortgeleiteten Wärme sich vor der Ausführung des Apparates einen Überblick über die Wärmebilanz des Kalorimeters zu verschaffen; bei Benutzung von Kohle und flüssigem Wasserstoff als Vakuumerzeugers spielt jene Wärmeleitung die Hauptrolle und man richte es daher von vornherein so ein, daß sie so klein gemacht wird, als die Umstände nur irgend gestatten.

Das von SCHWERS und mir beschriebene Vakuumkalorimeter wurde in neuester Zeit von GÜNTHER (107) in einigen Punkten weiter ausgearbeitet und vor allem zu vielen wichtigen Messungen benutzt, so daß auf die von GÜNTHER gegebene Beschreibung zur

Vervollständigung noch ausdrücklich verwiesen sei. – Von EUCKEN (105) ist das Vakuumkalorimeter zur Bestimmung der spezifischen Wärme von Gasen bei konstantem Volum wie auch zur Messung von Verdampfungswärmen, Schmelzwärmen und Umwandlungswärmen bei tiefen Temperaturen mit ausgezeichnetem Erfolge (vgl. auch Kap. V.) benutzt worden.

Was den Vergleich der beiden beschriebenen Formen des Vakuumkalorimeters anlangt, so wird die erstere Form wohl größerer Genauigkeit fähig sein, während die zweite bei meistens vollkommen ausreichender Genauigkeit den Vorzug äußerst bequemen und schnellen Arbeitens besitzt. Je nach Umständen wird man also die eine oder andere Form vorziehen.

6. Kritisches. Auf den Messungen, die nach den in diesem Kapitel beschriebenen Methoden ausgeführt werden, beruhen zum Teil die neueren Theorien des festen Aggregatzustandes (vgl. Kap. IV) und jedenfalls in erster Linie die exakten Prüfungen unseres Wärmesatzes; es wird daher nützlich sein, der Sicherheit der gewonnenen Resultate einige Worte zu widmen.

Von vornherein war ich mir darüber klar, daß es für unsere Zwecke von geringerer Bedeutung sein würde, einige wenige Stoffe mit äußerster Genauigkeit zu untersuchen; viel wichtiger war es zweifellos, zunächst in allgemeinen Zügen, natürlich unter möglichstem Ausschluß merklich entstellender Beobachtungsfehler, sich ein möglichst vollständiges Bild über den Gang der spezifischen Wärme bei tiefen Temperaturen zu verschaffen.

Zu diesem Zwecke suchte ich nach sehr verschiedenen und sich daher gegenseitig kontrollierenden Methoden, wie ich sie in dem oben beschriebenen Kupferkalorimeter und dem Vakuumkalorimeter gefunden zu haben glaube. Selbstverständlich ist für unsere Aufgabe der letztere Apparat ungleich leistungsfähiger, weil er die wahren spezifischen Wärmen (oder richtiger die mittleren spezifischen Wärmen für ein sehr kleines Temperaturintervall) liefert; aber auch das Kupferkalorimeter hat uns zur Vervollständigung und vor allem zur Kontrolle wichtige Dienste geleistet. Überall nämlich – und die Zahl dieser Beispiele ist sehr groß –, woselbst eine gegenseitige Kontrolle möglich war, zeigte sich eine höchst befriedigende Übereinstimmung der erhaltenen Werte, was natürlich in hohem Maße für die Sicherheit beider Methoden spricht.

Jede Messung einer spezifischen Wärme hängt von der Genauigkeit der benutzten Temperaturskala ab; es war nicht ganz einfach, zumal zur Zeit, als ich mit den Messungen in der Nähe des Siedepunktes des Wasserstoffs begann, hier hinreichende Sicherheit zu gewinnen. Auf Grund der *verschiedenen*, sich gegenseitig ergänzenden beschriebenen Methoden dürfte dies Ziel mit einer für meine Ziele ausreichenden Sicherheit erreicht sein.

Die Sache verlangt es, daß ich hier auf eine Bemerkung von KAMERLINGH-ONNES (Communikations Nr. 143, S. 5, Anm. vom Jahre 1914) eingehe, die leicht eine unrichtige Meinung über obige Frage erwecken könnte; darnach solle nämlich die von mir und später von EUCKEN benutzte Temperaturskala wesentlich („mainly") basiert sein auf der älteren Kalibrierung von Pt_1 durch KAMERLINGH-ONNES, BROOK und CLAY, die durch neuere Bestimmungen von KAMERLINGH-ONNES und HOLST zu ersetzen sei.

Nun würde ich gewiß nie so ausgedehnte Untersuchungsreihen, wie es meine Arbeiten über die spezifischen Wärmen fester Körper werden mussten, unternommen haben, ohne mir eine andere Basis zu verschaffen, als die Kalibrierung einer willkürlichen Platinsorte, mag sie durch noch so hervorragende Beobachter erfolgt sein; ich habe selbstverständlich mit der Möglichkeit einer fehlerhaften Bestimmung eines meiner Vorgänger gerechnet und daher, wie in meiner Arbeit (47) ausführlich dargelegt, eine Reihe verschiedener, sich gegenseitig kontrollierender Unterlagen, in erster Linie die, später auch von KAMERLINGH-ONNES bestätigten Messungen von TRAVERS über den Siedepunkt des Wasserstoffs bei verschiedenem Drucke (vgl. auch S. 103) und ferner die Bleikurve von KAMERLINGH-ONNES benutzt. Daß kleine Unsicherheiten der Pt_1-Kurve meine Resultate merklich beeinflußt haben, davon kann also wohl keine Rede sein.

Übrigens trifft es auch strenggenommen nicht zu, daß ich mich unter den Platinsorten auf Pt_1 wesentlich gestützt hätte; die α-Regel, wenn auch nur eine Näherungsformel, trifft auch für die anderen Pt-Sorten so ausgezeichnet zu (vgl. 49), daß ihre Verwendung eine einseitige Bevorzugung einer bestimmten Pt-Sorte ausschloß.

Aber wir haben zum Glück noch eine ganz direkte Methode, um die Frage zu prüfen, ob eine merkliche Differenz zwischen der von KAMERLINGH-ONNES einerseits, von meinen Mitarbeitern und mir andererseits benutzten Temperaturskala besteht.

Herr KAMERLINGH-ONNES und KEESOM haben nämlich, im wesentlichen nach der Abschnitt 3 beschriebenen Methode, ganz neuerdings[1] die Atomwärmen von Blei, Kupfer, festem und flüssigem Stickstoff gemessen.

Speziell das Blei ist als geeignete Standardsubstanz (vgl. S. 103) mit besonderer Sorgfalt von EUCKEN und SCHWERS (84) untersucht worden; es sind dies wohl die genauesten auf diesem Gebiete vorliegenden Messungen. Die Autoren finden, daß im Gebiete von $T = 16$ bis 80° ihre Messungen durch die Funktion von DEBYE mit dem Werte $\beta\nu = 88$ praktisch vollkommen dargestellt werden. – Herr KAMERLINGH-ONNES findet, daß im gleichen Temperaturgebiet bei den tieferen und bei den höheren Temperaturen ebenfalls mit $\beta\nu = 88$ vollständige Übereinstimmung erzielt wird; dazwischen zeigen sich kleine, die Beobachtungsfehler nach seiner Meinung etwas übersteigende Abweichungen.[2]

Jedenfalls ist also die Übereinstimmung zwischen beiden Zahlenreihen so vortrefflich, wie man nur irgend erwarten konnte.

Aber auch meine eigenen älteren Messungen (47) stimmen hinreichend mit den neueren Zahlen von KAMERLINGH-ONNES und KEESOM überein:

---

1 Communications Nr. 143 (1914) und Kgl. Akad. d. Wissensch. Amsterdam vom 29. Januar 1916.

2 DEBYEs Formel kann übrigens ihre Herleitung nach streng zutreffen nur im T^3-Gebiete und im Gebiete des DULONG-PETITschen Gesetzes.

	$T = 23{,}0$	28,3	36,8	38,1	85,5
Nernst	$C_p = 2{,}96$	3,92	4,40	4,45	5,65
Onnes	$C_p = 3{,}06$	3,65	4,48	4,52	5,70
Nernst (ber.)	$C_p = 2{,}96$	3,64	4,37	4,45	5,68

Die Zahlen von KAMERLINGH-ONNES und KEESOM sind aus ihren Messungen interpoliert, die letzte ein wenig extrapoliert. Meine Messungen mit Blei gehören zu den ersten, die ich bis zu sehr tiefen Temperaturen ausgedehnt habe. Eine größere Genauigkeit, als meine Zahlen, verglichen mit denen von KAMERLINGH-ONNES, zeigen, hatte ich nicht erwartet und konnte sie damals nicht gut, angesichts der Neuheit des Gegenstandes, anstreben.

In der letzten Zeile befinden sich die mit Hilfe der Formel von LINDEMANN und mir (61) berechneten und als wahrscheinlichste Werte seinerzeit gegebenen Zahlen; hier ist die Übereinstimmung mit ONNES, wie man wohl sagen kann, für die meisten Zwecke thermodynamischer Rechnungen als vollkommen hinreichend anzusehen.

Die Genauigkeit der Zahlen der mittleren Horizontalreihe wird wiederum durch ihre oben hervorgehobene weitgehende Übereinstimmung mit den Messungen von EUCKEN und SCHWERS erwiesen.

Kupfer ist von KAMERLINGH-ONNES im Temperaturintervall $T = 15$ bis $T = 22°$ gemessen worden; hier stimmt DEBYEs Formel (die bei der Kleinheit der Atomwärme des Kupfers in diesem Gebiet in die T^3-Formel (19) Kapitel IV übergeht) vollkommen mit $\beta v = 323$, während ich bei höheren Temperaturen ($T = 23$ bis $T = 450$) $\beta v = 315$ (vgl. 78) abgeleitet hatte; die Übereinstimmung zwischen diesen Werten kann ebenfalls für die meisten Zwecke als genügend angesehen werden (vgl. auch Kap. XVI).

Die Messungen über die Atomwärme des festen und flüssigen Stickstoffs, die ungefähr gleichzeitig KAMERLINGH-ONNES und KEESOM einerseits und EUCKEN (105) andererseits veröffentlicht haben, stimmen teilweise vollkommen, teilweise bis auf etwa 2% überein.

Unter diesen Umständen kann also von einer merklichen Abweichung zwischen der von KAMERLINGH-ONNES einerseits, von meinen Mitarbeitern und mir andererseits benutzten Temperaturskala nicht gesprochen werden. – Erfreulich ist natürlich die Feststellung der Tatsache, daß unsere Methoden auch in den Händen von KAMERLINGH-ONNES und KEESOM sich vollkommen bewährt haben. –

Daß auf möglichste Reinheit der untersuchten Substanzen geachtet werden muß, ist selbstverständlich; aber auch die physikalische Beschaffenheit kann unter Umständen von Einfluß sein.

So fanden SCHWERS und ich (95), als wir die früher von mir (47) mit Jodsilber angestellten Messungen mit einem ebenfalls reinen, aber kristallinen Präparat untersuchten, bei den tiefsten Temperaturen merklich (ca. 10%) kleinere Werte der Molekularwärme, weil das von mir ursprünglich benutzte Material großenteils amorph, teilweise vielleicht auch kristallinisch war;[1] meine älteren Messungen an Jodsilber sind also insofern nicht einwandfrei, weil sie sich auf ein nicht vollkommen sicher in seiner physikalischen Beschaffenheit charakterisiertes Material bezogen. Übrigens besitzen tatsächlich amorphe Substanzen, wenn auch nicht ausnahmslos, so doch fast immer höhere spezifische Wärme, als kristallisierte.

Sehr gefährlich kann eine ähnliche Fehlerquelle werden, nämlich die merkwürdigerweise auch bei den tiefsten Temperaturen zuweilen ziemlich rasch einsetzende allotrope Umwandlung; gerade die zweiatomigen Elemente, wie O_2, N_2, zeigen, wie EUCKEN bei seinen Messungen (105) konstatierte, solche Umwandlungen, auf die genau Rücksicht genommen werden muß, wenn man nicht sehr beträchtliche Fehler begehen will. Es wird dann aber auch, wenn die Umwandlungen, wie in obigen Fällen, hinreichend rasch erfolgen, die genaue Bestimmung der Umwandlungswärmen ermöglicht. – Auch Jod zeigt, wie GÜNTHER (107) fand, bei tiefer Temperatur eine solche Umwandlung, die meine zuerst (47) ausgeführten Messungen im Gebiete tiefster Temperaturen merklich zu groß hat ausfallen lassen. Bringt man Jodkristalle etwa eine halbe Stunde auf die Tem-

1 Vgl. hierüber die Ausführungen von BRAUNE und KOREF (98b).

peratur flüssigen Wasserstoffs, so kommen sie brüchig und teilweise zertrümmert wieder heraus; bisweilen wird ein ähnliches Verhalten die Aufmerksamkeit auf störende Umwandlungserscheinungen zu lenken geeignet sein und jedenfalls wird man den Inhalt des Vakuumkalorimeters nach einer Versuchsreihe auf derartige Veränderungen leicht prüfen können.

Kapitel IV

Das Gesetz von Dulong und Petit.

1. Allgemeine Folgerungen aus unseren Messungen der spezifischen Wärme. Obwohl es sich bei der Besprechung der Gestalt, welche das Gesetz von DULONG und PETIT im Lichte der neueren Theorie angenommen hat, vielfach um molekulartheoretische Betrachtungen handeln wird und letztere unserm eigentlichen Thema im Grunde fremd sind, so wird es doch auch für das Verständnis unseres Wärmesatzes förderlich sein, die neueren Anschauungen über das Verhalten der spezifischen Wärme kurz zu besprechen, zumal auf die Entwicklung derselben gerade die mit dem im vorigen Kapitel beschriebenen Vakuumkalorimeter gewonnenen Resultate nicht ohne Einfluß geblieben sind.

Es kann gegenwärtig als eine experimentell sichergestellte und durch die neuere theoretische Entwicklung der Physik gestützte Anschauung hingestellt werden, *daß die spezifische Wärme sowohl der kristallisierten wie der amorphen festen Stoffe bei sehr tiefen Temperaturen verschwindend kleine Werte annimm*t.

Die Auffassung, daß die Atomwärmen aller festen (d. h. nicht gasförmigen) Stoffe bei sehr tiefen Temperaturen sämtlich sehr klein werden, findet sich zuerst entwickelt in der am 23. Dezember 1905 der Göttinger Gesellschaft der Wissenschaften von mir vorgelegten Arbeit, die zugleich die erste Darstellung meines Wärmesatzes enthält. Ich gelangte damals zu dem, wohl allen früheren Auffassungen widerstreitenden Ergebnis, daß die Verdampfungswärme bei tiefen Temperaturen stets zuerst ansteigt, ein Maximum erreicht, um dann erst die allgemein bekannte Abnahme aufzuweisen, und dies bedingt nach dem ersten Wärmesatze, daß bei tiefen Temperaturen die spezifische Wärme abfällt. Die Formel

$$\text{(9)} \quad \ldots\ldots\ldots\ldots \quad \lim \frac{dU}{dT} = 0 \ \text{(für } T = 0\text{)}$$

bedingt ferner, daß bei tiefen Temperaturen der (wie oben erwähnt) kleine Grenzwert der Atomwärme eines jeden Elementes unabhängig von der Natur des Kondensats ist.

In der Silliman-lecture (1906) führte ich dann aus (S. 63), daß dieser Grenzwert zwischen 0 und 2 liegen dürfte und rechnete mit dem, wie ich betonte, ganz vorläufig gewählten Werte 1,5.

1907 erschien dann EINSTEINs Arbeit (vgl. w. u.), in welcher die PLANCKsche Formel für die Energie eines Resonators auf die Atome fester Körper übertragen wurde; nach EINSTEINs Formel müssten die Atomwärmen sämtlich bei tiefsten Temperaturen nicht nur Null, sondern sogar Null von unendlich hoher Ordnung werden.

Hier setzen nun meine Messungen mit dem Vakuumkalorimeter ein, die über obige Fragen von experimenteller Seite hier neues Licht warfen; da das Verhalten der spezifischen Wärme fester Körper bei tiefen Temperaturen für die Ziele dieses Buches von grund-

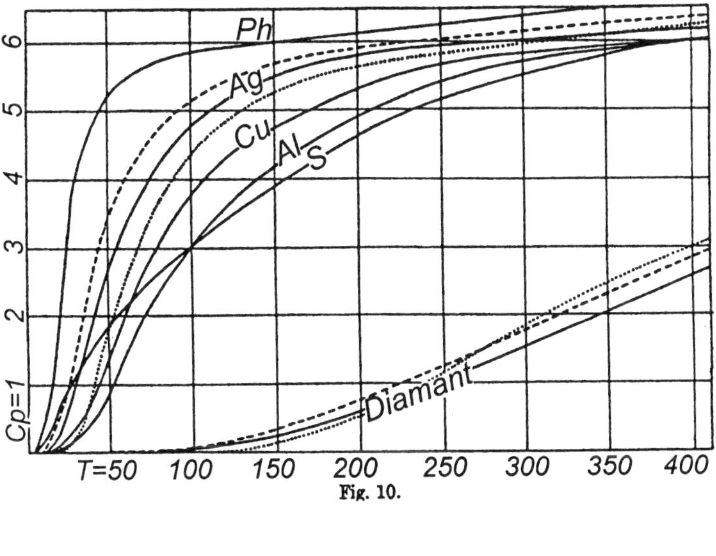

Fig. 10.

legender Bedeutung ist, so möchte ich im beistehenden Diagramm einige der wichtigsten Ergebnisse jener Messungen kurz veranschaulichen (Fig. 10).

Die dick gezeichneten Kurven sind die unmittelbaren Ergebnisse meiner Messungen und wir erkennen sofort, daß die Kurven von Blei, Silber, Kupfer, Aluminium eine völlig übereinstimmende Schar bilden, indem sie durch Veränderung des Maßstabes der Temperaturachse, d. h. durch Änderung des Gradwertes der Temperatur, zur Deckung gebracht werden können. Dasselbe gilt für Diamant, von dem allerdings in unserem Diagramm nur der unterste Ausläufer wiedergegeben werden kann. Wir können folgende Leitsätze aufstellen:

1. Bei *tiefen Temperaturen* konvergieren die Atomwärmen gegen Null, und zwar dergestalt, daß sie die Temperaturachse asymptotisch berühren; es läßt sich mit anderen Worten stets eine endliche Temperatur angeben, bei der die Atomwärme verschwindend kleine Werte besitzt.

2. Bei *hohen Temperaturen* konvergieren die auf konstantes Volumen reduzierten Atomwärmen gegen den Wert $3R$, den das Gesetz von DULONG und PETIT fordert, und zwar sowohl bei Elementen wie bei Verbindungen (vgl. auch S. 48); in einigen Fällen (und zwar handelt es sich hier hauptsächlich um Wasserstoffverbindungen) liegt der Schmelzpunkt zu tief, um dies Gebiet erreichen zu können.

3. Für die Art *des Anstieges* der Atomwärmen besteht, wie wir schon oben erkannten, bei gewissen, offenbar besonders einfach konstituierten festen Körpern ein einfaches Gesetz, das durch den Typus der dick gezeichneten Kurven gegeben ist, deren Extrapolation zum absoluten Nullpunkt durch Berücksichtigung der Diamant-Kurve wohl mit vollkommener Sicherheit sich ergibt. Dem gleichen Gesetze folgen übrigens auch einige einfache regulär kristallisierende chemische Verbindungen, wie Chlorkalium und Chlornatrium.

4. Das Gesetz dieses Anstieges erinnert zwar deutlich an die Formel EINSTEINS für die Atomwärmen, doch ist der Abfall erheblich weniger steil; im obigen Diagramm sind zwei Vertreter der theore-

tischen Kurvenschar EINSTEINs *punktiert* gezeichnet (bezogen auf konstanten Druck) und wir erkennen deutlich, wie die experimentellen und theoretischen Kurven sich schneiden.

5. Fast alle bisher untersuchten chemischen Verbindungen zeigen einen anderen, und zwar weniger steilen Abfall ihrer (mittleren) Atomwärmen. Auch einige Elemente, wie z. B. Schwefel, verhalten sich ebenso; die Kurve dieses Elementes findet sich in obigem Diagramm wiedergegeben. –

Dies waren zunächst die wichtigsten Schlußfolgerungen aus meinen Messungen; wir betrachten nunmehr kurz die theoretische Entwicklung, die an letztere anknüpfte, wenigstens soweit es sich um die durch meine Versuche als notwendig bewiesene Änderung der EINSTEINschen Theorie handelte.

2. Theoretisches. Wie BOLTZMANN bereits 1871 gezeigt hat, führt die statistische Mechanik zu dem Ergebnis, daß die mittlere kinetische Energie der Atome fester Körper ebenso groß sein muß wie die der Atome eines einatomigen Gases; solange die auf jedes Atom wirkenden inneren Kräfte der Entfernung desselben aus seiner Ruhelage proportional oder noch allgemeiner lineare Funktionen seiner Koordinatenänderungen sind, muß ferner die potentielle Energie ebenso groß sein wie die kinetische.[1]

Nun mag das Kraftgesetz[2] zwischen den Atomen so kompliziert sein, wie es wolle, bei hinreichend kleinen Verschiebungen aus der Ruhelage muß die Kraft, die es in die Ruhelage zurücktreibt, der Entfernung aus der Ruhelage proportional sein; z. B. alle Theorien der Elastizität operieren mit dieser Annahme. Daraus folgt also, daß bei hinreichend tiefen Temperaturen sowohl für Elemente wie für Verbindungen das Gesetz von DULONG und PETIT bzw. seine Verallgemeinerung nach KOPP-NEUMANN gelten muß.

---

1 Vgl. darüber BOLTZMANN, Gastheorie II S. 126, Entropie und Wahrscheinlichkeit Ostwalds Klassiker, Bd. 286 (2000); vgl. auch Theor. Chem. S. 251.

2 Freilich muß das Kraftgesetz stetig sein; nach dem bekannten BOHRschen Betrachtungen ist dies allerdings zweifelhaft geworden.

Es ergeben sich so die Formeln für Energiegehalt E und für die Atomwärme C_v bei konstantem Volumen

(10). . . . . $E = 3RT,\ C_v = 3R.$

Die neueren Untersuchungen haben bezeigt, daß die Gleichung

(11). . . . . $C_v = 3R = 5{,}96$

für viele Stoffe, wenn man dem Schmelzpunkte nicht zu nahe kommt, mit großer Genauigkeit gilt. In der Nähe des Schmelzpunktes ergeben sich meistens höhere Werte, und zwar, wie ausdrücklich betont sei, sowohl bei metallisch leitenden Stoffen, wie bei Nichtmetallen.[1] (Blei hat in der Nähe des Schmelzpunktes $C_p = 6{,}61$, Jod $C_p = 6{,}64$, die Korrektion auf C_v, die nach einer wohlbekannten Anwendung des zweiten Wärmesatzes zu geschehen hat (vgl. S. 55), scheint den Überschuß über $3R$ nicht ganz zu beseitigen.)

Ein zwingender Anlaß, dies Ansteigen über den Normalwert durch irgendwelche neuartige Hypothesen erklären zu wollen, liegt nicht vor; naheliegend ist es so zu deuten, daß die oben erwähnten Bedingungen bezüglich der Kräfte, welche die Atome in die Ruhelage zurückführen, nicht mehr erfüllt sind.

Der anderen sehr viel bedeutenderen Abweichungen von der Formel (11), die sich bei tiefen Temperaturen, und zwar ausnahmslos, vorfindet, steht die ältere Theorie machtlos gegenüber. Gerade bei den tiefsten Temperaturen, bei denen die Schwingungen um die Ruhelage am kleinsten sind und daher die Theorie am besten stimmen sollte, sinken die Atomwärmen der Elemente und die mittleren Atomwärmen der Verbindungen auf sehr kleine Werte.

Qualitativ gelang es EINSTEIN[2], dies Verhalten durch die Übertragung der PLANCKschen Quantentheorie auf die Schwingungen

---

1 Es ist durch das Experiment also zuerst in keiner Weise gerechtfertigt, von einem Einfluß der Leitungselektronen auf die spezifische Wärme zu sprechen, der sich bei höheren Temperaturen offenbaren soll. An sich ist ein solcher Einfluß allerdings nicht unwahrscheinlich und vielleicht wird er auch einst experimentell nachweisbar werden.

2 Ann. d. Physik (4) **22**. 184 (1907); vgl. auch Theor. Chem. S. 254 ff.

der Atome um die Ruhelage zu erklären. Indem man auf jedes einzelne Atom diese Hypothese anwendet und somit voraussetzt, daß, wenn ν die Schwingungszahl des Atoms ist, dasselbe nur das Quantum $\varepsilon = h\nu$ aufzunehmen vermag oder ein ganzes Vielfache, so findet man

$$(12) \;\ldots\ldots\; E = 3R\frac{\beta\nu}{e^{\frac{\beta\nu}{T}} - 1}\,,\quad C_v = 3R\frac{e^{\frac{\beta\nu}{T}}\left(\frac{\beta\nu}{T}\right)^2}{\left(e^{\frac{\beta\nu}{T}} - 1\right)^2}\,,\quad \beta\nu = \frac{h\nu \cdot N}{R}$$

(N = Zahl der Atome pro Grammatom).

In quantitativer Hinsicht versagten die Formeln, während eine von LINDEMANN und mir (61) empirisch gefundene Abänderung mit den vorliegenden Beobachtungen sehr gut übereinstimmte:

$$(13) \;\ldots\ldots\ldots\ldots\; E = \frac{3R}{2}\left(\frac{\beta\nu}{e^{\frac{\beta\nu}{T}} - 1} + \frac{\frac{\beta\nu}{2}}{e^{\frac{\beta\nu}{2T}} - 1}\right).$$

In ein neues Stadium kam die ganze Angelegenheit durch die Untersuchungen der Herren BORN und von KARMAN[1] und besonders VON DEBYE[2].

DEBYE faßt den festen Körper als ein Kontinuum auf und berücksichtigt nicht seine atomistische Struktur. Einem Ansatze folgend, wie er in der Strahlungstheorie für den festen Körper gemacht wird, setzt er die Zahl der Schwingungen in einem festen Körper

$$dz = A\nu^2 d\nu.$$

Da nach der alten Theorie, d. h. der klassischen Mechanik und dem Gesetz der gleichen Energieverteilung, welch letzteres allgemein als exakte Konsequenz der klassischen Mechanik gilt, jede

---

1 Physikal. Zeitschr. **13**. 297 (1912); **14**. 64 (1913).

2 Ann. d. Physik **39**. 789 (1912).

Schwingung den Energieinhalt $\frac{RT}{N}$ haben und ferner das Gesetz von DULONG-PETIT erfüllt sein muß, so wird im Sinne der alten Theorie

$$(14)\ldots\ldots\ldots \quad E = 3RT = \frac{RTA}{N}\int_0^{\nu} \nu^2 d\nu = \frac{RT}{N}A\frac{\nu^3}{3},$$

und es folgt somit

$$(15)\ldots\ldots\ldots\ldots\ldots\ldots \quad A = \frac{9N}{\nu^3}.$$

Diese Gleichungen gelten aber nur für höhere Temperaturen; bei tieferen Temperaturen muß, um die Wärmebewegung mit der PLANCKschen Strahlungsformel in Einklang zu bringen, genau wie oben, anstatt

$$3RT$$

der Energiegehalt

$$3R\frac{\beta\nu}{e^{\frac{\beta\nu}{T}}-1}$$

eingeführt werden, und es folgt so

$$(16)\ \ldots\ldots\ldots\ldots \quad E = \frac{R}{N}A\int_0^{\nu} \nu^2 \frac{\beta\nu}{e^{\frac{\beta\nu}{T}}-1} - d\nu$$

oder mit Hilfe des oben festgelegten Werte für A

$$(17)\ldots\ldots\ldots\ldots\ldots \quad E = \frac{9R}{\nu^3}\int_0^{\nu} \nu^2 \frac{\beta\nu}{e^{\frac{\beta\nu}{T}}-1} - d\nu.$$

Die in den obigen Integrationen eingeführte obere Grenze der Integration bedeutet die höchste Schwingungszahl, die der feste Körper zu liefern vermag; atomistisch ist dieser Wert offenbar als Eigenschwingung der Atome (oder wenigstens als eine damit kommensurable Größe) zu deuten.

Der zuletzt gewonnene Ausdruck läßt sich leicht umformen

$$(18) \quad \ldots\ldots\ldots\ldots \; E = 9RT\left(\frac{T}{\beta\nu}\right)^3 \int_0^{\frac{\beta\nu}{T}} \frac{x^3 dx}{e^x - 1}.$$

Die numerische Auswertung von E oder von

$$C_v = \frac{dE}{dT}$$

bietet keine Schwierigkeiten.[1] – DEBYEs Formel gibt in der Tat den von mir experimentell gefundenen Kurvenverlauf einfach gebauter Kristalle vortrefflich wieder; in Fig. 10 finden sich zwei Repräsentanten der DEBYEschen Kurvenschar *gestrichelt* gezeichnet eingetragen.

3. Debyes T^3-Gesetz. Die Formel von DEBYE unterscheidet sich in ihrem Verlaufe, ganz tiefe Temperaturen abgesehen, nur unbedeutend von der Formel (13); sie liefert aber gerade für sehr tiefe Temperaturen, wie aus obigen Gleichungen leicht abzuleiten, das merkwürdige Ergebnis

$$(19) \quad \ldots\ldots\ldots \; E = aT^4, \quad C_v = 4aT^3, \quad a = \frac{3}{5}\pi^4 \frac{R}{(\beta\nu)^3}.$$

Es war natürlich von höchstem Interesse, das obige Resultat, wonach die spezifische Wärme aller fester Körper, sowohl von amorphen wie kristallisierten Stoffen, sowohl von Elementen wie Verbindungen bei sehr tiefen Temperaturen vom dritten Grade unendlich klein wird, experimentell an geeigneten Beispielen zu prüfen. Dies ist, nachdem schon meine Messungen am Diamant dafür sprachen, eingehender an einer Reihe von Stoffen durch EUKKEN und SCHWERS (84) und dann ausführlicher durch NERNST und SCHWERS geschehen (95). KAMERLINGH-ONNES und KEESOM

1 Wegen der Funktionen von EINSTEIN, NERNST und LINDEMANN vgl. die Tabellen in POLLITZER, Nernstsches Wärmetheorem (Stuttgart 1912 bei Enke), wegen derjenigen von DEBYE außer seiner oben erwähnten Arbeit noch NERNST und LINDEMANN, Sitzungsber. d. preuß. Akad. vom 12. Dez. 1912, sowie die Tabellen am Schluß dieses Buches.

konnten ganz neuerdings (vgl. S. 114) das Gesetz beim Kupfer ebenfalls scharf bestätigen. Gegenwärtig kann das T^3-Gesetz als ein für alle festen Körper gültiges Grenzgesetz wohl für sicher bewiesen angesehen werden.

4. Allgemeine Formel zur Darstellung spezifischer Wärmen.

Am Schlusse dieser Betrachtungen wollen wir noch kurz die für das Folgende wichtige Frage erörtern, wie sich der Verlauf der mittleren Atomwärmen bei Verbindungen (und auch bei Elementen, die sich, wie Schwefel, ähnlich wie Verbindungen verhalten) ausdrükken läßt.

Folgende molekulartheoretische Betrachtung weist uns hier einen Weg.[1]

Von vornherein ist klar, daß der Begriff des Molekulargewichts im festen Zustande eine wesentlich andere Definition verlangt als bei Gasen; vielleicht wird eine zweckentsprechende Definition desselben erst nach genauer Kenntnis der Nullpunktenergie möglich sein. Aber soviel steht jetzt schon fest, daß Kristalle, in denen nach Bindung und Bewegung kein Atom von einem anderen ausgezeichnet ist und in dem es auch keine ausgezeichneten Gruppierungen mehrerer Atome gibt, zweckmäßig als „einatomig" zu bezeichnen sind: der Diamant ist hierfür ein in jeder Beziehung besonders lehrreiches Beispiel.

Bei Verbindungen lassen sich vielfach schon aus dem LAUE-Diagramm gewisse Gruppen von Atomen durch ihre geometrische Anordnung als besonders ausgezeichnet erkennen (z. B. CO_3 -, NO_3-Radikal); die Kräfte, die einerseits die Atome in der betreffenden Gruppe untereinander verknüpfen und die andererseits die betreffende Gruppe mit anderen Atomen oder Atomgruppierungen vereinigen, werden entsprechend verschiedenartig sein.

In dem wir der Abkürzung willen jede solche Gruppierung im folgenden als „Molekül" bezeichnen wollen, kommen wir zu folgenden Vermutungen. Wir werden uns vorstellen müssen, daß bei Verbindungen der Zusammenhalt der Moleküle im Kristall durch

---

1 NERNST, Göttinger Vorträge, S. 79; Leipzig 1914 bei Teubner.

Kräfte erfolgt, die von Molekül zu Molekül gehen, und es liegt die Vermutung nahe, daß hier Valenzkräfte ähnlicher Art den Zusammenhalt bedingen, wie sie in den sogenannten Molekülverbindungen angenommen werden. Die Moleküle werden eine analoge Wärmebewegung ausführen, wie die Atome einatomiger Kristalle.

Außerdem werden im Molekülverbande die Atome gegeneinander schwingen; bei hinreichend hoher Temperatur, woselbst die Quantentheorie ausgeschaltet ist, kommt auf jedes Atom die Schwingungsenergie $3RT$ (Gesetz von KOPP-NEUMANN); bei tieferen Temperaturen ist die mittlere Schwingungsenergie pro Atom kleiner, die mittlere Atomwärme sinkt also unter den Wert $3R$.

Die Energie der Molekülschwingungen wird im Sinne dieser Betrachtungen nach der Formel von DEBYE abfallen, die wir als experimentell weitgehend gesichert ansehen können.

Die Energie der Schwingungen der Atome im Molekülverband wird, wenigstens wenn die Zahl der Atome im Molekül nicht zu groß ist und so ein Zusammenschwingen mehrerer Atome im Sinne der Ausführungen S. 121nicht möglich ist, nach der Funktion von EINSTEIN (Gleichung eines einfachen Resonators) erfolgen müssen.

Nun fällt die Funktion von DEBYE sehr viel langsamer mit der Temperatur ab, als die EINSTEINsche, wie schon oben hervorgehoben wurde, aber durch folgende kleine Tabelle noch illustriert werden möge.

$\frac{\beta\nu}{T}$	Debye	Einstein
0,0	5,955	5,955
1,0	5,670	5,48
5,0	2,198	1,02
10,0	0,451	0,027
20,0	0,058	0,000

Wenn wir also hinreichend die tiefen Temperaturen betrachten, so muß der Energiegehalt ausschließlich durch die Molekülschwingungen bedingt sein, und wir können hier die Gesetze anwenden, die wir für einatomige Stoffe kennen gelernt haben. Bestimmen wir auf irgendeine Weise den Wert von $\beta\nu$ für das ganze Molekül und messen wir für die hinreichend niedrige Temperatur T' die mittlere Atomwärme C_v, so gilt $F\left(\frac{\beta\nu}{T}\right) = nC_v$; darin bedeutet die linke Seite den DEBYEschen Wert der Atomwärme, berechet für $\beta\nu$ und die Temperatur T', die rechte Seite bedeutet die Molekularwärme des n-atomigen Moleküls (C_v = mittlere Atomwärme). Aus dieser Gleichung können wir n direkt berechnen, d. h. wir können ermitteln, aus wieviel Atomen das Molekül des Kristalls besteht, oder wir gelangen hier zum ersten Male zu einer Molekulargewichtsbestimmung kristallisierter Stoffe, die ebenso direkt ist wie die Benutzung des Gesetzes von AVOGADRO für Gase.

Ob freilich die obigen Betrachtungen ohne Einschränkung gültig sein werden, wird erst die Erfahrung entscheiden müssen. Da die Moleküle im kristallisierten Zustande wahrscheinlich sehr dicht gelagert sind, so kann es von vornherein nicht als unmöglich gelten, daß nicht etwa doch auch von Atom zu Atom zweier benachbarter Moleküle direkte Kräfte wirken, was natürlich den Schwingungszustand beeinflussen würde. Aber die oben dargelegte Anschauung erscheint mir zunächst so einfach, daß ich ihr von vornherein eine gewisse Wahrscheinlichkeit beimessen möchte; es wäre in der Tat eine gewisse Vereinfachung, wenn auch Verbindungen bei hinreichend tiefen Temperaturen, bei denen die Energie der Atomschwingungen im Molekül abgestorben ist, wie einatomige Stoffe behandelt werden könnten.

Wie dem auch sei, die obigen Betrachtungen legen es nahe, die Molekülwärme von Verbindungen durch eine passende Kombination von einer DEBYEschen Funktion mit einer oder mehreren EINSTEINschen Funktionen auszudrücken; dabei verhalten sich, wie von vornherein zu erwarten, manche Elemente (z. B. Schwefel) wie Verbindungen. Für die hier befolgten Zwecke ist es natürlich an sich gleichgültig, ob obige molekulartheoretische Betrachtungen zutreffen oder nicht, es genügt die Feststellung der Tatsache, daß die erwähnte Rechnungsart sich in der Praxis als zweckmäßig erwiesen hat, wofür sich Beispiele in dem S. 124 erwähnten Vortrage finden.

Zur Stütze dieser Rechnungsart lassen sich noch folgende zwei Punkte besonders hervorheben:

1. Die benutzte Funktionensumme liefert bei tiefen Temperaturen das T^3-Gesetz von DEBYE, ist also einerseits mit der sichersten theoretischen Grundlage im Einklang, die wir auf diesem Gebiete besitzen, und liefert uns andererseits eine brauchbare Extrapolation bis zum absoluten Nullpunkt, worauf es bei Anwendungen unseres Wärmesatzes besonders ankommt.

2. In dem (natürlich seltenen) Falle, daß die Kräfte zwischen den Molekülen große sind im Verhältnis zu den Kräften zwischen den Atomen im Molekül, muß ein Temperaturgebiet existieren, in welchem das Ansteigen nach der EINSTEINschen Formel erfolgt, ehe das Ansteigen nach der DEBYEschen Formel erheblich geworden ist. Dies kann dazu führen, daß in dem betreffenden Temperaturgebiet, nachdem anfänglich ein Ansteigen der spezifischen Wärme nach dem T^3-Gesetz stattgefunden hat, ein beschleunigtes Ansteigen (d. h. ein Ansteigen nach noch höheren Potenzen von T) erfolgt. Solche Fälle sind tatsächlich von SCHWERS und mir (95) und von GÜNTHER (107) beobachtet worden und sind natürlich lediglich vom Standpunkte der Theorie von DEBYE erklärbar; es ist bemerkenswert, daß die bisherigen Beispiele Verbindungen von sehr hohem Schmelzpunkte sind, bei denen also die eine Voraussetzung, nämlich starke gegenseitige Bindung der Kristallmoleküle, sicherlich erfüllt ist.

5. Umrechnung von C_p auf C_v. In den S. 121 bis 123 abgeleiteten Gleichungen wurde stets die Atomwärme bei konstantem Volum C_v berechnet, während umgekehrt alle Messungen sich auf C_p beziehen. Es liefert die Thermodynamik bekanntlich die Beziehung:

$$(19) \quad \ldots\ldots\ldots\ldots\ldots C_p = C_v\left(1 + T\frac{9\alpha^2 V}{KC_v}\right),$$

wobei α den thermischen Ausdehnungskoeffizienten, V das Atomvolumen und K die Kompressibilität bedeutet. Da nur in wenigen Fällen die erforderlichen Daten für die Anwendung vorstehender

Formel vorhanden sein werden, so haben LINDEMANN und ich (61) eine Näherungsformel aufgestellt:

$$(20) \quad \ldots\ldots\ldots\ldots \quad C_p = C_v + 0{,}0214\, C_p^2 \frac{T}{T_S}$$

worin T_s den Schmelzpunkt bedeutet. Häufig kann man auch, besonders wenn es sich nur um die Aufstellung einer guten empirischen Formel für den Verlauf von C_p handelt, zu der DEBYEschen oder einer ähnlichen Formel ein, stets nur geringfügiges, Zusatzglied $\alpha T^{\frac{3}{2}}$ hinzufügen, so daß man setzt

$$(21) \ldots\ldots\ldots\ldots\ldots \quad C_p = f\left(\frac{\beta_v}{T}\right) + \alpha T^{\frac{3}{2}} \; ;$$

in dieser Gleichung liefert das erste Glied der rechten Seite bei hohen Temperaturen den Grenzwert 3 $R = 5{,}955$, während man in Wirklichkeit hier stets ein Ansteigen über diesen theoretischen Grenzwert beobachtet, meistens nur, besonders wenn man dem Schmelzpunkt sich nicht zu weit nähert, im Betrage von wenigen Zehnteln, wie auch aus den beobachteten Kurven Fig. 10zu entnehmen. Es ist daselbst übrigens auch den theoretischen Kurven ein entsprechendes Zusatzglied beigefügt.

6. Bestimmung von Atomgewichten aus spezifischer Wärme.

Sowohl das Gesetz von AVOGADRO wie das von DULONG-PETIT sind zur Atomgewichtsbestimmung bekanntlich viel benutzt worden, und zwar anfänglich nur zu einer annähernden Ermittlung, indem der genaue Wert dann durch chemische Analyse gefunden wurde.

In den letzten Jahrzehnten haben bekanntlich Ph. A. GUYE in Genf und D. BERTHELOT in Paris durch Reduktion der beobachteten Gasdichten auf den idealen Gaszustand mit größtem Erfolge äußerst exakte Atomgewichtsbestimmungen ausführen können, die mit den besten analytischen Messungen konkurrieren konnten.

Es ist gewiß von allgemeinem Interesse, zu betonen, daß jetzt, nachdem wir dem Gesetz von DULONG-PETIT eine exakte Formulierung gegeben haben, auch auf diesem Wege eine zuweilen vielleicht recht genaue Atomgewichtsbestimmung möglich erscheint.

Als Beispiel betrachten wir das Silber, das in äußerst reinem Zustande bequem zugänglich ist und für das daher besonders zuverlässige Messungen vorliegen. Um das Atomgewicht abzuleiten, muß man zunächst die gemessenen spezifischen Wärmen auf konstantes Volum reduzieren und dann denjenigen Proportionalitätsfaktor aufsuchen, der mit den spezifischen Wärmen multipliziert am besten den von der Gleichung (18) geforderten Verlauf wiedergibt; dieser Faktor ist dann gleich dem Atomgewicht.

Es ergibt die Rechnung für Silber folgende Werte:

	M =106,8	107,3	107,88	108,42	108,96
Wahrscheinlichster Wert von $\beta\nu$ =	223	222	221	219	217
Summe der Fehlerquadrate	5,07	4,88	5,05	6,78	9,05

Der wahrscheinlichste Wert für M ist natürlich der, welcher dem Minimum der Summe der Fehlerquadrate entspricht; durch graphische Darstellung findet man hierfür das Atomgewicht

$$M = 107{,}55 \text{ anstatt } 107{,}88.$$

Die gute Übereinstimmung, die wohl darauf zurückzuführen ist, daß für die spezifische Wärme des Silbers von verschiedenen Beobachtern exakte Resultate erbracht sind, wollen wir in praktischer Hinsicht nicht überschätzen; wohl aber kann sie als ein neuer Beleg dienen, daß die theoretischen Grundlagen für das Gesetz von DULONG-PETIT nunmehr in ähnlicher Weise sichergestellt sind, wie es für das Gesetz von AVOGADRO lange der Fall ist.

Übringens könnte man praktisch ziemlich einfach in der Weise verfahren, daß man in einem Temperaturgebiete, in welchem die spezifische Wärme langsam ansteigt, also die Regel von DULONG und PETIT nahe erfüllt ist, bei einer einzigen Temperatur die spezifische Wärme möglichst genau mißt und auf konstantes Volum reduziert (worin allerdings die Hauptschwierigkeit liegt); wenn man dann mit einem selbst nur annähernden ν-Wert, den man durch eine einzige Messung bei tiefer Temperatur oder aus der LINDEMANNschen Formel gewinnen kann, die theoretische Atomwärme, die also nur wenig unterhalb $3R$ liegt, bei jener Temperatur berechnet, so erhält man durch Division beider Größen das Atomgewicht. Ähnlich könnte man anstatt des festen Elements natürlich auch Verbindungen benutzen.

7. Ermittlung der ν-Werte. Die im vorigen und diesem Kapitel besprochenen experimentellen und theoretischen Untersuchungen haben offenbar zu einer völligen Klärung des Gesetzes von DULONG-PETIT und seiner Verallgemeinerung durch KOPP und NEUMANN geführt; es kommt lediglich auf die Kenntnis des βν-Wertes bei sehr einfach gebauten oder der verschiedenen βν-Werte bei komplizierter aufgebauten Kristallen an, um den ganzen Verlauf der Atom- bzw. Molekular-Wärmen übersehen und damit auch das Temperaturgebiet angeben zu können, in welchem obige Gesetze zutreffen.

Nun gibt es verschiedene Methoden, um wenigstens bei einfach gebauten Stoffen, wozu wohl fast alle Metalle gehören, den βν-Wert mehr oder weniger genau abzuschätzen; jede dieser Methoden erlaubt uns also vorherzusagen, inwieweit bei einer beliebigen Temperatur der betreffende Stoff den obigen Gesetzen gehorcht, ein weiteres Merkmal dafür, daß man von einer völligen Aufklärung der letzteren sprechen kann.

Eine Besprechung dieser Methoden gehört nicht hierher, so daß wir uns mit einer Aufzählung der wichtigsten begnügen wollen; diese Aufzählung mag uns beweisen, wie verschiedenartige Messungen das Verhalten eines festen Körpers zum DULONG-PETITschen Gesetz vorhersehen lassen und wie verschiedenartige Erscheinungen dadurch unter einen einheitlichen Gesichtspunkt gebracht worden sind.

βν-Werte sind mit Erfolg berechnet worden aus den RUBENSschen Reststrahlen (EINSTEIN, NERNST-LINDEMANN) aus dem Schmelzpunkt (LINDEMANN), aus den elastischen Eigenschaften (SUTHERLAND, EINSTEIN, DEBYE, BORN und v. KARMAN, EUCKEN), aus der galvanischen Leitfähigkeit der Metalle (NERNST, KAMERLINGH-ONNES, SCHIEMANK), aus der thermischen Ausdehnung (GRÜNEISEN).[1]

---

1 Eine Zusammenstellung habe ich in vier an der Universität London (University of London Press 1914) gehaltenen Vorträgen „Theory of the solid state“ gegeben.

Die Fortbildung derartiger Methoden zur indirekten Bestimmung der βν-Werte und damit zugleich des Energieinhalts fester Körper (auch amorpher) ist für die hier befolgten Zwecke natürlich von besonderer Wichtigkeit, weil alle Anwendungen des Wärmesatzes in letztem Ende auf der Kenntnis des Energieinhalts beruhen; auf einen originellen Versuch in dieser Richtung sei noch besonders hingewiesen (KOREF 76).

Kapitel V
Spezifische Wärme der Gase

1. Allgemeines. Für die Anwendung der Thermodynamik und speziell meines Wärmegesetzes ist die Frage von grundlegender Wichtigkeit, ob wir den Wert des Integrals

$$(22) \quad \ldots\ldots\ldots\ldots\ldots\ldots \quad E = \int_0^T C_p \cdot dT$$

für Gase kennen; in den vorhergehenden Kapiteln haben wir gesehen, daß für alle kristallisierten Körper und für Flüssigkeiten (amorphe Körper) wenigstens in gewissen Fällen diese Frage ihre experimentelle Lösung gefunden hat, daß ferner dem Experiment, u. a. durch das T^3-Gesetz von DEBYE, gewichtige theoretische Beihile zur Seite steht.

Auch auf dem Gebiete gasförmiger Stoffe haben wir, wenn eine abschließende Lösung auch noch aussteht, in den letzten Jahren große Fortschritte gemacht, die z. T. zu ganz neuen Anschauungen geführt haben; besonders das Phänomen der „Entartung der Gase“ gehört wohl zu den größten Überraschungen, die der neuere naturwissenschaftliche Fortschritt gebracht hat.

Ehe wir auf Einzelheiten eingehen, möchte ich auf zwei für unsere Zwecke wichtige Ergebnisse kurz hinweisen:

1. Sämtliche Gase verhalten sich bei hinreichend tiefen Temperaturen und hinreichend kleinen Drucken bezüglich ihrer spezifi-

schen Wärme wie einatomige Gase, d. h. ihre Molekuarwärme bei konstantem Volum konvergieren gegen den Wert $\frac{3}{2}R$.

2. Denken wir uns ein Gas von endlicher Konzentration bei Vermeidung von Kondensation bei konstantem Volumen abgekühlt, so geht es in einen, vom gewöhnlichen Gaszustand gänzlich verschiedenen Zustand über, in welchem sein Druck unabhängig von der Temperatur und seine spezifische Wärme verschwindend klein wird (Zustand der Entartung); allerdings liegt dies Gebiet für verdünnte Gase in nächster Nähe des absoluten Nullpunktes.

2. Reduktion auf den idealen Gaszustand. Um diejenigen Komplikationen zu vermeiden, die der Flüssigkeitszustand (und zwar in noch viel höherem Grade) bietet, müssen wir die spezifische Wärme der Gase, sei es, daß sie bei konstantem Druck, sei es, bei konstantem Volumen gemessen wurde, auf den idealen Gaszustand reduzieren. Dies ist möglich mit Hilfe der beiden Formeln, die der zweite Wärmesatz liefert:

(23). . . . . $C_p - C_v = T\frac{\partial p}{\partial T} \cdot \frac{\partial v}{\partial T}$,

(24). . . . . $\frac{\partial C_v}{\partial v} = T\frac{\partial^2 p}{\partial T^2}$

und zwar am einfachsten unter Benutzung der vortrefflichen Zustandsgleichung von DANIEL BERTHELOT.[1] Für ideale Gase, bei denen

$$pv = RT$$

gilt, ist bekannltich

(25). . . . . $C_p - C_v = R = 1{,}985$ cal.

Auf Einzelheiten in dieser Beziehung wollen wir hier nicht eingehen und ich möchte nur betonen, daß für exakte theoretische Untersuchungen die Reduktion auf den idealen Gaszustand durchaus nötig ist und auch mit völliger Sicherheit erfolgen kann. Die

1 Vgl. darüber Theor. Chem. S. 241.

BERTHELOTsche Zustandsgleichung setzt uns in den Stand, Molekularwärmen für konstantes Volumen und konstanten Druck für beliebige, allerdings nicht zu große Dichten aus kritischem Druck und kritischer Temperatur zu berechnen, wenn bei einem bestimmten Druck eine zuverlässige Messung für die betreffende Temperatur vorliegt.

Alle künftigen Betrachtungen in diesem Buche über die spezifische Wärme betreffen die auf den idealen Gaszustand umgerechneten Werte; natürlich ist bei verdünnten Gasen diese Umrechnung entbehrlich.

3. Experimentelle Methoden. Auch hierüber muß ich mich hier ganz kurz fassen und ich muß mir versagen, auf die Arbeiten meiner Schüler VOLLER (18), LEVY (32), KEUTEL (44), THIBAUT (54), PARTINGTON (88), sowie auf eigene Arbeiten, die die spezifische Wärme von Gasen betreffen, hier einzugehen; nur auf zwei Methoden möchte ich hinweisen, von denen die eine für sehr hohe, die andere für sehr tiefe Temperaturen brauchbar ist. Es ist nämlich den vieljährigen Bemühungen von PIER (43) gelungen, die von BUNSEN, Le CHATELIER und anderen benutzte Explosionsmethode sehr zu verfeinern und BJERRUM, SIEGEL, LUMMERZHEIM, die diese Arbeiten fortsetzten, gelangen weitere Verbesserungen und vor allem die Ausdehnung bis auf mehr als 3000 Grad. So sind wir über den Verlauf der spezifischen Wärme für eine Anzahl Gase bis zu sehr hohen Temperaturen recht genau orientiert. Für sehr tiefe Temperaturen hat EUCKEN (105) eine Methode ausgearbeitet, die die spezifische Wärme eines Gases bei konstantem Volum ergibt und bei Benutzung des Vakuumkalorimeters (S. 110) auf dem Kunstgriff beruht, daß bei sehr tiefen Temperaturen die Wärmekapazität eines Stahl- oder Kupfergefäßes, welches das zu untersuchende Gas enthält, äußerst klein wird. Natürlich versagt diese Methode bei Temperaturen, bei denen der Dampfdruck des betreffenden Gases auf eine Atmosphäre und weniger herabsinkt; zur Ergänzung wäre eine Methode von hohem Werte, welche die spezifische Wärme eines Gases bei sehr kleinen Drucken (z. B. 0,001 mm) zu messen gestattet, was an sich durchaus möglich erscheint.

In der nachfolgenden Tabelle finden sich einige Resultate unserer Messungen der Molekularwärme bei konstantem Volum, natürlich unter Benutzung der älteren Versuchsergebnisse von REGNAULT, E. WIEDEMANN, STRECKER, HOLBORN und HENNING u. a.

Tabelle V. Molekularwärme von Gasen

Gas	Wert für starre Moleküle	Celsiustemperaturen					
		0°	100°	200°	500°	1200°	2000°
A	2,978	2,98	2,98	2,98	2,98	3,0	3,0
J	2,978	–	–	–	–	3,0	3,0
N_2, O_2, HCl, CO	4,963	4,90	4,93	5,17	5,35	5,75	6,22
H_2	4,963	4,75	4,78	5,02	5,20	5,6	6,0
Cl_2	4,963	5,85	5,88	6,12	6,30	6,9	7,4
H_2O	5,955	5,93	5,97	6,45	6,95	8,6	12,1
CO_2, SO_2	5,955	6,80	7,43	8,53	9,43	11,1	11,5
NH_3	5,955	6,62	6,82	7,41	8,52	–	–
$(C_2H_5)_2O$	5,955	ca. 32	32,6	41,6	–	–	–

Für tiefe Temperaturen fand EUCKEN für Wasserstoff, reduziert auf den idealen Gaszustand:

T =	35°	50°	80°	100°	273°
$C_{v\,=}$	2,98	3,01	3,14	3,42	4,84

Ferner für Helium, und zwar bezogen auf die Konzentration von 30 Mol. pro Liter:

T =	18°	22°	26°	30°
$C_{v\,=}$	2,90	3,00	3,10	3,10

4. Anwendung der Qantentheorie. Bekanntlich hat, ähnlich wie wir S. 119 für feste Körper es sahen, auch für Gase, und zwar hier in noch höherem Grade, die klassische kinetische Theorie der Wärme mancherlei wichtige Aufklärungen über die spezifische

Wärme gebracht; aber, wie bei den festen Körpern, stieß man auch bei den Gasen auf Abweichungen, die jeder einleuchtenden Erklärung trotzten.

Die Postulate der älteren Theorie lassen sich folgendermaßen zusammenfassen: bezeichnet n die Anzahl der Freiheitsgrade im Molekül, so wird einfach

$$C_v = n\frac{R}{2}.$$

Hiernach muß ein einatomiges Gas mit seinen drei Freiheitsgraden der geradlinigen Bewegung die Molekularwärme $^3/_2R$ besitzen, was bekanntlich auch zutrifft und mit Recht stets zu den schönsten Erfolgen der kinetischen Theorie gerechnet wurde. Zweiatomige starre Moleküle besitzen 5, dreiatomige starre Moleküle 6 Freiheitsgrade, indem im ersten Falle 2, im letzteren 3 Freiheitsgrade der Rotation hinzutreten. Wie obige Tabelle zeigt, findet in vielen Fällen eine bemerkenswerte Annäherung an die Werte

$$C_v = \frac{5}{2}R \text{ bzw. } \frac{6}{2}R$$

statt. Schließlich sind noch Schwingungen der Atome im Molekülverbande möglich, die offenbar genau so zu behandeln sind wie die Schwingungen der Atome im Kristall, und die das Vorkommen höherer Molekularwärme als $\frac{5}{2}R$ bei zweiatomigen und $\frac{6}{2}R$ bei mehratomigen Gasen erklären.

Bei näherer Betrachtung ergeben sich aber mancherlei Bedenken, insbesondere macht es der älteren Theorie Schwierigkeit, das in Wirklichkeit stets beobachtete allmähliche Ansteigen der spezifischen Wärme bei höheren Temperaturen zu deuten. 1911 konnte ich (51) zeigen, daß die Anwendung der Quantentheorie nicht nur diese Schwierigkeiten beseitigt, sondern zu ganz neuen Gesichtspunkten zu führen vermag. Auf dem Solvaykongreß wies ich ferner (1911) darauf hin, daß auch die Vorstellungen, die uns die kinetische Theorie für ein einatomiges Gas gibt, nicht völlig zutreffend sein können und daß insbesondere bei sehr tiefen Temperaturen ganz andere Verhältnisse auftreten müssen (vgl. auch NERNST 47 u. 66).

Mit Hilfe der Quantentheorie können wir uns folgendes allgemeine Bild über das Verhalten der spezifischen Wärme der Gase machen.

Betrachten wir ein aus beliebig viel Atomen bestehendes Gasmolekül, so werden wir bei hinreichend hoher Temperatur nicht nur in der fortschreitenden Bewegung und in der Rotation des Moleküls Energiebeiträge aufgespeichert sein, sondern auch in den inneren Schwingungen der Atome gegeneinander. Letzterer Betrag ist offenbar genau so zu berechnen, wie wir es S. 50 bei festen Körpern gesehen haben, und er muß bei hinreichend tiefer Temperatur verschwinden, genau aus denselben Gründen, aus denen die spezifische Wärme fester Körper hier gegen Null konvergiert.

Aber auch die rotatorischen Bewegungen der Moleküle können im Sinne der Quantentheorie nicht so erfolgen, wie es die ältere kinetische Theorie lehrte; auch sie müssen bei hinreichend tiefer Temperatur unmerklich werden, d. h. sie dürfen hier keinen merklichen Betrag zur spezifischen Wärme liefern, weil andernfalls die Wärmebewegung in Konflikt mit der Wärmestrahlung geraten würde.

Als ich diese Konsequenz zog, zeigte ich durch eine Überschlagsrechnung, daß beim Wasserstoff dieser Quanteneffekt bei erreichbaren Temperaturen auftreten müsse, ja sogar bereits in REGNAULTs bei Zimmertemperatur ausgeführten Messungen sich, wenn auch nur schwach, gezeigt habe. EUCKENs oben erwähnte Messungen[1] bewiesen dann, daß Wasserstoff bei tiefen Temperaturen dieselbe Molekularwärme annimmt, wie einatomige Gase.

Unter diesen Umständen wird wohl mit Recht von allen Theoretikern, die sich mit diesen Fragen beschäftigt haben, als sicher angenommen, daß dies Verhalten allgemein sei, daß mit andern Worten bei hinreichend tiefen Temperaturen C_v bei allen Gasen gegen den

---

1 Nach einer ganz anderen Methode haben SCHEEL und HEUSE (Ann. d. Physik **40**, 473, 1913) ein praktisch identisches Ergebnis erhalten, wenn sie auch nicht bis zu so tiefen Temperaturen heruntergingen wie EUCKEN.

Grenzwert $\frac{3}{2}R$ konvergiert, d. h. gegen denselben Wert, den einatomige Gase auch bei höheren Temperaturen besitzen.

Wir werden später (Kap. XIII) sehen, daß dies Resultat prinzipiell von größter thermodynamischer Bedeutung ist. Wir wollen nunmehr kurz die „Entartung einatomiger Gase“ besprechen; natürlich gelten die nachfolgenden Betrachtungen auch für Gase, die durch Abkühlung sowohl die Energie der inneren Schwingungen wie auch die rotatorische Energie der inneren Schwingungen wie auch die rotatorische Energie verloren haben und so thermisch, wie wir uns kurz ausdrücken können, in den einatomigen Zustand gebracht sind.

5. Einatomige Gase.[1] Alle bisherigen Messungen seit KUNDT und WARBURG stimmen hier darin überein, daß die Beziehung

(26) .... $E_v = \frac{3}{2}RT$

und daher

(27) .... $C_v = \frac{3}{2}R = 2{,}978$

durchaus zutrifft; Tabelle V S. 134 bestätigt dies Resultat für Argon und Jod bis zu sehr hohen Temperaturen. Bekanntlich ergibt sich dies Resultat, wenn wir das Gesetz von der gleichmäßigen Verteilung der Energie auf einen nicht rotierenden Massenpunkt anwenden; wir haben dann drei Freiheitsgrade, von denen jeder den Betrag $\frac{R}{2}T$ an Energie besitzt. Trotzdem können wir gegenwärtig die Gleichung (26) nicht mehr als völlig exakt ansehen; denn da der Zusammenstoß zweier Atome, die wir uns ja auch elektrisch geladen vorstellen können, notwendig mit Richtungsänderungen ihrer vorher geradlinigen Bewegungen verbunden ist und somit eine Strahlung liefern muß, so folgt mit Notwendigkeit, daß bei tiefen Temperaturen anstatt der Gleichung (26) Gleichungen, die den Formeln (12) oder (18) analog sind, gelten müssen. Natürlich ist es damit verträg-

1 Nernst (66).

lich, daß bei gewöhnlichen Temperaturen die Gleichung (27) praktisch vollkommen exakt gilt. Eine Methode zur theoretischen Berechnung werden wir Kap. XIV besprechen; die Annahme, die mehr gesprächsweise von Fachgenossen geäußert wurde, daß man nämlich in erster Annäherung die Zahl der Zusammenstöße eines Atoms mit den anderen Atomen als ν-Wert in den Formeln (12) oder (18) annehmen dürfe, stimmt mit den Tatsachen nicht; da z. B. für Wasserstoff von Atmosphärendruck bei gewöhnlicher Temperatur sich hieraus

$$\nu = \frac{183900}{0,0000185} = 10^{10}\,;\ \beta\nu = 0,48°$$

ergeben würde, so hätte man zu folgern, daß bei der Dilatation von Wasserstoff, der auf z. B. 100 Atmosphären komprimiert ist, woselbst $\beta\nu = 48°$ sein würde, eine Abkühlung von mehr als 10° erfolgen müsste; im Gegenteil findet bei gewöhnlicher Temperatur sogar unter diesen Umständen eine, wenn auch äußerst schwache Erwärmung statt. Auf einem andern Wege können wir ferner zeigen, daß bei Gasen für die Energie der fortschreitenden Bewegung das Gesetz der gleichen Energieverteilung

$$\frac{m_1 u_1^2}{2} = \frac{m_2 u_2^2}{2}$$

(*m* Maße, *u* mittlere Geschwindigkeit des Atoms) sehr genau gelten muß, indem ja diese Gleichung die Vorbedingung für die Gültigkeit des Gesetzes von AVOGADRO ist. Dies Gesetz ist nun aber mit Hilfe der chemischen Analyse durch die bekannten Arbeiten von D. BERTHELOT in Paris und Ph. GUYE in Genf sehr genau verifiziert worden. Wir können so z. B. schließen, daß, wenn wir Wasserstoff oder Sauerstoff unter Normalbedingungen (bei tiefen Temperaturen natürlich in überhitztem Zustande) uns bis zum absoluten Nullpunkt abgekühlt denken, ein von Verlust der Energie fortschreitender Bewegung herrührender Abfall der spezifischen Wärme erst bei so tiefen Temperaturen erfolgen kann, daß wir die Gleichung (26) bis auf etwa ein Promille als sicher ansehen können, Gleichung (27) also erst wenige Zehntel Grad oberhalb des absoluten Nullpunktes ungültig werden kann. Die Frage nach dem Energiegehalt der Körper können wir also mit sehr großer Genauigkeit für einatomige Gase als beantwortet ansehen. Trotzdem ist eine Theorie des soeben erwähnten als wahrscheinlich anzusehenden Abfalls der spezifischen Wärme bei ganz tiefen Temperaturen doch auch von hoher praktischer Wichtigkeit, weil eine solche Theorie zu einer Dampfdruckformel und daher auch zur theoretischen Bestimmung der sogenannten chemischen Konstanten der Gase führt. Im Kap. XIV werden wir auf die bisherigen Versuche in dieser Richtung noch näher eingehen.

In experimenteller Hinsicht haben wir in dem Umstande (vgl. S. 60), daß komprimiertes Helium einen unter $C_v = 2{,}98$ liegenden Wert annimmt, wohl bereits eine gewisse Bestätigung der Theorie der Entartung zu erblicken; wenigstens war für Gase nach allen unseren sonstigen Auffassungen ein solches Verhalten nicht zu erwarten.

6. Zusammenfassung. Vergegenwärtigen wir uns zum Schluss, wie sich ein mehratomiges Gas, etwa Ammoniak, bei Abkühlung verhält.

Bei hohen Temperaturen haben wir wegen der Energie der inneren Schwingungen eine sehr hohe Molekularwärme zu erwarten; schon bei mäßiger Abkühlung, da es sich um ziemlich feste Bindungen und daher relativ hohe ν-Werte handelt, sinken diese Energiebeträge auf sehr kleine Werte. Bereits bei Zimmertemperatur, woselbst nach Tab. V. S. 134 die Molekularwärme des Ammoniaks 6,7 beträgt, ist der für starre Moleküle gültige Wert (${}^6/_2R = 5{,}96$) ziemlich nahe erreicht, in der Gegend von $T = 200$ dürfte er bereits recht genau zutreffen. Bei noch weiterer Abkühlung beginnt dann auch die Rotationsenergie zu verschwinden; Messungen liegen hierüber nicht vor und werden auch wegen des äußerst kleinen Dampfdrucks des Ammoniaks in diesem Temperaturgebiet nur schwierig durchführbar sein, aber nirgends wird wohl mehr bezweifelt, daß die Molekularwärme gegen $C_v = {}^3/_2R$ konverviert.

Von der Konzentration sind, solange man im Gebiete des idealen Gaszustandes bleibt, die spezifischen Wärmen unabhängig; dies hört aber nach der Theorie auf, wenn man sich in das Gebiet *sehr tie-*

fer Temperaturen, d. h. in das Gebiet der Entartung begibt. Je höher die Konzentration, um so eher beginnt dieser letzte Abfall, der zum Werte $C_v = 0$ führt.[1]

Die in diesem Kapitel erörterten Gesichtspunkte, die uns offenbar weit über die ältere kinetische Theorie der spezifischen Wärme der Gase hinausführen, haben nach verschiedenen Seiten hin neues Licht gebracht; wir verdanken sie lediglich der Quantentheorie, die auch hier ihren heuristischen Wert aufs deutlichste bewiesen hat.

Kapitel VI.
Formulierung des neuen Wärmesatzes.

Wir knüpfen an diejenige Gleichung an, auf Grund deren alle bisher gemachten Anwendungen des zweiten Wärmesatzes sich ableiten lassen:

(1)................. $A - U = T\frac{dA}{dT}$,

z. B. auch die wichtige Anwendung von HELMHOLTZ auf galvanische Elemente

(28)............... $EF - U = TF\frac{dE}{dT}$

(F = elektrochem. Äquivalent). Die Benutzung der Gleichung (1) ist mehrere Jahrzehnte hindurch erfolgt, ohne daß Einwände erhoben wurden; merkwürdigerweise sind Bedenken gegen diese Gleichung laut geworden, als ich sie erweiterte. Selbstverständlich handelt es sich hier um Mißverständnisse, deren Beseitigung uns hier nichts angeht, weil wir eine Kenntnis der klassischen Thermodynamik hier voraussetzen müssen.

---

1 Der Umstand, daß im Entartungsgebiet (und nur dort) die spezifische Wärme auch sehr verdünnter Gase von ihrer Dichte abhängt, ist thermodynamisch von großer Bedeutung, wie wir im Kapitel XIV darlegen werden.

Wir nehmen also, um solche Mißverständnisse von vornherein zu eliminieren, an, daß ein Naturprozeß vorliegt, auf den die Anwendung der Gleichung

$$(1) \quad \ldots\ldots\ldots\ldots\ldots\ldots \; A - U = T\frac{dA}{dT}$$

einwandfrei erfolgt ist, bei dem also die Frage nach dem Wesen der beiden thermodynamischen Funktionen A und U völlig klargestellt ist, was natürlich gewisse Kenntnisse über die Art des betrachteten Naturvorganges voraussetzt (wie z. B. die Anwendung auf galvanische Elemente ohne Kenntnis des Faradayschen Gesetzes nicht möglich wäre).

Der erste Wärmesatz lehrt ferner nach KIRCHHOFF[1]

$$(29) \quad \ldots\ldots\ldots\ldots\ldots\ldots \; \frac{dU}{dT} = C - C'$$

(C Wärmekapazität des Systems vor, C' nach der Veränderung).

Wir wollen nun voraussetzen, daß das betrachtete System stetig, d. h. ohne daß ein integrierender Bestandteil des Systems an einem Temperaturpunkte eine völlige Umwandlung (wie etwa Gefrieren einer Flüssigkeit, Umwandlung einer Modifikation in eine andere usw.) erleidet, bis zum absoluten Nullpunkte abgekühlt werden kann; diese Voraussetzung besagt thermodynamisch nichts weiteres, *als daß zu einer sehr kleinen Temperaturerniedrigung stets auch nur eine sehr kleine Wärmeentziehung gehört, und zwar bis zum absoluten Nullpunkte abwärts.* Dann lehrt die Erfahrung, daß die spezifischen Wärmen aller Teile des Systems stetige Temperaturfunktionen sind, daß sie sich also mit einer auch für jede je erreichbare Messungsgenauigkeit genügenden Annäherung durch eine nach ganzen Potenzen von T fortschreitenden Reihe ausdrükken lassen.

Die Gleichung (29) lehrt dann sofort, daß sich auch U auf die Form bringen läßt:

$$(30) \quad \ldots\ldots\ldots \; U = U_0 + \alpha T + \beta T^2 + \gamma T^3 + \ldots$$

1 Vgl. z. B. Theor. Chem. S. 624.

Führen wir dies in die Gleichung

$$(1) \ldots\ldots\ldots\ldots\ldots\ldots \quad A - U = T\frac{dA}{dT}$$

ein und integrieren, so ergibt sich, wie sich leicht durch Einsetzen in (1) verifizieren läßt,

$$(31) \qquad A = U_0 + a_0 T - \alpha T \ln T - \beta T^2 - \frac{\gamma}{2} T^3 - \ldots,$$

worin a_0 eine unbekannte Integrationskonstante bedeutet.

Durch Differentiation folgt

$$(32) \ldots\ldots\ldots \quad \frac{dU}{dT} = \alpha + 2\beta T + 3\gamma T^2 + \ldots;$$

$$(33) \ldots\ldots \quad \frac{dA}{dT} = a_0 - \alpha \ln T - \alpha - 2\beta T - \frac{3}{2}\gamma T^2 - \ldots$$

Aus der letzten Gleichung folgt, daß, wenn auch A selber (Gleichung 31) stetig in den Wert U_0 beim absoluten Nullpunkte übergeht, $\frac{dA}{dT}$ daselbst unendlich groß wird.

Dies Resultat stimmt nicht mit der Erwartung, daß, wie U, so auch A ein einfaches Verhalten bei sehr tiefen Temperaturen zeigt, und es liegt nahe, sich zu fragen: wie müssen die Verhältnisse liegen, um dies störende Verhalten zu beseitigen?

Die einfache Antwort ist, daß $\alpha = 0$ sein muß (nicht etwa bloß, daß α einen „kleinen" Wert besitzen muß, welche Annahme uns gar nichts nützen würde); diese Annahme läßt sich auch schreiben

$$(34) \ldots\ldots\ldots\ldots \quad \lim \frac{dU}{dT} = 0 \quad (\text{für } T = 0).$$

Machen wir die fernere Annahme, daß bei sehr tiefen Temperaturen A und U sich einander ähnlich verhalten, d. h. daß auch

$$(35) \ldots\ldots\ldots\ldots \quad \lim \frac{dA}{dT} = 0 \; (\text{für } T = 0)$$

sein muß (was mit der Annahme $a_0 = 0$ identisch ist), so erkennen wir sofort, daß Gleichung (35) die Gültigkeit von (34) zur Folge hat (aber nicht umgekehrt). Setzen wir nämlich in Gleichung (33) die rechte Seite für sehr tiefe Temperaturen gleich Null, so folgt sofort $\alpha = 0$, $a_0 = 0$.

Gleichung (35) ist der vollständige Inhalt des neuen Wärmesatzes, alle bisher gemachten Anwendungen folgen aus ihr.

Wie weitgehend diese Gleichung ist, lehrt folgende Betrachtung. Aus der Gleichung

$$(1) \quad \ldots\ldots\ldots\ldots\ldots\ldots \quad A - U = T\frac{dA}{dT}$$

läßt sich A nicht berechnen, auch wenn U als Funktion der Temperatur bekannt ist, weil bei der Integration dieser Differentialgleichung eine unbekannte Integrationskonstante auftritt, die zwar von der Temperatur unabhängig ist, aber von Fall zu Fall wechselt und daher für jede neue spezielle Anwendung neu zu bestimmen ist.

Kombinieren wir aber damit

$$(35) \quad \ldots\ldots\ldots\ldots \quad \lim \frac{dA}{dT} = 0 \ \text{(für } T = 0\text{)},$$

so wird A berechenbar; besitzen U und A die spezielle Form der Gleichungen (30) und (31), so erhalten wir, weil nach obigem $\alpha = 0$ und $a_0 = 0$ ist, die einfachen Ergebnisse

$$(36) \quad \ldots\ldots\ldots\ldots \quad U = U_0 + \beta T^2 - \gamma T^3 + \ldots,$$

$$(37) \quad \ldots\ldots\ldots\ldots \quad A = U_0 - \beta T^2 - \frac{\gamma}{2} T^3 - \ldots,$$

d. h. bei Kenntnis von U_0, β, γ ... können wir nicht nur U, sondern auch A berechnen.

Integrieren wir Gleichung (1) allgemein, so finden wir leicht

$$(38) \quad \ldots\ldots\ldots\ldots\ldots \quad A = -T\int \frac{U}{T^2}\, dT + a_0 T$$

und durch Kombination mit (35)

$$(39)\ldots\ldots\ldots\ldots\ldots\ldots A = -T\int^{T} \frac{U}{T^2}dT;$$

diese Schreibweise besagt also, daß der hinter dem Integralzeichen stehende Ausdruck unbestimmt zu integrieren und die obere Grenze einzusetzen ist.

Zugleich erkennen wir, daß sich A (was durch die Benutzung der bisher bekannten Wärmesätze nicht möglich war) aus *lauter thermischen Daten berechnen läßt.*

Eine etwas andere Formulierung des neuen Wärmesatzes lautet

$$(40)\ldots\ldots\ldots\ldots \lim \frac{dA}{dT} = \lim \frac{dU}{dT} \text{ (für } T = 0\text{);}$$

wie aus den beiden Gleichungen (32) und (33) folgt, führt auch dieser Ansatz zu den Ergebnissen

$$\alpha = 0 \text{ und } a_0 = 0,$$

d. h. zu den Formeln (36) und (37). Aber gerade die Formulierung (40) ist insofern besonders anschaulich, weil sie besagt, daß bei tiefen Temperaturen A und U sich tangieren, d. h. einen identischen Verlauf besitzen, und dies erklärt die in der Einleitung besprochene Tatsache, daß bei tiefen Temperaturen das Prinzip von BERTHELOT für kondensierte Systeme auffällig gut stimmt.

Dass das Prinzip von BERTHELOT (und was damit zusammenhängt) ein nicht nur beim absoluten Nullpunkt selber, sondern auch ein in seiner Nähe für kondensierte Systeme gültiges Grenzgesetz sei, war übrigens die Vermutung, die mich zur Aufstellung der Gleichung (40) und somit zur Auffindung des neuen Wärmesatzes führte; aber dieser Vermutung mußte die Erkenntnis vorausgehen, daß die Anwendung von BERTHELOTs Prinzip auf Gase zunächst (d. h. ohne den Begriff der Entartung) sinnlos war.

Die Beziehung

$$\lim \frac{dU}{dT} = 0 \text{ (für } T = 0\text{)}$$

lehrt übrigens, daß bei tiefen Temperaturen die Atomwärmen der Elemente und Verbindungen streng additiv sein müssen; schon bei den ersten praktischen Anwendungen meines Theorems wurde ich zu der Vermutung verführt, daß sie bei tiefen Temperaturen sämtlich gegen sehr kleine Werte konvergieren müssen. Die experimentellen und theoretischen Arbeiten der neueren Zeit haben bekanntlich diese Vermutung nicht nur bestätigt, sondern es fast zur Gewißheit erhoben (Kap. IV), daß bei *tiefen Temperaturen die spezifischen Wärmen aller Körper sogar gegen Null konvergieren.*

Wir wollen im folgenden hiervon Gebrauch machen, und zwar finden wir dann, indem wir das sehr wichtige, von DEBYE theoretisch, von EUCKEN und neuerdings auch von SCHWERS und mir experimentell bestätigte Resultat (S. 53) hinzunehmen, wonach die spezifische Wärme bei tiefen Temperaturen der dritten Potenz der absoluten Temperaturen proportional sich ändert,

$$(41) \quad \ldots\ldots\ldots\ldots \quad U = U_0 + \delta T^4, A = U_0 - \frac{\delta}{3} T^4$$

als *streng* für tiefe Temperaturen gültige Gleichungen.

Die graphische Darstellung – ich erinnere nur an die von CARNOT, CLAPEYRON und besonders CLAUSIUS benutzten Kreisprozesse – hat in der Entwicklung der Thermodynamik eine große Rolle gespielt.

Wir wollen daher die obigen Beobachtungen noch einmal kurz unter Benutzung einiger einfacher Diagramme rekapitulieren.

Das allgemeine Integral der Gleichung

$$(1) \quad \ldots\ldots\ldots\ldots\ldots\ldots \quad A - U = T\frac{dA}{dT}$$

lautete

$$(38) \quad \ldots\ldots\ldots\ldots\ldots \quad A = -T\int \frac{U}{T^2} dT + a_0 T;$$

für $T = 0$ wird

$$A = U_0,$$

d. h. wie schon oben erwähnt, beim absoluten Nullpunkt gilt das Gesetz von BERTHELOT unumschränkt.

Der neue Wärmesatz, wonach $\alpha_0 = 0$ sein muß, lehrt uns, daß die Kurven von A und U nicht nur beim absoluten Nullpunkt sich vereinigen, sondern sich vor dem Einmünden in denselben berühren; diese Berührung ist sogar nach DEBYEs Gesetz sehr innig, nämlich vom dritten Grade.

Wie oben nachgewiesen, muß die gemeinschaftliche Tangente der beiden Kurven der Abszissenachse parallel laufen.

Um die Ideen zu fixieren, wollen wir nun annehmen, daß uns für eine bestimmte Temperatur T' der Wert von $U = U'$ gegeben sei, etwa durch eine kalorimetrische Bestimmung. Ferner seien uns alle in Betracht kommenden spezifischen Wärmen bis zu sehr tiefen Temperaturen herab bekannt. Dann können wir U nach dem Satze von KIRCHHOFF ebenfalls bis zu sehr tiefen Temperaturen herab ausziehen, weil nach der Gleichung

$$(29) \ldots\ldots\ldots\ldots \quad \frac{dU}{dT} = C - C'$$

uns die Richtung, in der wir U zeichnen müssen, gegeben ist.

Sind die Messungen der spezifischen Wärmen fortgeführt bis zu so tiefen Temperaturen, daß C und C' auf sehr kleine Werte gesunken sind, $C - C'$ also ebenfalls nur sehr kleine Beträge mehr besitzt, so können wir den letzten Teil der Kurve einfach der Temperaturachse parallel ausziehen, ohne einen merklichen Fehler zu begehen; aber auch wenn dies nicht der Fall ist, können wir meistens, z. B. unter Benutzung des T^3-Gesetzes, die Extrapolation von U bis zum absoluten Nullpunkt ohne merkliche Unsicherheit vornehmen.

Wie bereits S. 68 auseinandergesetzt, ist es nunmehr möglich, ohne jede Vernachlässigung und mit vollkommener Sicherheit die A-Kurve zu zeichnen; den ersten Teil dieser Kurve, vom absoluten Nullpunkt an, werden wir wiederum zweckmäßig unter Benutzung des T^3-Gesetzes (nach Formel 41) ausziehen, bei höheren Temperaturen ziehen wir A in der durch die Gleichung

$$\frac{dA}{dT} = \frac{A - U}{T}$$

gegebenen Richtung weiter.

Folgender von Herrn GANS[1] und von Herrn DRÄGERT (102) gefundener geometrischer Kunstgriff erleichtert sehr diese Aufgabe.

Man ziehe (Fig. 11) von einem Punkte der U-Kurve eine Parallele zur Ordinate und zur Abszisse und lege eine Gerade vom Schnittpunkt der ersteren mit der A-Kurve zum Schnittpunkt der letzteren mit der Ordinate. Das so gebildete Dreieck liefert uns

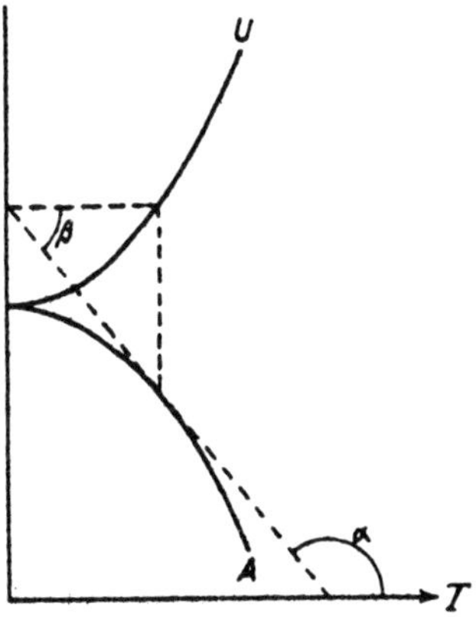

Fig. 11.

$$\text{tg}\beta = -\text{tg}\alpha - \frac{dA}{dT} = \frac{U-A}{T} \quad ,$$

d. h. die oben bestimmte Gerade tangiert die A-Kurve.

Indem man sukzessive fortschreitend Tangenten der A-Kurve gewinnt, kann man von U_0 ausgehend die A-Kurve vollkommen ausziehen, natürlich aber nur, wenn man mit Hilfe des neuen Wärmesatzes die anfängliche Richtung der A-Kurve vom Punkt U_0 ausgehend als festgelegt betrachtet.

Der Vollständigkeit willen sei noch die Formulierung erwähnt, die unser Wärmesatz bei Benutzung der Entropie annimmt.

Thermodynamisch ist die Entropie S definiert durch die Gleichung:

$$dS = \frac{dQ}{T} ,$$

worin dS die Zunahme der Entropie bei einem bei der Temperatur T unter der Wärmeaufnahme dQ verlaufenden Prozeß ist; integriert erhalten wir:

1 Vgl. Näheres Kap. XVI.

$$S_2 - S_1 = \int_1^2 \frac{dQ}{T}.$$

Für einen isothermen, reversiblen Prozeß folgt:

$$S_2 - S_1 = \frac{q}{T} = \frac{A-U}{T}$$

oder mit Benutzung von Gleichung (1)

$$S_2 - S_1 = \frac{dA}{dT}.$$

Unser Wärmesatz nimmt also die Form an

$$\lim (S_2 - S_1) = 0 \text{ (für } T = 0);$$

er besagt also, daß *in der Nähe des absoluten Nullpunktes alle Vorgänge ohne Änderung der Entropie sich abspielen.* Auf den Fall der Umwandlung zweier allotroper Modifikationen eines Stoffes ineinander angewandt, besagt dies, daß die Entropie beider Formen beim absoluten Nullpunkt *gleich wird.*

Man kann nun noch einen Schritt weiter gehen und mit PLANCK[1] die *Einzelentropien gleich Null* setzen. Dann lautet unser Wärmesatz: *Beim Nullpunkt der absoluten Temperatur besitzt die Entropie eines jeden chemisch homogenen festen oder flüssigen Körpers den Wert Null.* Die Entropie eines Körpers bei der Temperatur T ist dann:

$$S = \int_0^T \frac{dQ}{T} = \int_0^T \frac{CpdT}{T}.$$

Damit für endliche Temperaturen die Entropie endliche Werte annimmt, muß dann weiter die Molekularwärme beim absoluten Nullpunkt verschwindend klein sein, während wir früher mit der Gleichung

$$\lim \frac{dU}{T} = 0 \quad \text{(für } T = 0)$$

nur die Forderung aufstellten, daß in der Nähe des absoluten Nullpunktes die Wärmekapazität bei jeder Umwandlung ungeändert bleibt.

---

1 PLANCK, Thermodynamik, Leipzig 1911, S. 269.

Jetzt, wo die Annahme, daß in der Nähe des absoluten Nullpunktes alle spezifische Wärmen (selbst die der Gase) verschwindend klein werden, theoretisch und, soweit dies möglich war, auch experimentell sichergestellt erscheint, daß ernsthafter Widerspruch dagegen nicht mehr erhoben wird, ist natürlich auch jeder Unterschied zwischen obigen Auffassungen verschwunden; für die praktischen Anwendungen des Wärmesatzes, bei denen es immer nur auf Entropieänderungen ankommt, hat er nie existiert.

Kapitel VII

Prinzip der Unerreichbarkeit des absoluten Nullpunktes

1. Allgemeines. Durch die Betrachtung eines Kreisprozesses können wir folgenden Satz beweisen:

Es darf keinen in endlichen Dimensionen verlaufenden Prozeß geben, mit Hilfe dessen ein Körper bis zum absoluten Nullpunkt abgekühlt werden kann.

Diesen Satz wollen wir als das „*Prinzip der Unerreichbarkeit des absoluten Nullpunktes*“ bezeichnen (65).

Der Beweis ist folgendermaßen zu führen:

Angenommen der obige Satz wäre nicht zutreffend, so können wir uns vorstellen, daß es einen Kreisprozeß gäbe, bei welchem die untere Isotherme *DC* (vgl. das untenstehende in üblicher Weise gezeichnete Diagramm) beim absoluten Nullpunkt verläuft. Wir könnten uns etwa vorstellen, daß ein fester oder flüssiger Körper bei der niedrigen aber endlichen absoluten Temperatur ΔT sich expandiert, während er mit einem Wärmereservoir in dauernder Berührung erhalten Berührung erhalten wird – Isotherme *AB* –; daß er hierauf von dem Reservoir entfernt wird und sich adiabatisch so weit stärker expandiert, bis er zum absoluten Nullpunkt sich abkühlt – Adiabate *BC* –. Sodann wird er beim absoluten Nullpunkt komprimiert – Isotherme *CB* –, schließlich durch eine unendlich kleine Zufuhr äußerer Arbeit unendlich wenig erwärmt, so daß es möglich

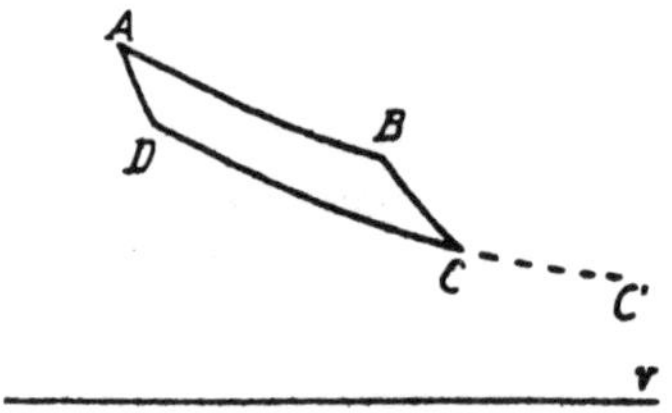

Fig. 12

wird, ihn durch adiabatische Kompression wieder auf die Temperatur ΔT und das ursprüngliche Volumen zu bringen – Adiabate DA –.

Bei einem derartigen umkehrbaren Kreisprozeß würde nun eine gewisse endliche äußere Arbeit geleistet werden, die durch den Inhalt des von den 4 Kurven begrenzten Flächenstückes gegeben ist; da auf den Kurvenstücken BC und DA keine Wärme aufgenommen wird, und da nach Gleichung (1) auch auf dem Kurvenstück CD wegen Verschwindens der latenten Wärme beim absoluten Nullpunkte keine Wärme aufgenommen werden kann, so folgt also, daß die äußere Arbeit auf Kosten der dem Wärmereservoir von der vielleicht ungeheuer niedrigen, aber immerhin noch endlichen Temperatur ΔT entnommenen Wärme geleistet werden muß. Da dies aber dem zweiten Hauptsatze widerspricht, so gelangen wir zu der zu beweisenden Schlußfolgerung.

Der obige Beweis ist vollkommen bündig, er enthält nur die Voraussetzung, daß beim absoluten Nullpunkt jede reversible Zustandsänderung notwendig isotherm ist, d. h. daß die Beziehung

$$(1) \ldots\ldots\ldots\ldots A - U = T\frac{dA}{dT} = 0 \quad (\text{für } T = 0)$$

gilt. Dies ist aber eine Annahme, die vom Standpunkte der klassischen Thermodynamik immer gemacht und bisher nie bestritten wurde, auch wohl kaum bestritten werden kann.

Auch der Einwand, daß man vom Punkt C aus nicht auf das Kurvenstück CD gelangen kann, sondern daß man auf dem Kurvenstück CB zurückkehren müßte, beruht auf einem prinzipiellen Mißverständnis; ist man einmal auf $T = 0$ angelangt, und zwar nach Voraussetzung nicht etwa asymptotisch, sondern direkt mittels eines „*in endlichen Dimensionen verlaufenden Prozesses*“, so muß man wegen der Identität von A und U im absoluten Nullpunkt bei Umkehrung des betrachteten Prozesses, also in obigem Beispiele bei Kompression des Körpers, sogar notwendig von C nach D und nicht nach B gelangen.

Ganz im Gegenteil, um von D nach A adiabatisch zurückzukehren, müssen wir, wie oben (und auch von mir bereits in der S. 72 erwähnten Arbeit) betont, den Körper unendlich wenig erwärmen, damit er den absoluten Nullpunkt verläßt und einer adiabatischen Kompression fähig wird.

Auch folgende Betrachtung zeigt, daß das Kurvenstück BC an sich naturwidrig ist; lassen wir den Körper, nachdem er den Zustand C angenommen hat, sich noch weiter ausdehnen, so würde er auf das Kurvenstück CC' gelangen; er würde, mit anderen Worten, das paradoxe Verhalten zeigen, daß er von B zunächst bis C sich adiabatisch und dann von C bis C' sich weiter isotherm expandiert.

Diese Ungereimtheit verschwindet, wenn wir das Kurvenstück BC für unmöglich ansehen, d. h. wenn das eingangs aufgestellte Prinzip zutrifft; es muß also untersucht werden, unter welchen Bedingungen das Kurvenstück BC realisierbar wäre und diese Bedingungen sind dann als einem allgemeinen Naturgesetz widerstreitend anzusehen.

Das erwähnte Prinzip ist vielleicht deshalb bisher noch nie besonders betont worden, weil es unter der früher allgemein üblichen Annahme, daß die spezifische Wärme auch bei beliebig tiefen Temperaturen endlich bleibt, von vornherein klar zu sein schien, daß eine Erreichung des absoluten Nullpunktes nicht möglich wäre. Da, wie schon erwähnt, die latenten Wärmen nach dem zweiten Wärmesatze bei sehr tiefen Temperaturen sehr klein werden, so erschien es ohne weitere Rechnung unmöglich, den auch bei tiefsten, aber endlichen Temperaturen immer noch endlichen und der Temperatur (annähernd) proportionalen Wärmeinhalt einem Körper zu entziehen.

In eine ganz andere Beleuchtung aber wird die Frage gerückt, wenn wir die Voraussetzung einführen, wonach in dem allgemeinen Ausdruck für die spezifische Wärme

$$C_v = c_0 + aT + bT^2 + cT^3 + \ldots \tag{42}$$

nicht nur c_0, sondern auch die Koeffizienten der beiden folgenden Glieder verschwindend klein werden; wir werden übrigens im folgenden mit der Voraussetzung auskommen, daß nur das erste Glied der rechten Seite der Gleichung (42) verschwindet, und wenn noch höhere Koeffizienten, die mit endlichen Potenzen von T multipliziert werden, verschwindend klein sind, so gelten die nachfolgenden Betrachtungen lediglich a fortiori.

Wir wollen den oben beschriebenen Kreisprozeß an zwei speziellen Beispielen durchrechnen, nämlich der Ausdehnung eines festen Körpers und einem chemischen Prozeß.

2. Ausdehnung eines festen Körpers. Unsere Grundformel

$$(1) \ldots\ldots\ldots\ldots\ldots\ldots A - U = T\frac{dA}{dT}$$

liefert, wenn wieder $-U$ die innere Energie des betrachteten Körpers, p und v Druck und Volum bezeichnen,

$$(43) \ldots\ldots\ldots\ldots\ldots\ldots p - \frac{\partial U}{\partial v} = T\frac{\partial p}{\partial T}.$$

Die zugeführte Wärme beträgt nach dem ersten Wärmesatze

$$Q = C_v dT - \frac{\partial U}{\partial v}dv + p dv \ ;$$

durch Kombination der beiden letzten Gleichungen ergibt sich für die adiabatische Kompression oder Dilatation ($Q = 0$):

$$0 = C_v dT + T\frac{\partial p}{\partial v}dv \ .$$

Setzen wir nun allgemein für den Spannungskoeffizienten

$$(44) \ldots\ldots\ldots\ldots \frac{\partial p}{\partial T} = a_0 + a_1 T + a_2 T^2 + \ldots ,$$

so folgt $$-\frac{dT}{T} = \frac{a_0 + a_1 T + \ldots}{aT + bT^2} dv \ .$$

Für tiefe Temperaturen wird also

$$-dT = \frac{a_0}{a} dv ,$$

d. h. es entspricht selbst bei den tiefsten Temperaturen einer endlichen Volumenänderung auch eine endliche Abkühlung, wobei man sich natürlich die Volumenänderung in dem Sinne abspielend denkt, in welchem sie mit Wärmeabsorption verbunden ist. Dies bedeutet aber nichts anders, als daß die Erreichung des absoluten Nullpunktes durchaus möglich wäre.

Dies Resultat wird verhindert, wenn man

(45) . . . . $a_0 = 0$

ist; dann wird nämlich

(46) . . . . $\Delta v = \frac{a}{a_1} \ln \frac{\Delta T}{T}$,

d. h. es bedarf einer unendlich großen Volumenänderung, um von einer beliebig kleinen, aber endlichen Temperatur ΔT bis zum absoluten Nullpunkt $T = 0$ zu gelangen.

Nun ist

(47) . . . . $\lim \frac{\partial p}{\partial T} = a_0$ (für $T = 0$);

die Forderung (45) ist also identisch mit der des Wärmesatzes (vgl. Kap. IX).

3. Chemischer Umsatz. Wenn nach Voraussetzung für alle reagierenden Stoffe

$$c_0 = 0$$

wird, dann liefert Gleichung (1) die latente Wärme bei hinreichend tiefen Temperaturen

$$A - U_0 = a_0 T$$

(a_0 die Integrationskonstante). Betrachten wir, um die Ausdrucksweise zu erleichtern, einen beliebig einfachen Fall, etwa die Umwandlung von Graphit in Diamant, und nehmen wir an, um die Ideen zu fixieren, daß a_0 eine positive Größe sei. Dann würde mit dem reversiblen Umsatz dv die Wärmeabsorption a_0Tdv verknüpft sein, und wir bekommen für die adiabatische Umwandlung

$$a_0Tdv + (aT + bT^2 + ...)\, dT = 0,$$

oder integriert, bei hinreichend tiefen Temperaturen

$$\Delta v = \frac{a}{a_0}(T_2 - T_1)\,.$$

Es würde also schon bei einem unendlich kleinen Umsatz dv der absolute Nullpunkt erreicht werden, wenn man von der Temperatur dT ausgeht.

Setzen wir jedoch im Sinne unseres Wärmesatzes

$$a_0 = 0,$$

so folgen die Gleichungen

$$A = A_0 - \alpha T^2\,;$$

$$U = A_0 + \alpha T^2\,;$$

Die latente Wärme würde also bei tiefen Temperaturen

$$A - U = -2\alpha T^2$$

werden, und es folgt, wie oben

(48). . . . . $\Delta v = -\frac{a}{2\alpha} \ln \frac{T_2}{T_1}$,

d. h. der absolute Nullpunkt ($T_2 = 0$) ist durch einen endlichen Stoffumsatz nicht zu erreichen.

In ähnlicher Weise läßt sich für jeden beliebigen Vorgang der Nachweis führen, daß unter der Voraussetzung, daß bei tiefen Temperaturen die spezifischen Wärmen verschwindend klein werden, die Forderung der Unrealisierbarkeit des Kurvenstückes *BC* mit den aus unserm Wärmesatz zu ziehenden Schlussfolgerungen zusammenfällt.

Da nun andererseits – wenn anders man den absoluten Nullpunkt nicht willkürlich aus thermodynamischen Betrachtungen ausscheiden will – die klassische Thermodynamik die Unrealisierbarkeit des eingangs beschriebenen Kreisprozesses fordert, so müssen wir schließen, daß für ein System, dessen Wärmekapazität in der Nähe des absoluten Nullpunktes verschwindet, der Wärmesatz theoretisch bewiesen ist.[1] –

Wie bekannt, läßt sich die Aufstellung des ersten und zweiten Wärmesatzes auf die Erfahrung zurückführen, daß sich gewisse Vorrichtungen trotz aller Bemühungen nicht realisieren ließen; auch der neue Wärmesatz kann (wenn er auch nicht auf diesem immerhin umständlichen Wege gefunden wurde) in seiner wahrscheinlich allgemeinsten Fassung ebenfalls durch die Unmöglichkeit gekennzeichnet werden, einen gewissen Effekt zu erzielen. Wir können also etwa die nunmehr bekannten drei Wärmesätze in folgende Thesen fassen:

1. Es ist unmöglich, eine Maschine zu bauen, die fortwährend Wärme oder äußere Arbeit aus nichts schafft.
2. Es ist unmöglich, eine Maschine zu konstruieren, die fortdauernd die Wärme der Umgebung in äußere Arbeit verwandelt.
3. Es ist unmöglich, eine Vorrichtung zu ersinnen, durch die ein Körper völlig der Wärme beraubt, d. h. bis zum absoluten Nullpunkte abgekühlt werden kann.

Aus dem ersten Satze lassen sich in der Tat alle Folgerungen ziehen, die das Gesetz von der Erhaltung der Energie in sich enthält. Aus dem zweiten Satze können wir die Richtigkeit der Fundamentalgleichung des zweiten Wärmesatzes ableiten, wenn wir den Begriff der Temperatur einführen. Aus dem dritten Satze können wir die mathematische Formulierung des neuen Wärmesatzes erschließen, wenn wir die Erfahrung zu Hilfe nehmen, daß bei sehr tiefen Temperaturen die spezifische Wärme verschwindend klein wird.

---

1 Der obige Beweis ist auf eine etwas andere Formel von POLYANI gebracht worden, worauf wir im letzten Kapitel noch zurückkommen werden.

Kapitel VIII.
Einige wichtige mathematische Formeln

Bei der Anwendung des Wärmesatzes handelt es sich hauptsächlich um die Auswertung folgender Integrale:

$$E = \int_0^T C_p dT \text{ und } F = T\int_0^T \frac{E}{T^2} dT.$$

Entwickeln wir C_p, was stets gestattet ist und auch häufig sich empfehlen wird, in eine Reihe nach ganzen Potenzen von T

$$C_p = bT + cT^2 + dT^3 + \ldots$$

so wird

$$(49)\ldots\ldots\ldots\ldots \quad E = +\frac{b}{2}T^2 + \frac{c}{3}T^3 + \frac{d}{4}T^4 \ldots$$

und

$$(50)\ldots\ldots\ldots\ldots \quad -F = -\frac{b}{2}T^2 - \frac{c}{2\cdot 3}T^3 - \frac{d}{3\cdot 4}T^4 \ldots$$

Meistens aber wird man sich zur Darstellung von C_p der Funktionen von EINSTEIN oder DEBYE bedienen.

Mit Benutzung von EINSTEINs Funktion wird

$$(51) \qquad C_p = 3R\frac{\left(\frac{\beta\nu}{T}\right)^2 e^{\frac{\beta\nu}{T}}}{\left(e^{\frac{\beta\nu}{T}} - 1\right)^2} + kT^{\frac{3}{2}}.$$

darin trägt das Zusatzglied auf der rechten Seite der Korrektion von C_v auf C_p Rechnung (vgl. S. 127). Durch Integration folgt (wie man sich am einfachsten durch Differentiation überzeugt)

$$(52)\ldots\ldots\ldots\ldots \quad E = 3R\frac{\beta\nu}{\left(e^{\frac{\beta\nu}{T}} - 1\right)} + \frac{2}{5}kT^{\frac{5}{2}}$$

und

$$(53) \quad \ldots\ldots -F = 3RT\ln\left(e^{\frac{\beta\nu}{T}}-1\right)-3R\beta\nu-\frac{4}{15}kT^{\frac{5}{2}}.$$

Zur bequemeren Handhabung dieser Formeln finden sich am Schlusse dieses Buches Tabellen berechnet. – Die Behandlung der Formeln von LINDEMANN und mir (S. 121) ergibt sich hiernach ohne weiteres; in dem Werke von POLLITZER finden sich hierfür ausführliche Tabellen.

Bei weitem am wichtigsten ist zurzeit die Funktion von DEBYE; hiernach wird (vgl. S. 50)

$$(54)\, C_\upsilon = 3R\left(\frac{4\pi^4}{5}\left(\frac{T^3}{\beta\nu}\right)-\frac{3\frac{\beta\nu}{T}}{e^{\frac{\beta\nu}{T}}-1}\right.$$

$$\left.-12\frac{\beta\nu}{T}\sum_{n=1}^{n=\infty}e^{-n\frac{\beta\nu}{T}}\left(\frac{1}{n\frac{\beta\nu}{T}}+\frac{3}{n^2\left(\frac{\beta\nu}{T}\right)^2}+\frac{6}{n^3\left(\frac{\beta\nu}{T}\right)^3}+\frac{6}{n^4\left(\frac{\beta\nu}{T}\right)^4}\right)\right)$$

Auch hierfür findet sich am Schlusse eine ausführliche Tabelle berechnet. Da die Behandlung des Zusatzgliedes, das C_υ auf C_p korrigiert, bereits oben erfolgt ist, lassen wir es nunmehr fort; es folgt dann, wie DEBYE gezeigt hat,

$$(55) \qquad E = \frac{9}{12}R\left(\frac{C}{C_\infty}+\frac{3x}{e^x-1}\right)T\,;\; x=\frac{\beta\nu}{T}\,, C_\infty = 3R$$

Eine Reihenentwicklung liefert (vgl. Gleichung 54):

$$E = 0{,}75\beta\nu R\left(\frac{77\cdot 94}{x^4}-12\sum_{n=1}^{n=\infty}e^{-nx}\left(\frac{1}{nx}+\frac{3}{n^2x^2}+\frac{6}{n^3x^3}+\frac{6}{n^4x^4}\right)\right).$$

Die Integration zur Ermittlung von F bietet keine Schwierigkeiten: mit Hilfe der bekannten Rekursionsformel

$$\int_x^\infty \frac{e^{-x}}{x^{n+1}}dx = \frac{1}{n}\frac{e^{-x}}{x^n}-\frac{1}{n}\int_x^\infty\frac{e^{-x}}{x^n}dx$$

findet man leicht (NERNST 78 u. 79)

$$(56) \qquad E = 9R\left[\frac{2,1646}{x^3} - \sum e^{-nx}\left(\frac{1}{n^2 x} + \frac{2}{n^3 x^2} + \frac{2}{n^4 x^3}\right)\right]T \quad .$$

Führt man in (56) Gleichung (54) ein, so findet man

$$(57) \qquad F = 9R\left(\frac{C}{C_\infty 36} + \frac{x}{(e^x - 1)12} + \sum \frac{e^{-nx}}{3n}\right)T,$$

welche Formel erheblich bequemer wird als (56), wenn für $\frac{C}{C_\infty} = \frac{C}{3R}$ Werte berechnet sind, wie durch DEBYE (a.a.O. S. 803) und ausführlicher in der betreffenden Tabelle des Anhangs geschehen.

Mein verstorbener berühmter Kollege SCHWARZSCHILD teilte mir seinerzeit freundlich mit, daß sich F auch in geschlossener Form darstellen lasse:

$$(58) \qquad F = 9R\left(\frac{C}{C_\infty 36} + \frac{x}{(e^x - 1)12} - \frac{1}{3}\ln(1 - e^{-x})\right)T;$$

dieser Ausdruck ergibt sich nämlich aus (57), wenn man die Beziehung benutzt

$$-\ln(1 - y) = y + \frac{y^2}{2} + \frac{y^3}{3} + \ldots$$

und

$$y = e^{-x}$$

setzt.

Mit Hilfe der am Schluss des Buches mitgeteilten Tabellen ist die Verwendung obiger Ausdrücke zur Berechnung von U und A ganz einfach.

Natürlich kann man auch analytische Formulierungen ganz entbehren und sich lediglich auf graphische Darstellung beschränken, wobei man folgendermaßen zu verfahren hat.

Man trägt die gemessenen Werte von C_p auf und extrapoliert, bei tiefsten Temperaturen unter Benutzung des T^3-Gesetzes, bis zum absoluten Nullpunkt. Durch Ausmessen des von der Temperaturachse, der Kurve und einer bei T gelegten Ordinate eingeschlossenen Flächenstücks erhält man E als Funktion von T. Hierauf trägt man $\frac{E}{T^2}$ ebenfalls graphisch auf und erhält entsprechend das Integral $\int_0^T \frac{E}{T^2} dT$ für beliebige Temperaturen und somit auch F in seiner Abhängigkeit von der Temperatur. Frl. MIETHING hat in der letzten Zeit für alle festen Körper, für die hinreichende Messungen von C_p vorliegen, derartige Tabellen aufgestellt, mit deren Hilfe jede Berechnung einer Reaktion sich auf eine einfache Addition von Werten reduziert, die den betreffenden Tabellen direkt zu entnehmen sind.

Als Beispiel derartiger Tabellen mögen in kurzem Auszuge hier diejenigen für Silber, Jod und Jodsilber folgen.

Silber.

$T =$	20	50	100	200	250	280	290
$E =$	1,84	47,0	243	785	1077	1257	1316
$F =$	0,61	19,6	154	722	1164	1449	1546

Jod.

$T =$	20	50	100	200	250	280	290
$E =$	11	124	390	973	1287	1482	1548
$F =$	5	78	379	1368	1989	2391	2530

Jodsilber $\frac{1}{2}$ (AgJ).

$T =$	20	50	100	200	250	280	290
$E =$	14	99	366	926	1234	1421	1485
$F =$	8	79	342	1243	1820	2198	2328

Kapitel XII

Einige spezielle Anwendungen des Wärmesatzes und der daraus abgeleiteten Näherungsformel

Während wir in den vorangehenden Kapiteln eine Anzahl Anwendungen unserer Formeln mehr im Hinblick auf ihre systematische Begründung besprochen haben, wollen wir nunmehr eine weitere Anzahl Beispiele besprechen, die an sich ein gewisses Interesse beanspruchen dürften und nur nebenbei weiteres Material zur Sicherstellung unserer Betrachtungen liefern werden.

1. Ermittlung von thermochemischen Daten durch Anwendung des Wärmesatzes auf kondensierte Systeme. Die Fundamentalgleichung des zweiten Wärmesatzes

(1) $$A - T = T\frac{dA}{dT}$$

ist, besonders in der Anwendung auf galvanisiche Elemente,

$$EF - U = TF\frac{dE}{dt}$$

wiederholt zur Bestimmung thermochemischer Größen benutzt worden; nur muß $\frac{dA}{dT}$ oder speziell im letzteren Falle der Temperaturkoeffizient des galvanischen Elementes mit großer Genauigkeit bestimmt werden, was häufig nur im beschränkten Maße möglich ist.

Nun ist nach dem ersten Wärmesatze

(99) $$U = U_0 + \sum \nu \int_0^T C_p \, dT = U_0 + E$$

und nach dem neuen Wärmesatze

(100) $$A = U_0 - T\int_0^T \frac{E}{T^2} dT.$$

Wir sehen also, daß wir zunächst U_0 und dann auch U, und zwar für alle Temperaturen, ermitteln können, wenn uns

1. A bei einer einzigen beliebigen Temperatur bekannt ist;
2. wenn uns für alle an der Reaktion teilnehmenden Körper C_p bis zu den tiefsten Temperaturen herab gegeben ist.

S. 94 haben wir bereits ein Beispiel einer solchen Anwendung kennen gelernt; der von U. FISCHER mittels der Formeln (99) und (100) gefundene Wert der Bildungswärme von Jodsilber dürfte zuverlässiger sein als der mit Gleichung (1) gewonnene, weil die elektromotorische Kraft des untersuchten Elementes sich zwar bei einer Temperatur hinreichend genau (etwa auf 1 Promille) ermitteln ließ, nicht aber der Temperaturkoeffizient so sicher, daß sich nach Formel (1) etwa U auch auf 1 Promille hätte ermitteln lassen, während andererseits für Benutzung der Formel (100) die spezifischen Wärmen nur mit einer mäßigen Genauigkeit bekannt sein müssen, weil sie nur zur Bestimmung des relativ kleinen Betragen von $A - U$ dienen. Ähnlich lag die Sache in folgendem Falle.

Bei der Berechnung der elektromotorischen Kraft der Kette Hg | HgCl | $PbCl_2$ | Pb fand POLLITZER eine Differenz, die ihn, da die Bildungswärme des Kalomels sehr sicher ist, vermuten ließ, daß der THOMSENsche Wert der Bildungswärme des Bleichlorids (82 700) um einige tausend Kalorien zu klein sei. Daraufhin kontrollierten KOREF und BRAUNE (98b) unter Benutzung einer sehr genauen kalorimetrischen Methode diesen Wert und fanden in der Tat dafür die um 2 870 höhere Zahl 85 570. POLLITZERs aus zweifellos sehr gewichtigen Gründen vorgebrachte Vermutung hat sich also vollkommen bestätigt und die von E. COHEN dagegen vorgebrachten Bedenken haben sich als nicht stichhaltig erwiesen (vgl. Arbeit 98 b S. 196).

2. Benutzung des Wärmesatzes zur Kontrolle experimenteller Arbeiten. Seit langem nimmt man den zweiten Wärmesatz zu Hilfe, um die Genauigkeit der Messungen bei Untersuchung chemischer Gleichgewichte einer unabhängigen Prüfung zu unterziehen; vielleicht in noch höherem Grade ist hierzu häufig der neue Wärmesatz geeignet, was allerdings bisher kaum hinreichend beachtet wurde. Wir wollen daher hier an der Hand einiger Beispiele zeigen, wie dieser Satz schon wiederholt zur Aufdeckung von Ungenauigkeiten oder unrichtigen Deutungen der Beobachtungen geführt hat oder hätte führen können.

Beim Ammoniakgleichgewicht fand ich (1) und (8) bei Benutzung der Näherungsformel eine starke Differenz zwischen dem berechneten Wert und dem von HABER und van OORDT ausgeführten Messungen, die, wenn auch als vorläufig bezeichnet, doch wenigstens eine gewisse Sicherheit zu beanspruchen schienen. Die daraufhin ausgeführte Neubestimmung (vgl. JOST 13) der Gleichgewichtskonstanten ergab, daß der erste Wert ziemlich unrichtig war, und bestätigte hinreichend die mit der Näherungsformel berechneten Werte.

Die Bestimmung des Gleichgewichts der Reaktion $C + CO_2 = 2\,CO$ durch CLEMENT[1] führte zu Werten, die von den älteren Messungen BOUDOUARDs wie den mittels der Näherungsformel berechneten sich entfernen; eine neuere Arbeit von RHEAD und WHEELER[2] bestätigt diese und macht es wahrscheinlich, daß jene durch einen systematischen Fehler entstellt sind.

Ferner sei der Fall der beiden Sulfide des Kupfers erwähnt. Der Dissoziationsdruck des Schwefels über einem Gemisch der beiden kristallisierten Sulfide sollte, nach der Näherungsgleichung berechnet, gleich dem Dampfdruck des festen Schwefels bei derselben Temperatur sein, wenn man die Bildungswärmen THOMSENs der Rechnung zugrunde legt; hingegen fand Frl. WASJUCHNOW (21), daß die Sulfide um etwa 150° höher erwärmt werden mußten, um Druckgleichheit zu erzielen. Es wurden daraufhin die Bildungswärmen einer neuen Bestimmung unterzogen, und in der Tat fand H. v. WARTENBERG (29a), daß die Zahlen THOMSENs um 1300 bzw. 1450 cal. fehlerhaft waren.

Aus THOMSENs Bestimmungen der Bildungswärme des Jodsilbers ließ sich mittels der Näherungsformel ein meßbarer Dissoziationsdruck des Jodes bei mäßig hohen Temperaturen berechnen; NAUMANN (11) fand ihn aber noch bei 600° unmeßbar klein. Auch bei der theoretischen Berechnung der elektromotorischen Kraft der

1 Univ. of Illinois Nr. 30 (1909)

2 Journ. chem. Soc. **97**, 2178 (1910).

Silber-Jod-Kette ergaben sich analoge Differenzen. U. FISCHER fand dann nach drei unabhängigen Methoden der Bildungswärme zu 15 200, 14 800, 15 000, während THOMSEN 13 800 angegeben hatte, wodurch die erwähnten Differenzen zwischen Theorie und Beobachtung beseitigt sind.

In all diesen Fällen hat sich also trotz der anfangs vorhandenen Widersprüche das Theorem und selbst auch die Näherungsformel als zuverlässig erwiesen und zu einer Richtigstellung oder Umdeutung der Beobachtungen geführt.

3. Elektrochemische Anwendungen. Berechnen wir A in g-cal., so erhalten wir bekanntlich für die elektromotorische Kraft

$$E = \frac{A}{n \cdot 23046} \text{ Volt},$$

worin n die Zahl elektrochemischer Äquivalente bezeichnet, die bei der betreffenden Reaktion erforderlich sind.

Handelt es sich um Ketten, in denen nur reine Stoffe vorkommen, so ist die Rechnung ohne weiteres klar, wie wir an mehreren Beispielen oben schon gesehen haben; bei galvanischen Kombinationen, die sich nicht allein aus reinen Stoffen aufbauen, ist es in den meisten Fällen nicht schwierig, sie auf diesen Zustand umzurechnen. Betrachten wir etwa als Beispiel die Kette

$$Pb \mid PbBr_2 \text{ gesättigt in Wasser} \mid Br_2 \mid Pt,$$

so ist der stromliefernde Prozeß durch die Gleichung

$$Pb + Br_2 = PbBr_2$$

gegeben. Hier befinden sich die Substanzen Pb und $PbBr_2$ in reinem Zustande, aber das flüssige Brom löst etwas Wasser. Durch die Aufnahme von Wasser wird nun nach dem Gesetze der relativen Löslichkeitserniedrigung die Löslichkeit heruntergesetzt, und dementsprechend ist auch die elektromotorische Kraft etwas verkleinert; es läßt sich aber nach dem erwähnten Gesetze die Löslichkeit des Broms und somit auch die elektromotorische Kraft auf den Zustand völliger Reinheit dieser Substanz umrechnen.

Handelt es sich um Gasketten, so haben wir die Formeln (75) und (77) zu benutzen und nach bekannten Regeln daraus die elektromotorische Kraft zu berechnen.

Als Beispiel wollen wir die Kraft der Knallgasketten ableiten. Wenn Wasserstoff und Sauerstoff unter dem Druck einer Atmosphäre in der Kette vorhanden sind, so folgt[1]

$$E = \frac{0,0001983T}{4} \log \frac{1}{K'\pi^2},$$

worin π den Wert des Dampfdrucks von Wasser in Atmosphären (= 0,0191 bei $T = 290$) bedeutet und K' nach S. 18 zu berechnen ist. Es folgt so (vgl. S. 20)

$$E = 1{,}2325 \text{ Volt bei } T = 290.$$

Rechnen wir mit der Näherungsformel (92) S. 113, so folgt

$$\log K' = -\frac{115160}{4,571T} + 1,75\log T - 1,2,$$

und hieraus ergibt sich

$$E = 1{,}25 \text{ Volt},$$

also ein viel besserer Wert, als ihn die direkten Messungen ergeben hatten (1,15 Volt, vergl. S. 19). Bei höheren Temperaturen, bei denen der Einfluß der spezifischen Wärmen immer stärker wird, würde die Näherungsformel natürlich erheblich fehlerhafte Werte geben.

Überhaupt scheint zur ersten Orientierung gerade für die Berechnung elektromotorischer Kräfte bei gewöhnlichen Temperaturen die obige so einfach zu handhabende Näherungsformel sehr brauchbar. So sind von BODLÄNDER[2] die Bildungswärmen zahlreicher Jodide und Chloride mit den elektromotorischen Kräften der betreffenden Kombinationen verglichen worden. Dabei ergab sich, daß bei den Jodiden die Unterschiede zwischen beiden Größen nur gering waren; im Sinne unserer Näherungsformeln

$$23\,046E = U_0 - \beta T^2,\ U = U_0 + \beta T^2$$

erklärt sich dies daraus, daß der Einfluß des Koeffizienten β eben nur klein ist und für verschiedene Kombinationen verschiedenes Vorzeichen besitzt. Bei den Chloriden hingegen erzielte BODLÄN-

1 Theor. Chem. S. 770.

2 Zeitschr. physik. Chem. **27**. 55 (1898).

DER im Mittel eine gute Übereinstimmung, wenn er von den Bildungswärmen pro Äquivalent

5 060 cal. = 0,22 Volt

substrahierte. Die obige Betrachtung zeigt, daß, wenn wir auch hier wiederum den immerhin kleinen Koeffizienten β vernachlässigen, der Unterschied zwischen beiden Größen

$$\frac{4,571 \cdot 290(1,75 \log T + 3,2)}{2} = 4971 \text{ cal.} = 0,217 \text{ Volt}$$

beträgt. Der empirische Befund BODLÄNDERS wird also durch unsere Theorie quantitativ erklärt, ähnlich wie S. 122 der empirische Koeffizient der Regel von Le CHANTELIER-MATIGNON eine theoretische Deutung erhielt.

Schließlich ist es einleuchtend, daß, ähnlich wie die Gasgleichgewichte aus thermischen Größen und Dampfspannungen (bzw. den chemischen Konstanten) berechenbar sind, so auch die Elektrodenpotentiale aus thermischen Größen und Löslichkeiten ermittelt werden können.

Zu diesem Zwecke betrachten wir am einfachsten irgendein beliebiges Beispiel, etwa das Element Ag | J_2; bedeuten dann P_1 und P_2 die Lösungstensionen der beiden Elektroden und ist p_0 der osmotische Druck einer an Jodsilber gesättigten wässerigen Lösung, so finden wir die elektromotorische Kraft einmal nach der osmotischen, dann nach der thermodynamischen Theorie:

$$(100) \quad RT \ln \frac{P_1}{p_0} + RT \ln \frac{P_2}{p_0} = \varepsilon_1 - \varepsilon_2 - RT \ln p_0^2 = \frac{U_0 - \beta T^2 - \frac{\gamma}{2} T^3}{23046}.$$

Wir erkennen so, daß es möglich ist, die jeder Elektrode charakteristischen Lösungstensionen (bis auf einen gleichen Faktor) oder die Elektrodenpotentiale ε bis auf eine additive Konstante zu berechnen; die letztere fällt natürlich bei der praktischen Verwendung der Zahlen heraus, weil man die Elektrodenspannung für eine Elektrode willkürlich annehmen, also z. B. für die Wasserstoffelektrode gleich Null setzen kann. Da nun die osmotische Theorie die elektromotorische Kraft beliebiger galvanischer Kombinationen, bei denen verdünnte wässerige Lösungen in Anwendung kommen, zu ermitteln gestattet, so erkennen wir, wie nunmehr diese Theorie durch unsere thermodynamischen Betrachtungen insofern eine Ergänzung erfährt, als auch die Elektrodenpotentiale, die einerseits für eine gegebene Temperatur mit Hilfe der osmotischen Theorie durch je eine mit der betreffenden Elektrode anzustellende Messung zu ermitteln waren, andrerseits einer einfachen theoretischen Berechnung zugänglich gemacht werden; sie sind nämlich aus thermischen Daten und Löslichkeiten abzuleiten.

Man braucht übrigens offenbar für jedes Elektrodenpotential ε nur je ein schwerlösliches Salz; die Löslichkeiten aller übrigen schwerlöslichen Salze sind dann also aus den betreffenden thermischen Daten berechenbar.

Aufgabe der Zukunft wird es sein, von diesen Gesichtspunkten aus das vorhandene Beobachtungsmaterial zu berechnen und neues zu schaffen.

4. Anwendung auf photochemische Nebenreaktionen. Die Anwendung der Quantentheorie auf photochemische Prozesse läßt, worauf EINSTEIN hingewiesen hat, die Beziehung erwarten:

$$N = \frac{Q}{h\nu};$$

darin bedeutet Q die absorbierte Wärme, ν die Schwingungszahl des absorbierten Lichtes und N die Zahl der durch das Licht gespaltenen Moleküle.

Der Prozeß, den man wirklich beobachtet, wird (ähnlich wie bei der Elektrolyse) durch Nebenreaktionen gestört sein; zur Prüfung obiger Formel muß man letztere in Rechnung setzen können.

Dies ist, wie WARBURG in einer sehr wichtigen Arbeit[1] gezeigt hat, unter Umständen durch Anwendung der Näherungsformel möglich. Untersucht wurde die *Photolyse des Bromwasserstoffs* durch ultraviolettes Licht, die nur nach der Gleichung

$$\mathrm{H\,Br} = \mathrm{H} + \mathrm{Br}$$

erfolgen kann; es fragt sich, ob Wasserstoff oder Bromatome auf Bromwasserstoff einzuwirken vermögen.

1 Ber. Berl. Akad. vom 24. Febr. 1916.

Wir setzen (abgerundet):

$H + H = H_2$ . . . . +100 000 cal.

$Br + Br = Br_2$ . . . . + 46 000 cal.

$H_2 + Br_2 = 2\,H\,Br$ . . . . . + 24 000 cal.

Dann berechnet sich leicht:

(a) . . . . . . $H + Br = H\,Br$ . . . . + 85 000 cal.

(b) . . . . . . $Br + H\,Br = Br_2 + H$ . . . – 39 000 cal.

(c) . . . . . . $H + H\,Br = H_2 + Br$ . . . . + 15 000 cal.

Die chemischen Konstanten setzen wir für H und H_2 1,6, für die anderen Moleküle 3,2; dann wird, indem wir die Konzentration von H durch [H] usw. ausdrücken,

$$\log\frac{[Br][HBr]}{[Br_2][H]}=+\frac{39000}{4,57T}+1,6$$

$$\log\frac{[H][HBr]}{[H_2][Br]}=-\frac{15000}{4,57T}.$$

Für T = 290 (Zimmertemperatur) nimmt in obigen Fällen die linke Seite den Wert + 31,1 bzw. – 11,3 an.

Es wirken also die Bromatome auf Bromwasserstoff nicht merklich ein, hingegen müssen Wasserstoffatome mit H Br-Molekülen sich zu Wasserstoffmolekülen und Bromatomen umsetzen.

Die freien Bromatome verschwinden natürlich sehr rasch im Sinne der Gleichung

$$2\,Br = Br_2;$$

wir erhalten also das bereits von WARBURG gefundene Resultat, daß durch die Nebenreaktion die primäre Ausbeute von Brom *verdoppelt wird*, und unter dieser Ausnahme zeigte sich tatsächlich EINSTEINs Gesetz bestätigt.

Dass Wasserstoffatome („naszierender Wasserstoff") Bromwasserstoff zu freiem Brom *oxydieren*, ist übrigens auch rein chemisch ein im ersten Augenblick überraschendes Resultat. –

Zu ebenfalls sehr bemerkenswerten Ergebnissen führt die entsprechende Rechnung in ihrer Anwendung auf die *Photolyse von Chlorknallgas*; der primäre photochemische Prozeß ist hier offenbar in der Reaktion

$$Cl_2 = 2\,Cl$$

zu erblicken; wenigstens wird man nicht andere Hypothesen machen, solange man mit dieser einfachsten Annahme auskommt. Wir haben hier

$$Cl + Cl = Cl_2 \;\ldots\ldots\ldots + 106\,000 \text{ cal.}$$

$$H + H = H_2 \;\ldots\ldots\ldots\ldots + 100\,000 \text{ cal.}$$

$$H_2 + Cl_2 = 2\,H\,Cl \;\ldots\ldots + \;44\,000 \text{ cal.}$$

Daraus folgt

$$\text{(d)} \ldots\ldots H + Cl = H\,Cl \;\ldots\ldots\ldots + 125\,000 \text{ cal.}$$

$$\text{(e)} \ldots\ldots Cl + H_2 = H\,Cl + H \ldots\ldots + \;25\,000 \text{ cal.}$$

$$\text{(f)} \ldots\ldots H + Cl_2 = 2\,H\,Cl + Cl \ldots + \;19\,000 \text{ cal.}$$

Die Anwendung der Näherungsformel auf (e) und (f) lehrt sofort, daß Chloratome mit Wasserstoffmolekülen unter Bildung von Chlorwasserstoff freie Wasserstoffatome lieferten, welch letztere ihrerseits wieder mit Chlormolekülen freie Chloratome, ebenfalls unter Bildung von Chlorwasserstoff, regenerieren; werden also durch das Licht Chlormoleküle gespalten, so ist eine ungeheuer viel größere Ausbeute an Chlorwasserstoff zu erwarten, als der primären Bildung von Chloratomen und somit EINSTEINs Gesetz entspricht. Dies ist nun bekanntlich tatsächlich der Fall, die Ausbeuten sind mehr als millionenmal größer.

Natürlich verschwinden nebenbei sowohl die Wasserstoff- wie die Chloratome im Sinne der drei Gleichungen

$$H + H = H_2$$

$$Cl + Cl = Cl_2$$

$$H + Cl = H\,Cl,$$

so daß nicht etwa eine quantitative Chlorwasserstoffbildung bei einer kleinen Zahl primär gebildeter Chloratome stattfindet. Die Ausbeute an H Cl muß ferner abnehmen, wenn Verunreinigungen zugegen sind, die Chlor- oder Wasseratome wegfangen; in der Tat ist die Photolyse des Chlorknallgases sehr gegen gewisse Verunreinigungen empfindlich.

Wie wir oben sahen, kann die Reaktion

$$Br + H_2 = H\,Br + H$$

nicht merklich stattfinden. Wenn also, wie ebenfalls als einfachste Annahme zunächst festzuhalten ist, die primäre Wirkung des Lichtes auf ein Gemenge von Wasserstoff und Bromdampf in der Spaltung von Brommolekülen besteht, so kann dieselbe nicht zur Bildung merklicher Mengen Bromwasserstoffs führen; dem entspricht in der Tat die bekannte, wie es scheint, praktisch vollkommene Unempfindlichkeit jener Mischung gegen Belichtung, die noch ganz neuerdings Frl. Dr. PUSCH (noch unveröffentlicht) durch besondere Versuche festgestellt hat.

Die weitere Benutzung der durch WARBURG angebahnten Methodik verspricht nicht nur in photochemischer, sondern auch in rein chemischer Hinsicht reiche Ausbeute, letzteres besonders im Hinblick auf Atomreaktionen.

5. Sonstige Anwendungen. Da es nicht Aufgabe dieses Buches sein konnte, alle Anwendungen des Wärmesatzes oder der daraus abgeleiteten Nährungsformel zu behandeln, so wollen wir uns hier mit dem Hinweis auf folgende weitere aus unserm Laboratorium hervorgegangene Untersuchungen begnügen: v. WARTENBERG (6), NERNST (8), PREUNER (9), v. WARTENBERG (10), BODENSTEIN und DUNANT (12), HALLA (14), NERNST (19), WASJUCHNOWA (21), NERNST (25), POLLITZER (26), HORAK (29), BODENSTEIN und KATAYAMA (29b), KOREF (31), NERNST (33), NERNST (42), HOLLAND (45), HALLA (50), v. WARTENBERG (69), HOLLAND (70), WOLFF (90), v. KOHNER (100).

Kapitel XIII.

Theoretische Berechnung chemischer Konstanten

1. Problemstellung. Für einatomige Gase gilt folgende Dampfdruckformel

$$\ln p = -\frac{\lambda_0}{RT} + 2{,}5 \ln T + i; \tag{101}$$

die Verdampfungswärme λ bei der Temperatur T hat den Wert

(102) $$\lambda = \lambda_0 + C_p T = \lambda_0 + 2{,}5\,RT.$$

Dabei wird ein so tiefes Temperaturgebiet vorausgesetzt, daß die spezifische Wärme des Kondensats zu vernachlässigen ist; diese Voraussetzung bedingt keine Beschränkung, sondern dient nur zur Vereinfachung; ist sie nicht erfüllt, so tritt einfach in Formel (102) ein Zusatzglied auf, das natürlich ein entsprechendes Zusatzglied in Formel (101) zur Folge hat.

Unser Wärmesatz lehrt – in Ergänzung der klassischen Thermodynamik, die hierüber gar nichts aussagte –, daß die Integrationskonstante *i* nur von der Natur des betreffenden Gases, nicht von der Beschaffenheit des betreffenden physikalischen oder chemischen Gleichgewichts abhängt.

Es ist klar, daß die Bedeutung von *i* hierdurch gewaltig steigt und es entsteht die Vermutung, daß *i* einer einfachen theoretischen Berechnung zugänglich sein könnte; hierdurch veranlaßt, haben verschiedene Forscher diese Frage in Angriff genommen und dabei ein höchst wichtiges und merkwürdiges Resultat erzielt, indem sich für *i* die Beziehung ergab:

(103) $$i = \ln\frac{(2\pi m)^{\frac{3}{2}} k^{\frac{5}{2}}}{h^3};$$

darin ist $m = \frac{M}{N}$ die Masse des Atoms, $k = \frac{R}{N}$ (N = Anzahl Moleküle pro Mol), h die PLANCKsche Konstante.[1] Gleichung (103) läßt sich auf die Form bringen

(104) $$i = \ln\frac{2\pi m^{\frac{3}{2}} k^{\frac{5}{2}}}{N^{\frac{3}{2}} h^3} + 1{,}5\ln M = i_0 + 1{,}5\ln M,$$

worin i_0 also eine auch von der Natur der Gase unabhängige Konstante bedeutet.

---

1 Wegen der Zahlenwerte vgl. Anhang.

Ehe wir auf diese Theorie eingehen, wollen wir uns die Frage nach der Behandlung zwei- und mehratomiger Gase vorlegen.

Für starre, d. h. hinreichend abgekühlte zweiatomige Gasmoleküle haben wir die Gleichungen

$$C_v = \frac{5}{2} R;\ C_p = \frac{7}{2} R; \tag{105}$$

$$\lambda = \lambda_0' + 3{,}5\ RT; \tag{106}$$

$$\ln p = -\frac{\lambda_0'}{RT} + 3{,}5 \ln T + \iota'. \tag{107}$$

Nun wissen wir aber (S. 61), daß bei zweiatomigen Gasen bei hinreichender Abkühlung die Rotationsenergie verloren geht; d. h. es wird dann, wie bei einatomigen Gasen,

$$C_v = \frac{3}{2} R;\ C_p = \frac{5}{2} R. \tag{108}$$

In diesem Temperaturgebiet gelten also anstatt (106) und (107) dieselben Formeln, wie bei einatomigen Gasen, nämlich (102) und (101); es erübrigt aber noch die Beziehung zwischen λ_0 und λ_0' und zwischen ι und ι' aufzustellen.

Wir setzen allgemein für ein zweiatomiges Gas

$$C_v = \frac{3}{2}R + \frac{dE}{dT};\ C_p = \frac{5}{2}R + \frac{dE}{dT}, \tag{109}$$

worin E den Betrag an rotatorischer Energie bedeuten soll; natürlich gelten diese Gleichungen nur bis zu Temperaturen, bei denen die Energie der inneren Schwingungen zu vernachlässigen ist. Dann wird

$$\lambda = \lambda_0 + \frac{5}{2}RT + E; \tag{110}$$

$$\ln p = -\frac{\lambda_0}{RT} + 2{,}5 \ln T + \frac{1}{R}\int_0^T \frac{E}{T^2}\, dT + i. \tag{111}$$

Diese beiden Gleichungen müssen bei höheren Temperaturen in die Gleichungen (106) und (107) übergehen; wir wollen annehmen, daß bei T' die Gleichungen (110) und (111) mit (106) und (107) praktisch identisch geworden seien, so daß wir setzen können:

(112) $\lambda = \lambda_0 + \frac{5}{2}RT + E_1 + R(T-T') = \lambda_0 + \frac{7}{2}RT + E_1 - RT'$, worin E_1 der Temperatur T' entspricht.

Wenn wir die Gleichung

(112 a) $$\lambda = RT^2 \frac{d\ln p}{dT}$$

mit Hilfe von (112) integrieren wollen, so müssen wir beachten, daß letztere nur oberhalb T' gilt; unterhalb T' haben wir die Beziehung

$$\lambda = \lambda_0 + \frac{5}{2}RT + E.$$

Es wird somit

$$\ln p = -\frac{\lambda_0}{RT} + 2,5 \ln T + \frac{1}{R}\int_0^{T'} \frac{E}{T^2} dT + \frac{1}{R}\int_{T'}^{T} \frac{E_1 + R(T-T')}{T^2} dT + i$$

oder umgeformt

(113) $$\ln p = -\frac{\lambda_0 + E_1 - RT'}{RT} + 3,5 \ln T + \frac{1}{R}\int_0^{T'} \frac{E}{T^2} dT + \frac{E_1}{RT'} - \ln T' - 1 + i$$

Der Vergleich von (113) und (107) lehrt zunächst, daß

$$\lambda_0' = \lambda_0 + E_1 - RT'$$

ist, was man übrigens auch durch direkten Vergleich von (112) und (106) folgern kann; die Integrationskonstante ι' von Formel (107) ergibt sich zu

(114) $$\iota' = \frac{1}{R}\int_0^{T'} \frac{E}{T^2} dT + \frac{E_1}{RT'} - \ln T' - 1 + i;$$

natürlich ist dieser Ausdruck von T' unabhängig, weil diese Temperatur hinreichend hoch, d. h. im Gebiete des für zweiatomige Gase normalen Wertes $C_v = \frac{5}{2}R$, gewählt wurde.

Der etwas abstrakte Charakter obiger Rechnungen wird der Anschauung leichter zugänglich, wenn man mit einer bestimmten Funktion rechnet, etwa, was der Wirklichkeit mindestens nahe kommen dürfte, das Ansteigen der Rotationsenergie mit der Temperatur durch eine EINSTEINsche Funktion ausdrückt; dann läßt sich für die Beziehung zwischen ι und ι' ein einfacher Ausdruck gewinnen. – Wir werden ähnliche Rechnungen noch wiederholt durchzuführen haben.

Für drei- und mehratomige Gase liegen die Verhältnisse so analog, daß wir hier darauf nicht weiter eingehen wollen; kennt man das Gesetz des Anstieges der Rotationsenergie, so läßt sich auch hier das ι' der Gleichung

$$\ln p = -\frac{\lambda_0'}{RT} + 4\ln T + \iota' \tag{115}$$

aus dem entsprechenden i-Wert der Gleichung (101) ableiten.

Wir erkennen also die große Allgemeinheit der Gleichung (101) und somit die große Wichtigkeit, die eine Bestimmung des Wertes von i auf theoretischem Wege besitzen muß.

2. Theoretische Berechnung der Integrationskonstanten der Dampfdruckformel. Die Gleichung (103) wurde ziemlich gleichzeitig von SACKUR[1] und von TETRODE[2] gewonnen; auf die höchst originellen Betrachtungen dieser Forscher kann hier nur verwiesen werden, aber einen von O. STERN[3] betretenen Weg, der ebenfalls zu obiger Gleichung führt, wollen wir hier kurz erläutern.

Der Grundgedanke der STERNschen Berechnung ist folgender. Unser Wärmesatz lehrt, daß i von der Natur des Kondensats, ja sogar von der Natur des betreffenden Gleichgewichts unabhängig ist. Gelingt es daher, ein möglichst einfaches Modell eines Kondensats zu finden, für das wir das Gleichgewicht mit seinem gesättigten Dampfe berechnen können, so ist die Wahrscheinlichkeit sehr groß,

---

1 NERNST-Festschrift, S. 405 (1912); Ann. d. Phys. **40.** 67 (1913).

2 Ann. d. Phys. **38.** 434; **39.** 255 (1912)

3 Physik. Zeitschr. **14.** 629 (1913).

daß der so gewonnene ι-Wert tatsächlich derjenige ist, der auch in allen andern, noch so komplizierten Fällen auftritt.

Obige Wahrscheinlichkeit würde zur Gewißheit werden, wenn wir das betreffende Modell naturgemäß uns gebildet denken, d. h. wenn es wirklich die wesentlichen Eigenschaften eines Kondensats, z. B. eines Kristalls besitzt; davon ist nun allerdings STERNs Modell ziemlich weit entfernt. Aber auch dann wird obige Wahrscheinlichkeit nahezu zur Gewißheit werden, wenn es gelingt, wenigstens in einigen Fällen den sicheren experimentellen Nachweis zu führen, daß der i-Wert des STERNschen Modelles sich bei wirklich gemessenen Gleichgewichten wieder findet; letzteres ist nun durchaus der Fall.

Ich lasse nunmehr, mit einigen geringfügigen Abänderungen, die STERNsche Beschreibung und Begründung seines Modells wie auch die Ableitung der Gleichgewichtsbedingung folgen:

Um eine Dampfdruckformel kinetisch abzuleiten, muß man ein molekularmechanisches Modell konstruieren, das den festen Körper im Gleichgewicht mit seinem Dampf veranschaulicht. Jedes beliebige Modell muß, falls es den Gleichungen der Mechanik gehorcht, bei gleichem ν, λ_0 und Molekulargewicht die gleiche, thermodynamisch berechenbare Temperaturabhängigkeit des Dampfdrucks zeigen. Das hier benutzte Bild ist folgendes. In einem Raum befinden sich Punkte P, welche die Atome mit einer der Entfernung r direkt proportionalen Kraft anziehen. Diese Kraft wirkt jedoch, da die Verdampfungswärme einen endlichen Wert hat, nur bis zu einem bestimmten Abstande s. Die Punkte P sind also von kugeligen Anziehungssphären umgeben, innerhalb deren die Atome als monochromatische Resonatoren schwingen, während sie im übrigen Raum kräftefrei als ideale Gasmoleküle herumfliegen. Hierdurch ist die potentielle Energie der Moleküle in jedem Punkte des Raumes bestimmt und somit nach BOLTZMANNs e-Satz das Verhältnis der Moleküldichten in den Sphären und in dem freien Raume gegeben. Da aber nur das Verhältnis der Dichten bestimmt ist, müssen wir, um die Dampfdichte festzulegen, noch eine spezielle Hypothese über die in den Sphären herrschende Moleküldichte aufstellen. Hier kann man kaum eine andere Annahme machen als die, daß im Mittel in jeder Sphäre sich ein Molekül befindet. Denn wir stellen uns ja vor, daß es auch im wirklichen festen Körper ebensoviel Atome als Gleichgewichtslagen (Punkte P) gibt. Hiermit ist nun die Dampfdichte vollständig bestimmt, und die Berechnung gestaltet sich folgendermaßen. Bezeichnen wir mit n_0 und ψ_0 Moleküldichte und potentielle Energie einer Molekel im freien Raum, mit n_r und ψ_r diese Größen an einem Punkt einer Sphäre, der die Entfernung r von der Gleichgewichtslage P besitzt, so gilt nach BOLTZMANN die Gleichung:

$$n_r : n_0 = e^{-\frac{\psi r}{kT}} : e^{-\frac{\psi}{kT}},$$

oder

$$n_r = n_0 \cdot e^{\frac{\psi_0}{kT}} \cdot e^{-\frac{\psi r}{kT}}.$$

Die Gesamtzahl der in einer Sphäre enthaltenen Molekeln ist:

$$n = \int_0^s n_r \cdot 4\pi r^2 dr = \int_0^s n_0 \cdot e^{\frac{\psi_0}{kT}} \cdot e^{-\frac{\psi r}{kT}} 4\pi r^2 dr = 1$$

nach Voraussetzung. Ist nun die Kraft, mit der die Molekel (Masse m) von dem Sphärenmittelpunkt angezogen wird, durch die Gleichung:

$$m\frac{d^2 r}{dt^2} = -a^2 r$$

bestimmt, so ist die potentielle Energie ψ_r der Molekel im Abstand r gleich $\frac{a^2}{2}r^2$, im freien Raum ψ_0 gleich $\frac{a^2}{2}s^2$. Es folgt also die Gleichung:

$$1 = n_0 e^{\frac{\psi_0}{kT}} 4\pi \int_0^s e^{-\frac{\frac{a^2}{2}r^2}{kT}} r^2 dr .$$

Setzt man $\frac{\frac{a^2}{2}r^2}{kT} = x^2$ und $\frac{\frac{a^2}{2}s^2}{kT} = x_0^2$, so wird:

$$1 = n_0 \cdot e^{\frac{\psi_0}{kT}} 4\pi \left(\frac{kT}{\frac{a^2}{2}} \right)^{\frac{3}{2}} \int_0^{x_0} e^{-x^2} x^2 dx.$$

Es ist also:

$$(116) \qquad p = n_0 kT = \frac{\left(\frac{a^2}{2}\right)^{\frac{3}{2}}}{4\pi (kT)^{\frac{1}{2}}} \cdot e^{-\frac{\psi r}{kT}} \cdot \frac{1}{\int_0^{x_0} e^{-x^2} x^2 dx}.$$

Formel (116) erlaubt also, aus den Eigenschaften des benutzten Modells den Dampfdruck zu berechnen. Die weitere Behandlung der Frage ergibt sich nunmehr sehr einfach.

In Gleichung (116) können wir zunächst

$$e^{\frac{\psi_0}{kT}} = e^{-\frac{N\psi_0}{RT}} e^{-\frac{\lambda_0'}{RT}}$$

und

$$a^2 = m\,(2\pi\nu)^2$$

setzen; sodann handelt es sich um die Auswertung des Integrals, wobei wir die bekannte Rekursionsformel[1]

$$\int e^{-x^2} dx = xe^{-x^2} + 2\int x^2 e^{-x^2} dx$$

benutzen. Nun ist

$$x_0^2 = \frac{\lambda_0'}{RT}$$

im Gebiete kleiner Dampfdrucke, um die es sich ja hier handelt, bei allen bekannten festen Körpern groß gegen 1, es ist als $e^{-x_0^2}$ gegen 1 sehr klein; das gleiche lehrt für das betrachtete Modell die oben aufgestellte Beziehung

1 Vgl. z. B. NERNST und SCHÖNFLIESS, Mathem. Behandl. d. Naturw. 7. Aufl., S. 353.

$$\frac{n_r}{n_0} = \frac{e^{\frac{\psi_0}{kT}}}{e^{\frac{\psi_r}{kT}}},$$

indem einerseits $\frac{n_r}{n_0}$ eine große Zahl sein muß, andererseits $e^{\frac{\psi_r}{kT}}$ auch bei beliebig kleinen ψ_r nicht kleiner als 1 sein kann. Dann aber können wir setzen

$$\int_0^{x_0} e^{-x^2} x^2 dx = -\frac{1}{2}[xe^{-x^2}]_0^\infty + \frac{1}{2}\int_0^\infty e^{-x^2} dx = \frac{\sqrt{\pi}}{4} .$$

Somit geht nach Einsetzung obiger Beziehungen und Logarithmierung Formel (116) über in

(117) $$\ln p = -\frac{\lambda_0'}{RT} - 0,5 \ln T + \ln \frac{(2\pi m)^{\frac{3}{2}} \nu^3}{k^{\frac{1}{2}}} .$$

Die vorstehende Dampfdruckformel beruht, was durchaus zu beachten ist, auf der klassischen kinetischen Theorie, bei ihrer Herleitung wurden keinerlei quantentheoretische Sätze zu Hilfe genommen; sie gilt demgemäß für einen festen Körper, der dem Gesetze von DULONG-PETIT ($C_V = 3\,R$) streng gehorcht und bei dem ein Unterschied zwischen C_p und C_υ nicht besteht (vgl. S. 127), der als keine thermische Ausdehnung zeigt.

Gleichung (117) hätte man also bereits vor Aufstellung der Quantentheorie gewinnen können, aber sie hätte, obwohl an sich äußerst bemerkenswert, praktisch kaum genützt, weil vor Aufstellung unseres Wärmesatzes kein Grund vorlag, dem letzten Gliede vorstehender Gleichung eine allgemeine Bedeutung zuzuschreiben.

Nunmehr wenden wir auf den festen Körper insofern die Quantentheorie an, als wir schließen, daß bei tieferen Temperaturen C_0 abnimmt, und zwar, da er aus lauter monochromatischen Resonatoren von der Schwingungszahl ν besteht, im Sinne der EINSTEINschen Formel (S. 120).

Dann liefert uns die klassische Thermodynamik die Beziehungen:

(118) $$\lambda = \lambda_0 + 2{,}5RT - 3R\frac{\beta\nu}{e^{\frac{\beta\nu}{T}} - 1},$$

(119) $$\ln p = -\frac{\lambda_0}{RT} + 2{,}5\ln T + 3\ln\left(e^{\frac{\beta\nu}{T}} - 1\right) - 3\frac{\beta\nu}{T} + i;$$

die letztere Gleichung ergibt sich durch Integration der Gleichung (112 a) unter Benutzung der Formeln (51) bis (53) Kapitel VIII.

Gehen wir zu höheren Temperaturen über, so muß Gleichung (119) in (117) übergehen; in der Tat, beachten wir, daß für hohe Temperatur $\ln\left(e^{\frac{\beta\nu}{T}} - 1\right)$ in $\ln\frac{\beta\nu}{T}$ übergeht, so nimmt (119) die Form an:

(120) $$\ln p = -\frac{\lambda_0 + 3\beta\nu}{RT} - 0{,}5T + 3\ln\beta\nu + i.$$

Die Gleichungen (120) und (117) werden also identisch, wenn wir setzen

$$\lambda_0' = \lambda_0 + 3\beta\nu$$

$$3\ln\beta\nu + i = \ln\frac{(2\pi m)^{\frac{1}{2}}\nu^3}{k^{\frac{1}{2}}}.$$

Die letztere Beziehung liefert aber $\left(\beta = \frac{h}{k}\right)$

(103) $$i = \ln\frac{(2\pi m)^{\frac{3}{2}}k^{\frac{5}{2}}}{h^3},$$

wie oben (S. 171) bereits angegeben.

Auf gewisse Bedenken gegen obige Herleitung, die also (im Gegensatz zu SACKURs Theorie) auf das Gas selber keinerlei quantentheoretische Überlegungen anwendet, wollen wir hier nicht eingehen; z. T. sind sie durch eine analoge, aber sehr verallgemeinerte Ableitung beseitigt, die 1915 TETRODE[1] veröffentlichte. Eine große Stütze findet der STERNsche Beweis in seinem Endergebnis Formel (103), die von äußerstem Interesse ist und in der keinerlei Besonderheiten des betrachteten Modells vorkommen, und mehr noch natürlich in seiner experimentellen Bestätigung, die geradezu schlagend ist und auf die wir nunmehr eingehen wollen.

3. Experimentelle Prüfung. Rechnungen mehr provisorischen Charakters zur Prüfung von Formel (103) haben bereits SACKUR (l. c.) und TRETODE (l. c.) angestellt; bei der großen Wichtigkeit der ganzen Frage habe ich mich, von meinen Mitarbeitern unterstützt, um die Ergänzung und kritische Sichtung des vorhandenen Beobachtungsmaterials bemüht.

Zurzeit kommen nur solche *Gleichgewichte* behufs Prüfung von Formel (103) in Betracht, die sich auf einatomige oder solche Gase beziehen, die durch Abkühlung sich in den „thermisch einatomigen“ Zustand haben bringen lassen; bisher ist dies bekanntlich nur für Wasserstoff (S. 60) möglich gewesen.

Hinreichendes experimentelles Material liegt außer für Wasserstoff zurzeit nur noch für Quecksilber und Argon vor.

Quecksilber. Als Reaktion betrachten wir Verdampfung flüssigen und festen Quecksilbers, dessen Atomwärmen gut bekannt sind. Die Verdampfungswärme beträgt bei 358° nach KURBATOFF[2] pro Mol 13 600. Unter der Annahme, daß die Gasgesetze für Quecksilberdampf bis zum Siedepunkt gelten, und mit Benutzung der von dem gleichen Beobachter bestimmten mittleren spezifischen Wärme des flüssigen Quecksilbers berechnet sich die Verdampfungswärme bei 21° zu

$$\lambda_{21^\circ} = 13\,600 + 2\,528 - 337 \cdot 4{,}963 = 14\,455;$$

wir werden aber sehen, daß dieser Wert um etwa 2% zu klein ist. Die Abweichung des gesättigten Quecksilberdampfes vom idealen Gas-

1 Akad. Amsterdam vom 27. Febr. 1915.

2 Zeitschr. f. physik. Chemie **43.** 107 (103).

zustande verkleinert übrigens seine spezifische Wärme (vgl. weiter unten) und erhöht daher λ_{21° nach roher Schätzung um etwa 80 cal. Wenn der noch verbleibende Fehler angesichts der immerhin diffizilen Messung auch unbeträchtlich erscheint, so reicht er aus, um das von uns zu berechnende Resultat stark zu entstellen.

Zum Glück liegen für Quecksilber eine Reihe guter Dampfdruckmessungen vor, deren Gesamtheit uns die Verdampfungswärme wohl auf ein Promille genau liefert. Beschränken wir uns auf Drucke, die einige zehntel Atmosphären nicht übersteigen, so dürfen wir die Gleichung nach CLAUSIUS-CLAPEYRON

$$\lambda = T\frac{dp}{dT}(v-v')$$

in der Form[1]

$$\lambda = 4,571T^2\frac{d\log p}{dT} = 4,571\frac{T_1T_2}{T_2-T_1}\log\frac{p_1}{p_2}$$

verwenden.

Die Atomwärme des Dampfes bei konstantem Druck beträgt 4,963, diejenige des flüssigen Quecksilbers[2] dürfen wir im Intervall von − 34° bis + 260° hinreichend nahe konstant, und zwar 6,64 setzen; es gilt also für unsere Zwecke hinreichend genau

$$\lambda = \lambda_0 - 1,68\ T,$$

und daher, wie schon HERTZ fand,

(120a) $$\log p = -\frac{A}{T} - 0,847\log T + B\ ;$$

natürlich gilt diese Gleichung nur in dem oben erwähnten Temperaturgebiet. Dass also B und die von uns gesuchte Integrationskonstante nichts miteinander zu tun haben, sei nur der Vollständigkeit willen erwähnt.

---

1 Vgl. z. B. NERNST, Theor. Chemie S. 61; $T_2 - T_1$ muß natürlich klein gegen T_1 und T_2 sein.

2 Vgl. die Zusammenstellung in den Tabellen LANDOLT-BÖRNSTEIN S. 761 (1912); die Zunahme, die POLLITZER unmittelbar oberhalb des Schmelzpunktes fand, kann das Ergebnis nur unmerklich beeinflussen.

Für

$$A = \frac{\lambda_0}{4,571}$$

leitete HERTZ aus seinen im Gebiet von 90 bis 200° angestellten Messungen die Zahl 3 342 ab, während KNUDSEN zwischen 0 und 50° den damit identischen Wert 3 342,26 findet. Die Integrationskonstante B findet KNUDSEN[1] unbedeutend kleiner; es ist dies so zu deuten, daß entweder die Messungen von HERTZ um 2 bis 3% im Mittel zu hoch, oder diejenigen KNUDSENs (was weniger wahrscheinlich ist) um den gleichen Betrag zu niedrig ausgefallen sind. Die Verdampfungswärme λ_0, deren Wert ja nur vom Druckverhältnis bei verschiedenen Temperaturen abhängt, bekommt also bei beiden Beobachtern einen identischen Wert.

Einen recht guten Wert der Verdampfungswärme liefert auch die Beobachtungsreihe PFAUNDLERs (vgl. KNUDSEN, l. c.), während die Zahlen MORLEYs (vgl. ibid.) einen ganz abweichenden Gang zeigen und offenbar für die Bestimmung der Verdampfungswärme angesichts der überaus großen Abweichung von KNUDSEN und HERTZ gar nicht in Betracht kommen können.

Dass speziell die Zahlen KNUDSENs sehr sicher sind, geht auch aus folgender Prüfung hervor. Bei der Berechnung der, wie wir wissen, recht guten, bei Temperaturen oberhalb 220° von RAMSAY und YOUNG gewonnenen Zahlen findet KNUDSEN, daß seine Formel im Intervall 220 bis 280° um 1 bis 2% größere Drucke gibt; würde man also KNUDSENs Zahlen bei 0° mit den Zahlen von RAMSAY und YOUNG im obigen Temperaturgebiete, woselbst wir die Gasgesetze (es handelt sich um Drucke unter 0,2 Atm.) noch als streng gültig annehmen können, kombinieren, so würde sich die Verdampfungswärme nur um 1 bis 2 Promille kleiner ergeben. Nun lehrt aber die Zusammenstellung von A. GEBHARDT[2], daß in diesem Temperaturgebiet sowohl seine neueren Messungen wie diejenigen JEWETTs um einige Prozente höhere Zahlen liefern, als von RAMSAY und

1 Anm. d. Physik [4] **29.** 179 (1909)

2 Verhandl. d. Deutsch. physik. Ges. 1905, S. 186.

YOUNG gemessen; der wahrscheinlichste Mittelwert befindet sich also in völliger Übereinstimmung mit KNUDSENs Messungen.

Unter diesen Umständen wird man der aus den Beobachtungen von HERTZ und von KNUDSEN abgeleiteten Verdampfungswärme wohl eine Genauigkeit von mindestens 1 Promille zugestehen müssen. Es folgt

$$\lambda = 15\,277 - 1{,}68\ T$$

(gültig von $-32°$ bis $+260°$).

Beim Schmelzpunkt ($T = 234{,}4$) beträgt hiernach die Verdampfungswärme 14 884; für das feste Quecksilber also 14 884 + 555 = 15 439, wo 555 die von POLLITZER bestimmte und von KOREF[1] nach einer ganz anderen Methode bestätigte Schmelzwärme des Quecksilbers bedeutet. Für den absoluten Nullpunkt folgt die Verdampfungswärme des festen Quecksilbers:

$$\lambda_0 = 15\,439 - 234{,}4 \cdot 4{,}963 + \int_0^{234,4} c dT. \tag{120b}$$

Die Atomwärme des festen Quecksilbers ist nach den beiden in unserem Laboratorium ausgearbeiteten Methoden von KOREF (l. c.) und dann bis 31° abs. von POLLITZER (46) gemessen worden; KOREFs Zahl paßt vollkommen in POLLITZERs Beobachtungsreihe hinein. POLLITZER stellte die vorhandenen Messungen durch die Formel von LINDEMANN und mir ($\beta\nu = 97$) plus einem kleinen Zusatzglied ($= C_p - C_v$) dar. Wir wissen jetzt, daß, wenn der Unterschied auch nur sehr gering ist, doch die Funktion von DEBYE vorzuziehen ist. Man überzeugt sich leicht, daß bei Verwendung dieser Funktion

$$c = f\left(\frac{96}{T}\right) + 21 \cdot 10^{-5} T^{\frac{3}{2}}$$

zu setzen ist; der $\beta\nu$-Wert obiger Formel dürfte kaum einen Fehler von 1° enthalten.

1 Ann. d. Physik [4] 56 (1911).

Unter Benutzung der von mir berechneten Tabelle[1] findet sich der Wert des Integrals in Gleichung (120b) zu 1252, und so folgt

$$\lambda_0 = 15\,528.$$

Für den Dampfdruck einatomiger Gase gilt allgemein (vgl. 101)

$$\ln p = -\frac{\lambda_0}{RT} + 2,5 \ln T - \frac{1}{R}\int_0^T \frac{E}{T^2} dT + \iota \tag{121}$$

oder nach Einführung gewöhnlicher Logarithmen und Einsetzen der Zahlenkoeffizienten

$$\log p = -\frac{\lambda_0}{4,571\,T} + 2,5 \log T - \frac{1}{4,57}\int_0^T \frac{E}{T} dT + C, \tag{122}$$

worin also

$$\iota = 2,303\ C. \tag{123}$$

Wenn wir zur Berechnung von C vorstehende Formel auf den Schmelzpunkt anwenden, so bedeutet p den Dampfdruck beim Tripelpunkt; es folgt aus Gleichung (120a), wenn wir p in Atmosphären zählen,

$$\log p = -8,574\ (T = 234,4);$$

das Integral der Gleichung (122) folgt, ebenfalls unter Benutzung der von mir berechneten Tabellen, zu

$$\frac{8,186}{4,57} + \frac{0,188}{4,57} = 1,832,$$

und so wird Gleichung (122) in unserem Falle

$$-8,574 = -14,493 + 5,925 - 1,832 + C$$

oder

$$C = 1,83 \pm 0,03.$$

Was die Sicherheit dieser Zahl anlangt, so wird der Wert auf der linken Seite obiger Gleichung und der erste Wert auf der rechten Seite Fehler im Betrag von 0,01 bis 0,02 kaum enthalten; der zweite Wert der rechten Seite ist an sich fehlerfrei; was schließlich den dritten Wert anlangt, so würde ein Fehler von $\beta\nu$ im Betrage von 1° C

1 Ber. Berl. Akad. vom 12. Dez. 1912; vgl. auch Anhang.

um 0,01 ändern; in Summa ist also ein größerer Fehler als 0,03 kaum anzunehmen.

Es wird wohl einige Zeit vergehen, bis für einen zweiten Fall alle Elemente der Rechnung in gleicher Vollkommenheit vorliegen werden, wie im vorliegenden; vielleicht trägt die obige Darlegung dazu bei, daß eine zielbewußte Forschung hier reichlicher einsetzt.

Argon. Die Verdampfungswärme beim Siedepunkt, die Schmelzwärme und die spezifischen Wärmen des festen Argons bis herab zu $T = 17{,}8$ finden sich in einer kürzlich von EUCKEN (105) veröffentlichten Arbeit; die Dampfdrucke des festen und flüssigen Argons sind von TRAVERS und neuerdings eingehender von CROMMELIN[1] bestimmt worden.

Die Dampfdrucke, mit denen wir zu rechnen haben werden, liegen im Gebiete von 0,3 bis 1,2 Atm.; angesichts der tiefen Temperaturen und der damit verbundenen relativ hohen molaren Konzentration dürfen wir die Gültigkeit der Gasgesetze nicht mehr als hinreichend erfüllt annehmen.

Um die betreffenden Korrektionen anbringen zu können, wollen wir uns der Zustansgleichung von DANIEL BERTHELOT[2] bedienen; auch wenn dieselbe bei Temperaturen, die erheblich unter der kritischen liegen, vielleicht nicht sehr genau mehr zutrifft, so kommen wir der Wahrheit doch wohl erheblich näher, wenn wir die betreffenden (immerhin nur mäßigen) Korrektionen anbringen, als wenn wir einfach mit den Gasgesetzen rechnen, und sicherlich erhalten wir einen Überblick über die Größe der durch die Abweichung von den Gasgesetzen bedingten Unsicherheit.

Die Atomwärme des flüssigen Argons in der Nähe des Siedepunkts fand EUCKEN konstant zu 10,5, der Temperaturkoeffizient der Verdampfungswärme würde als $10{,}5 - 5{,}0 = 5{,}5$ cal. betragen, wenn für das gasförmige Argon die Gasgesetze gelten würden. In Wirklichkeit wird die Atomwärme des gesättigten Argondampfes

1 Communications Leiden, Nr. 138 (1913) u. Nr. 140 (1914).

2 Vgl. meine Theoret. Chemie S. 242. Eine erneute Prüfung dieser Gleichung, speziell für gesättigte Dämpfe, hat soeben auf meine Veranlassung Herr SCHIMANK (104) durchgeführt und ihre Brauchbarkeit dargelegt.

verringert, weil bei der Zunahme der Dichte des Dampfes mit der Temperatur der bekannte Jouleeffekt unvollkommener Gase eintritt. Derselbe berechnet sich nach BERTHELOT zu

$$cdT = \frac{27}{32}\left(\frac{\vartheta_0}{T}\right)^2 1{,}985\frac{dp}{\pi_0}\vartheta_0\,. \tag{124}$$

Die kritische Temperatur beträgt $\vartheta_0 = 150{,}7$, der kritische Druck $\pi_0 = 48$ Atm.; aus vorstehender Gleichung berechnet sich für das Temperaturgebiet von 87,25° (Siedepunkt) bis 83,79° (Schmelzpunkt), woselbst der Dampfdruck um 0,1 Atm. pro Grad steigt, daß der gesättigte Dampf des Argons wegen seiner Ausdehnung pro Grad und Mol 1,6 cal. verschluckt, daß also die Verdampfungswärme um 5,5 + 1,6 = 7,1 cal. pro Grad abnehmen muß.

EUCKEN fand für den Siedepunkt eine Verdampfungswärme von 1500 cal.; beim Schmelzpunkt beträgt sie also 1525 cal. – Die Schmelzwärme fand EUCKEN zu 268 cal., so daß wir die Verdampfungswärme des festen Argons beim Schmelzpunkt gleich 1793 cal. finden.

Da es nun w. u. auf die Schmelzwärme besonders ankommen wird, so wollen wir zur Kontrolle diesen Wert mit Hilfe der Formel von RATNOWSKY[1]

$$\rho = 3R\frac{a-1}{a}\beta\nu + 3RT_s\ln a$$

berechnen, worin bei einatomigen Stoffen $a = 1{,}33$ zu setzen ist; es berechnet sich daraus ($\beta\nu = 85$) $\rho\rho = 270$, also in völliger Bestätigung von EUCKENs Zahl. – Für Quecksilber berechnet sich 573 (anstatt 555); in der Tabelle RATNOWSKYs erklärt sich die Abweichung, die letztere Substanz zeigt, daraus, daß daselbst für $\beta\nu$ 61 anstatt 96 eingesetzt ist. Die von RATNOWSKY aufgedeckten Regelmäßigkeiten geben uns also eine weitere dankenswerte Bestätigung dieser Messungen.

1 Verhandl. d. Deutsch. physik. Ges. 1914, S. 1033.

Die Verdampfungswärme des flüssigen Argons läßt sich aus den Zahlen CROMMELINs unter Benutzung der Formel von D. BERTHELOT

$$pv = RT\left(1 + \frac{p}{\pi_0} \cdot \frac{9}{128}\tau(1 - 6\tau^2)\right)$$

ableiten, indem Gleichung (1) dadurch in

$$\lambda = 4,571 T^2 \frac{d\log p}{dT}\left(1 + \frac{p}{\pi_0} \cdot \frac{9}{128}\tau(1 - 6\tau^2) - \frac{v'}{v}\right)$$

übergeht; v' beträgt für flüssiges Argon 0,03 L., v kann, da es sich nur um eine kleine Korrektion handelt, aus den Gasgesetzen berechnet werden.

Es ergibt sich so (Näheres vgl. NERNST 103) für die Verdampfungswärme des festen Argons beim Schmelzpunkt

$$\lambda = 1616\,(1 - 0,039) + 268 = 1821,$$

während, allerdings mit einer gewissen Unsicherheit, weil CROMMELINs erste Zahlreihe stark, die zweite sicherlich merklich durch eine Fehlerquelle (Beimengung von Neon oder einem andern leichtflüchtigen Gase zum festen Argon?) entstellt ist, aus den Dampfdruckmessungen am festen Argon für die gleiche Temperatur 1819 zu folgern ist.

Wir besitzen somit folgende Werte für die Verdampfungswärme des festen Argons beim Schmelzpunkt (83,8°):

	cal.
Kalorimetrische Messung von EUCKEN	1 793
Dampfdruckkurve des flüssigen Argons nach CROMMELIN und EUCKENs Schmelzwärme	1 821
Dampfdruckkurve des festen Argons nach CROMMELIN	1 819.

Dazu ist noch folgendes zu bemerken: EUCKENs Verdampfungswärme beim Siedepunkt bezieht sich, wie er selber betont (l. c., S. 16), wahrscheinlich in Wirklichkeit auf eine etwas höhere Temperatur, d. h. die erste Zahl ist wahrscheinlich etwas zu klein. Derselbe Fehler ferner, der CROMMELINs Messungen am festen Argon bei tiefen Temperaturen entstellt hat, dürfte, wenn auch wohl nur in geringem Grade, auch bei höheren Temperaturen in gleichem Sinne gewirkt haben, wodurch der letzte Wert obiger Zusammenstellung ebenfalls zu klein ausgefallen sein dürfte; am zuverlässigsten erscheint zweifellos die mittlere Zahl. Es ist daher angemessen, nicht einfach das Mittel zu nehmen; als wahrscheinlichster Wert dürfte (wahrscheinlich etwas zu klein) 1817 anzunehmen sein.

Für die EUCKENsche Atomwärme des festen Argons gilt die Gleichung

$$C_p = f\left(\frac{85}{T}\right) + 0{,}00034T^2 \qquad ,$$

worin wiederum, wie oben, die DEBYEsche Funktion einzusetzen ist. Der Energieinhalt des festen Argons beim Schmelzpunkt folgt

$$E = \int_0^{83,8} C_p dT = 334 + 79 = 413,$$

und somit ergibt sich

$$\lambda_0 = 1817 + 413 - 83{,}8 \cdot 4{,}963 + 11 = 1825,$$

worin der Wert 11 nach Gleichung (124) der Änderung der inneren Energie des gesättigten Dampfes Rechnung trägt.

Wir können nunmehr Gleichung (122) auf eine beliebige Temperatur anwenden, für die der Dampfdruck p des festen Argons bekannt ist; wir wählten $T = 78{,}5$, weil in diesem Temperaturgebiet CROMELLINs Messungen offenbar noch nicht merklich durch die erwähnte Fehlerquelle entstellt sind und andererseits die Gasgesetze bereits hinreichreichend für den gesättigten Dampf gelten; für diese Temperatur ist $\log p = -0{,}496$. Es folgt somit, genau wie oben:

$$-0{,}496 = -5{,}087 + 4{,}740 - 0{,}900 + C;$$
$$C = 0{,}75 \pm 0{,}06.$$

Die Unsicherheiten sind beim Argon zweifellos merklich größer als beim Quecksilber, insbesondere kann die Verdampfungswärme um etwa 1% fehlerhaft sein; von den übrigen Summanden wird wohl nur der Wert 0,900 gewisse Unsicherheiten aufweisen, die wir auf ±0,02 schätzen können, so daß als maximaler, d. h. bereits recht unwahrscheinlicher Fehler ±0,06 sich ergibt. Weitere Dampfdruckmessungen an festem Argon von äußerster Reinheit bei tiefen Temperaturen sind erwünscht.

Wasserstoff. Die spezifische Wärme des festen Wasserstoffs ist nicht bekannt, aber auf Umwegen, durch Benutzung der Reaktion

$$Hg + H_2O = HgO + H_2$$

gelang es VON KOHNER und WINTERNITZ (98), eine recht zuverlässige Berechnung durchzuführen. Da es sich hier um ziemlich umständliche Rechnungen handelte und die Möglichkeit eines Rechenfehlers natürlich nicht ausgeschlossen war, so hat auf meinen Wunsch Frl. MIETHING den rein numerischen Teil der Arbeit kontrolliert und dabei, wie zu erwarten, lediglich die Richtigkeit der Rechnung bestätigen können.

Aber in theoretischer Hinsicht stieß Frl. LANGEN, die mit weiteren derartigen Rechnungen beschäftigt ist, auf ein praktisch übrigens fast belangsloses Versehen. Bei Auswertung des Integrals

$$\int_0^{273,1} \frac{E}{T^2} dT$$

für Quecksilber wurden nämlich nur die spezifischen Wärmen im festen und flüssigen Zustande, nicht aber die Schmelzwärme berücksichtigt. Bei $T = 234{,}4$ tritt aber zu E die Schmelzwärme hinzu, so daß also der für obiges Integral gefundene Wert von 2,065 um

$$\frac{1}{4,6} \int_0^{273,1} \frac{555}{T^2} dT = 0,073$$

zu erhöhen ist, somit auf 2,138 ansteigt.

Die von KOHNER und WINTERNITZ gegebene Endsummation

$$-34{,}46 = -38{,}21 + 6{,}19 + 1{,}92 - 1{,}00 - 2{,}06 + C;$$
$$C = -1{,}30 \pm 0{,}15$$

führt also nunmehr, nach Anbringung obiger Korrektion, zu dem wenig verschiedenen Endwerte

$$C = -1{,}23 \pm 0{,}15.$$

Im übrigen haben die Autoren, wie mir scheint, die Fehlergrenzen durchaus sachgemäß diskutiert; wenn dieselben, wie ein Blick auf die Endsummation lehrt, auch erheblich sein können, so weisen die Autoren doch mit Recht darauf hin, daß andererseits die Differenz der beiden Hauptsummanden ziemlich gut bekannt ist. Das Endresultat verdient daher volles Vertrauen.

Jod. Von STERN[1] wurde eine ähnliche Rechnung für Joddampf durchgeführt, indem aus der bei hohen Temperaturen gemessenen Dissoziation die Konzentration der Jodatome im gesättigten Dampfe des festen Jods ermittelt und nunmehr Formel (122) angewendet wurde. Es ergab sich so eine ziemlich beträchtliche Abweichung (0,83) von dem durch Gleichung (103) geforderten theoretischen Werte; zum Teil konnte ich dieselbe dadurch erklären, daß durch das S. 45 besprochene Umwandlungsphänomen mein bei den tiefsten Temperaturen angestellten Messungen der Atomwärme des festen Jods merklich entstellt waren, und zwar sinkt die obige Differenz unter Benutzung von GÜNTHERs, ebenfalls provisorischen, Zahlen auf 0,57. Eine Diskussion des weiteren vorliegenden Beobachtungsmaterials lehrt ferner, daß die noch verbleibende Differenz wohl innerhalb der Beobachtungsfehler liegt (vgl. darüber NERNST 103). Jedenfalls aber wären zur weiteren Klärung der Frage in erster Linie neue Messungen der spezifischen Wärme verdünnten Joddampfes und ferner solche der Dampfspannung des festen Jods in einem größeren Temperaturintervall erwünscht; einfacher aber würde es jedenfalls sein, wenn man die Dissoziationsspannung eines festen Jodids bei höheren Temperaturen, woselbst der Dampf weitgehend dissoziiert sein würde, über ein größeres Temperaturintervall messen könnte.

Zusammenfassung. In folgender Tabelle sind die bisherigen zuverlässigen Resultate zusammengestellt:

	C	M	C_0
H_2	$-1{,}23 \pm 0{,}15$	2,016	$-1{,}69 \pm 0{,}15$
A	$0{,}75 \pm 0{,}06$	39,88	$-1{,}65 \pm 0{,}06$
Hg	$1{,}83 \pm 0{,}03$	200,6	$-1{,}62 \pm 0{,}03$

Wie wir im folgenden Kapitel sehen werden, führen alle bisherigen Theorien übereinstimmend zu dem Ergebnis, daß

1 Ann. d. Physik [4] **44.** 497 (1914).

$$C = C_0 + 1{,}5 \log M$$

zu setzen ist, worin M das Molgewicht des betreffenden Gases bedeutet. In der letzten Spalte ist C_0 berechnet; wie leicht zu ersehen, lassen sich alle Ergebnisse durch den Wert:

$$C_0 = -1{,}62 \pm 0{,}03$$

befriedigen, d. h. es liegt diese Zahl innerhalb der jeweiligen Fehlergrenzen.

Es sei hier noch einmal daran erinnert, daß die angegebenen Fehlergrenzen nicht etwa den wahrscheinlichen Fehler bedeuten, sondern vielmehr auf einer vorsichtigen Schätzung der vorhandenen Unsicherheiten beruhen und angeben, welcher maximale Fehler im ungünstigsten Falle anzunehmen ist. Es folgt also darauf, daß alle Theorien, die zu C_0-Werten führen, die merklich außerhalb der Werte $-1{,}59$ bis $-1{,}65$ liegen, als unvollkommen oder widerlegt anzusehen sind.

Nach Formel (103) ist

$$C = \frac{i}{2{,}303} = \log \frac{(2\pi m)^{\frac{3}{2}} k^{\frac{5}{2}}}{h^3}$$

oder, nach Einsetzung der Zahlenwerte (vgl. Anhang) und Eliminierung von m durch die Gleichung

$$M = Nm$$

(M Molekulargewicht)

(125) $\qquad C = C_0 + 1{,}5 \log M = -1{,}608 + 1{,}5 \log M.$

Die obige Tabelle, aus der wir als wahrscheinlichsten Wert $C_0 = -1{,}62$ erschlossen, ist also eine, wie man wohl angesichts der Schwierigkeit der experimentellen Prüfung sagen kann, unerwartet glänzende Bestätigung der SACKUR-TETRODEschen Formel; insbesondere ist beim Quecksilber, bei dem weitaus die genauesten Daten vorliegen, die Übereinstimmung vollkommen.

Ein merkwürdiges, aber nach der neueren Entwicklung der Physik nicht mehr überraschendes Ergebnis der in diesem Kapitel besprochenen Forschungsergebnisse theoretischer wie experimenteller Art besteht offenbar darin, daß die Berechnung von Dampfdruckkurven und von chemischen Gleichgewichten, an denen Gase teilnehmen, außer durch thermische Daten wesentlich auch durch die PLANCKsche Konstante *h*, d. h. durch eine Größe, die ursprünglich durch Strahlungsmessungen bestimmt wurde, ermöglicht wird.

Was aber für die in diesem Buche zu behandelnden Fragen das Wichtigste ist, so können wir feststellen, daß der experimentelle Nachweis, wonach die an einem ziemlich fragwürdigen mechanischen Modell eines festen Körpers erschlossene molekulartheoretische Formel – Berechnung der thermodynamisch unbestimmten Integrationskonstanten – tatsächlich eine allgemeine Bedeutung besitzt, einen neuen starken Beweis für die logische Kraft unseres Wärmesatzes bildet.

4. Weitere Anwendungen. Es ist klar, daß man nunmehr mit Hilfe der theoretisch, wie es scheint, vollkommen sicher bestimmten chemischen Konstanten weitere Gleichgewichte, speziell auch solche chemischer Natur, berechnen kann. Für die praktische Anwendung stoßen wir aber auf die Schwierigkeit, daß der Verlust der Rotationsenergie mehratomiger Moleküle uns bisher nur beim Wasserstoff bekannt ist, womit außer der Reaktion

$$H + H = H_2$$

zurzeit alle sonstigen chemischen Prozesse wegfallen.

Auf diesen speziellen Fall hat ISNARDI (102 a) den Wärmesatz unter Benutzung der theoretischen chemischen Konstanten angewendet und ist dabei unter Benutzung eines von LANGMUIR gemessenen Dissoziationsgrades zu einem Werte von nahe 100 000 cal. für die Dissoziationswärme (reduziert auf den absoluten Nullpunkt) gelangt; nahestehende Werte fand übrigens gleichzeitig und unabhängig LANGMUIR[1] bei einer Neuberechnung seiner Messungen vom Standpunkte des zweiten Wärmesatzes aus. Dies Resultat ist von großer Wichtigkeit, denn es ist mit der Forderung, daß nach dem von BOHR aufgestellten und von DEBYE mit so viel Erfolg weiter benutzten Modell des zweiatomigen Wasserstoffs jene Wärmeentwicklung 60 000 cal. betragen soll,[2] unvereinbar; vermutlich

1 Zeitschr. f. Elektrochem. **23.** 217 (1917).

2 Vgl. darüber BOHR, Phil. Mag. 1913 S. 863.

sind im Sinne meiner Ausführungen (108) noch weitere Nullpunktenergien bei den Modellen des zweiatomigen und einatomigen Wasserstoffs zu berücksichtigen.

Würde die Wärmeentwicklung beim Zusammentritt zweier Wasserstoffatome so klein sein, wie es das BOHRsche Modell verlangt, so hätten sich, wie übrigens bereits schon die S. 113 abgeleitete Nährungsformel (92) mit Sicherheit erkennen läßt, auch bei den Versuchen PIER's und seiner Nachfolger (S. 15) deutliche Anzeichen von Dissoziation erkennen lassen müssen; der Wert 60 000 cal. ist also als widerlegt anzusehen.

Bei andern Gasen kenne wir den Abfall der Rotationsenergie zurzeit nicht und wir können daher nur so verfahren, daß wir für jedes Gas durch Berechnung eines beliebigen Gleichgewichts, an welchem das betreffende Gas teilnimmt, den Wert der chemischen Konstante bestimmen; eine Kontrolle besitzen wir insofern, als wir einen positiven Wert von $\beta\nu$ finden müssen, wenn wir annehmen, daß die Rotationsenergie, wie beim Wasserstoff, nahe nach EINSTEINs Funktion (S. 120) abfällt. Für zwei- und mehratomige Gase nimmt Gleichung (101) die Form an

$$\ln p = -\frac{\lambda_0}{RT} + 2,5 \ln T + \frac{1}{R}\int_0^T \frac{dT}{T^2}\int_0^T (C_p - 2,5R)dT + i,$$

worin i durch Formel (103) S. 134 gegeben ist. Weitere Messungen über den Abfall der Rotationsenergie bei tiefen Temperaturen wären von höchstem Interesse. Natürlich hat die Behandlung beliebiger Gasgleichgewichte im übrigen genau so zu erfolgen, wie S. 100 auseinandergesetzt, indem für jedes Gasmolekül, das mit der Molekülzahl n reagiert, in Gleichung (73) der Ausdruck

$$n\left(2,5 \ln T + \frac{1}{R}\int_0^T \frac{dT}{T^2}\int_0^T (C_p - 2,5R)dT + i\right)$$

mit dem entsprechenden Vorzeichen einzuführen ist.

Die Berechnung einer Anzahl Beispiele durch Frl. LANGEN, die demnächst erscheinen soll, hat zu dem Ergebnis geführt, daß der Verlust der Rotationsenergie bei NH_3 und H_2O in wohl erreichbaren Temperaturen erfolgen muß, während dies bei CO, N_2, O_2, NO nicht der Fall zu sein scheint.

Die chemische Konstante des negativen Elektrons ist nach Formel (103) berechenbar; die *thermische* Dissoziation eines Atoms in das positive Ion und das negative Elektron ist also eindeutig bestimmt, wenn wir die Dissoziationswärme kennen. Letztere aber ist in gewissen Fällen durch das BOHRsche Atommodell gegeben, wenn freilich dieser Weg zurzeit auch noch einigermaßen hypothetisch ist.

Kapitel XIV

Direkte Anwendung des Wärmesatzes auf Gase.

1. Problemstellung. Um klar zu erfassen, worum es sich in diesem Kapitel noch handeln kann, müssen wir einen Rückblick auf die bisherigen Resultate werfen.

Im Kapitel X haben wir unsern Wärmesatz bereits auf Gleichgewichte, an denen Gase teilnehmen, angewandt, doch war diese Anwendung nur indirekt, indem wir, von kondensierten Systemen ausgehend, dann weiterhin lediglich mit der klassischen Thermodynamik operierten. Wir erhielten das Resultat, daß auch beliebige Gleichgewichte in gasförmigen Systemen aus thermischen Daten berechenbar sind, wenn für jede Molekülgattung, die nicht zugleich als Bodenkörper teilnimmt, eine Messung eines beliebigen andern Gleichgewichts vorliegt, am einfachsten eine Dampfdruckmessung.

Durch Einführung des Begriffs der „chemischen Konstante" erhielt dies Ergebnis eine einfache und anschauliche Formulierung.

Im vorstehenden Kapitel haben wir gesehen, daß für einatomige Gase und auch für mehratomige Gase, wenn sie durch Abkühlung in den „thermisch einatomigen" Zustand gebracht sind, die chemische Konstante nach der Formel

(125) . . . . $C = -1{,}608 + 1{,}5 \log M$

berechenbar ist; das Molekulargewicht M ist bekanntlich durch eine einfache Dichtebestimmung zu finden.

Dabei wird allerdings vorausgesetzt, daß sich bezüglich der Molekularwärme alle Gase wie Wasserstoff verhalten; da aber

(Kapitel V) ein derartiges Verhalten, wie es Wasserstoff tatsächlich aufweist, theoretisch vorhergesehen und am ersten untersuchten Beispiel auch gefunden wurde, so wird man die Allgemeingültigkeit dieses Verhaltens für alle Gase wohl kaum in Zweifel ziehen können.

Damit ist prinzipiell die Frage der theoretischen Berechnung von Gasgleichgewichten allerdings erledigt, unter der weiteren Voraussetzung natürlich, daß die Formel (125) ebenfalls allgemeine Gültigkeit besitzt; aber auch hieran werden wir, nach allem was wir gegenwärtig wissen, kaum zweifeln dürfen.

Die in Rede stehende Berechnung verlangt zu ihrer Durchführung die Kenntnis

1. aller in Betracht kommenden *thermischen* Daten (Verbindungswärmen, spezifische Wärmen);
2. Dampfdichten der betreffenden Gase zur Ermittlung von M.

Obwohl das Molekulargewicht praktisch immer bekannt sein wird, so erkennen wir doch in dem Hinzutreten der zweiten Bedingung einen Hinweis darauf, daß unser Wärmesatz noch nicht bis zur äußersten Konsequenz durchgeführt wurde.

Tatsächlich haben wir auch im vorhergehenden Kapitel den Wärmesatz immer nur auf kondensierte Systeme, nicht auf das Gas selber angewandt; wir können uns sogar sofort davon überzeugen, daß er strenggenommen bei der bisherigen Betrachtungsweise für gasförmige Systeme nicht gilt.

Betrachten wir die Ausdehnung eines Gases von Volum v_1 auf das Volum v_2, so wird bei unbeschränkter Gültigkeit der Gasgesetze für alle Temperaturen

$$(126) \qquad A = RT\ln\frac{v_2}{v_1}, \qquad \lim\frac{dA}{dT} = R\ln\frac{v_2}{v_1} \quad (\text{für } T{=}0),$$

d. h. $\frac{dA}{dT}$ konvergiert für diesen Vorgang in der Nähe des absoluten Nullpunkts nicht gegen Null, wie es unser Wärmesatz verlangt.

Betrachten wir ein Gleichgewicht, an dem Gase teilnehmen, z. B. ein solches in einem homgenen gasförmigen System, so wird (vgl. S. 193)

(127) $$A = -RT\ln K = U_0 - \Sigma nT \cdot 2{,}5R\ln T$$

$$-\Sigma - nT\int_0^T \frac{dT}{T^2}\int_0^T (C_p - 2{,}5R)dT - RT\Sigma ni$$

und bei tiefen Temperaturen

(128) $$\frac{dA}{dT} = -\Sigma n \cdot 2{,}5R\ln T - \Sigma n 2{,}5R - \Sigma niR\,.$$

In Gleichung (127) bedeutet also U_0 die Wärmeentwicklung der Reaktion beim absoluten Nullpunkt, E den Energieinhalt jedes einzelnen Gases; die Summation ist vorzunehmen, wie S. 103 beschrieben. Der Ausdruck in Formel (128) ist aber für $T = 0$ keineswegs gleich Null, d. h. unser Wärmesatz gilt hiernach bei seiner direkten Anwendung auf Gase auch in diesem Falle nicht. Dies kann aber natürlich nicht überraschen, weil wir bisher stets die Anwendbarkeit der Gasgesetze bis zu den tiefsten Temperaturen vorausgesetzt haben, also damit im Sinne von Gleichung (126) die Anwendbarkeit unseres Wärmesatzes ausschließen.

Soweit wir die wichtigeren *praktischen Anwendungen* des Wärmesatzes ins Auge fassen, sind diese Betrachtungen von geringer Bedeutung; Gleichung (127) enthält ja die vollständige Lösung der Frage, wie Gasgleichgewichte thermodynamisch zu berechnen sind (vgl. auch S. 192).

Anders aber liegt die Sache, wenn wir uns nach der *Allgemeingültigkeit* des Wärmesatzes fragen; dann bleibt es in prinzipieller (nicht in praktischer) Hinsicht unbefriedigend, wenn er auf Gase nicht unmittelbare Anwendung finden sollte. Diese Frage aber spitzt sich einfach darauf zu:

Bleibt Gleichung (126) bis zu den tiefsten Temperaturen gültig?

Wir haben bereits in Kapitel V gesehen, daß dies nicht der Fall sein kann, wenn wir die Forderungen der Quantentheorie als allgemein gültig ansehen und daß auch schon direkte Beobachtungen am Helium (S. 60) vorliegen, die ein abnormes Verhalten der Gase bei sehr tiefen Temperaturen andeuten; offenbar liegt hier der Schlüssel zum tieferen Verständnis. Der Theorie der „Gasentartung“, mit der, wenn auch über Einzelheiten noch abweichend, so doch im Prinzip übereinstimmend, in den letzten Jahren sich eine Anzahl hervorragender Theoretiker, wie TETRODE, SACKUR, KEESOM, SOMMERFELD, PLANCK beschäftigt haben, wollen wir nunmehr näher treten; ich gebe diejenige Darstellung, die ich selber entwickelt habe, weil sie, soweit ich sehe, die einzige ist, die nirgends in ihren Konsequenzen mit der Erfahrung kollidiert.

2. Allgemeine Theorie der Gasentartung. Grundannahmen (vgl. NERNST 95 a). Die nachfolgenden Betrachtungen dürften, weil sie sich, wie ich denke, auf allseitig sicherer Basis bewegen, sozusagen als Prolegomena für jede künftige spezielle Theorie der Gasentartung anzusehen sein.

Wir machen nämlich zunächst nur folgende beiden Grundannahmen:

1. Jedes Gas, das wir *bei konstantem Volumen* unter Ausschluß von Kondensation abkühlen, gelangt schließlich in einen Zustand von verschwindend kleiner Wärmekapazität.

2. Der Abfall der spezifischen Wärme einer gegebenen Gasmasse erfolgt um so früher, je größer ihre Dichte ist. –

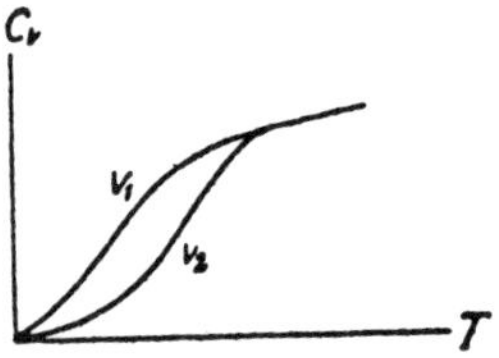

Fig. 20.

Fig. 20 gibt uns das Verhalten eines Mols eines beliebigen, sei es einatomigen, sei es durch Abkühlung seiner Rotationsenergie beraubten Gases vom Volumen v an; es ist

$$v_1 > v_2.$$

Die obigen beiden Grundannahmen sind in den Arbeiten aller Theoretiker enthalten, die sich bisher mit dieser Frage beschäftigt haben; aber auch in experimenteller Hinsicht haben sie eine wichtige experimentelle Stütze in dem Befunde von EUCKEN (S. 134) erhalten, wonach die Molekularwärme von Helium um so stärker unter den Wert $\frac{3}{2}R$ zu sinken beginnt, je größer seine Dichte ist. Ferner sei an die interessanten Ausführungen von PÓLÁNYI[1] erinnert, der ebenfalls durch theoretische Betrachtungen zu dem Ergebnis gelangt, daß durch hinreichend starken Druck alle Körper in einen Zustand gelangen müssen, woselbst ihr Energiegehalt verschwindend klein wird; auf Gase oberhalb des kritischen Punktes angewandt, besagt dies, daß sie im Zustande äußerst starker Kompression sich thermodynamisch ähnlich wie feste Körper beim absoluten Nullpunkt verhalten müssen.

Unter diesen Umständen kann man obige Grundannahmen, wenn auch noch nicht als sichere experimentelle Tatsachen, so doch mindestens als überaus wahrscheinliche Arbeitshypothesen hinstellen.

Wenn aber bei tiefen Temperaturen die Wärmekapazität verschwindet, so wird man die Anwendbarkeit des Wärmesatzes ebenfalls als sicher ansehen müssen; unter anderem sind dann auch die früher (Kap. VII) angestellten Betrachtungen über die Unmöglichkeit, den absoluten Nullpunkt zu erreichen, auf den vorliegenden Fall zu übertragen. So gelangen wir mit Notwendigkeit zu der dritten Grundannahme:

3. Für jede physikalische oder chemische Veränderung, die mit einer maximalen Arbeitsleistung A verknüpft ist, gilt auch bei Gasen *endlicher Dichte* das Gesetz

(129) . . . . $\lim \frac{dA}{dT} = 0$ (für $T = 0$).

3. Anwendung der klassischen Thermodynamik. Wir betrachten folgenden Kreisprozeß: Wir erwärmen ein Gas vom absoluten Nullpunkt und vom Volumen v_1 auf eine so hohe Temperatur T', daß der Normalwert der spezifischen Wärme $\frac{3}{2}R$ erreicht wird, wozu es der Energiezufuhr $\int_0^{T'} C_{v_1} dT$ bedarf; bei der Temperatur T' bringen wir das nunmehr im idealen Zustande befindliche Gas auf das Volumen v_2; hiermit ist bekanntlich keine Energieänderung verknüpft. Es wird sodann das Gas beim Volumen v_2 bis zum absoluten Nullpunkt

1 Verh. Deutsch. phys. Ges. **15.** 157 (1913).

abgekühlt, wobei die Energieabgabe $\int_0^T C_{v_2} dT$ erfolgt. Schließlich wird beim absoluten Nullpunkt das Gas vom Volumen v_2 auf das Volumen v_1 gebracht, womit die Wärmeentwicklung $U_1^0 - U_2^0$ verknüpft sei. Der erste Wärmesatz liefert uns

$$-\int_0^T C_{v_1} dT + \int_0^T C_{v_2} dT + U_1^0 - U_2^0 = 0.$$

Nach dem zweiten Wärmesatze sind beim absoluten Nullpunkte die Änderungen der gesamten und der freien Energie gleich; wir können daher setzen:

$$A_2^0 - A_1^0 = U_2^0 - U_1^0 (T = 0),$$

oder

$$(130) \ldots\ldots\ldots\ldots A_2^0 - A_1^0 = \int_0^T (C_{v_2} - C_{v_1}) dT.$$

Da bei allen Temperaturen $(C_{v_1} - C_{v_2})$ ist, so kommen wir zu dem merkwürdigen Resultate, daß ein Gas auch bei den tiefsten Temperaturen bei seiner Ausdehnung Arbeit leisten muß. Bezeichnen wir mit p den Druck des Gases beim absoluten Nullpunkt und beim Volumen v, so gilt natürlich auch:

$$(131) \ldots\ldots\ldots\ldots A_2^0 - A_1^0 = \int_{v_1}^{v_2} p dv.$$

4. Anwendung des neuen Wärmesatzes. Der neue Wärmesatz liefert

$$(132) \ldots\ldots\ldots\ldots \lim \left(\frac{dp}{dT}\right)_v = 0 \text{ (für } T = 0).$$

Daraus folgt dann zugleich, daß die Gase bei sehr tiefen Temperaturen und bei konstantem Druck ein von der Temperatur unabhängiges Volumen besitzen.

Die Ausnahmestellung, die wir bisher den Gasen, was die Anwendung des Wärmesatzes anlangt, einräumen mußten, ist nun verschwunden; genau, wie wir es im Kapitel IX für kondensierte Systeme getan haben, dürfen wir nunmehr mit den Gasen rechnen. Freilich stört der Unterschied, daß wir zwar für viele feste Körper, zunächst aber noch für kein einziges Gas den Verlauf der Molekularwärme C_v bei sehr tiefen Temperaturen kennen. Aber vielleicht füllt diese Lücke bereits die w. u. zu besprechende spezielle Theorie der Gasentartung aus.

In jedem Falle aber wird es interessant sein, sich davon zu überzeugen, wie die Rechnung bei Gasen zu führen ist; als wichtigstes derartiges Beispiel wählen wir die *Dampfdruckkurve*.

Der leichteren Übersicht willen betrachten wir wiederum zweckmäßig so tiefe Temperaturen, daß wir die spezifische Wärme des kondensierten Stoffes als verschwindend klein ansehen können. Eine Beschränkung bedeutet dies nicht, weil nötigenfalls letztere leicht in Rechnung gesetzt werden kann. Wir nehmen ferner an, daß das Volumen des gesättigten Dampfes groß gegen das des Kondensats ist, was natürlich bei tiefen Temperaturen vollkommen statthaft ist. Dann haben wir nach dem zweiten Wärmesatz für den Dampfdruck die bereits oft benutzte Formel:

(101) .... $$\ln p = -\frac{\lambda_0}{RT} + 2{,}5 \ln T + i$$

und es gilt ferner beim Sättigungspunkt für die mit der Kondensation verbundene maximale Arbeit A':

(133) .... $$A' = -pv = -RT.$$

Wir wenden nun auf die Bildung eines Mols des festen Körpers den neuen Wärmesatz an. Bezeichnen wir mit λ_0 die Wärmeentwicklung bei der Kondensation des Mols eines sehr verdünnten Gases, bezogen auf den absoluten Nullpunkt, so beträgt die betreffende Größe für das Volum v [vgl. Gleichung (130)]:

$$\lambda_{0,v} = \lambda_0 - \int_0^T \left(C_v - \frac{3}{2} R \right) dT$$

und die Temperaturabhängigkeit ergibt sich zu

$$\lambda_\upsilon = \lambda_{0,\upsilon} + \int_0^T C_\upsilon dT.$$

Damit ist auch der Verlauf von A eindeutig bestimmt, und zwar ist für jedes v nicht nur der Gleichgewichtspunkt A', sondern für alle Temperaturen ist A festgelegt. Wir gelangen also ohne weiteres zu einer viel allgemeineren Behandlung des Problems, als sie durch Formel (101) gegeben ist, ganz abgesehen davon, daß die Integrationskonstante i, genau wie bei kondensierten Systemen, als solche verschwindet.[1]

Unser Wärmesatz liefert nämlich für A sofort

$$A = -T\int^T \frac{\lambda_\upsilon}{T^2} dT;$$

der Temperaturpunkt T', woselbst fester Stoff und Gas miteinander im Gleichgewicht sind, ergibt sich aus der Bedingung:

$$A = A'$$

oder mit Benutzung von (133)

(134)................ $\int^T \frac{\lambda_\upsilon}{T^2} dT = R.$

Am anschaulichsten werden die Verhältnisse wiederum durch eine graphische Darstellung; in der Fig. 21sind die λ-Kurven für zwei Volumina dargestellt, wobei wiederum $v_1 > v_2$ gesetzt ist. Durch den Verlauf der beiden λ-Kurven sind die entsprechenden A-Kurven nach dem Wärmesatz ebenfalls eindeutig festgelegt; ihr Schnittpunkt mit der gestrichelt gezeichneten A'-Kurve gibt die Temperatur an, bei welcher Dampf vom Volumen v gerade gesättigt ist. Da dieser Schnittpunkt im Gebiete der Gültigkeit der gewöhnlichen Gasgesetze liegt (vgl. w. u.), so läßt sich der Dampfdruck p aus v nach

$$pv = RT$$

berechnen.

---

1 Vgl. hierzu auch TETRODE, Physik. Zeitschr. **14.** 212 (1913).

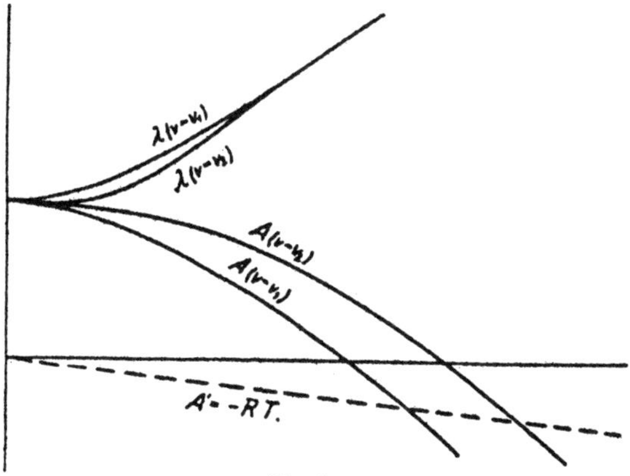

Fig. 21.

Wir erkennen also, daß tatsächlich die Dampfdruckkurve lediglich aus thermischen Daten abzuleiten ist.

Zur näheren Erläuterung seien noch folgende Bemerkungen gemacht:

1. Das Diagramm Fig. 21 entspricht vollkommen demjenigen z. B. über den Schmelzprozeß; oben ist die U-Kurve während die A-Kurve nach unten abbiegt; das Gleichgewicht liegt allgemein bei

$$-A' = p\,(v - v').$$

Während aber beim Schmelzpunkt A' praktisch verschwindend klein wird, ist dies beim Gleichgewicht zwischen Dampf und Kondensat nicht mehr der Fall. Übrigens ist strenggenommen $\lambda_{0v,}$ für den größeren Wert v_1-Wert etwas kleiner, als für den kleineren v_2-Wert; in Fig. 21 ist dieser praktisch ganz belanglose Unterschied nicht zum Ausdruck gebracht.

2. Dass für den gesättigten Dampf, wie oben angenommen, auch bei den tiefsten Temperaturen die Gasgesetze gültig bleiben, erklärt sich daraus, daß er mit abnehmender Temperatur außerordentlich stark verdünnter wird und sich so der Entartung dauernd entzieht; auf dies wichtige Verhalten werden wir bei der Besprechung der speziellen Theorie noch eingehen.

3. Wenn die Integrationskonstante i verschwunden ist, so ist das so zu deuten, daß zwar Formel (101) wegen der Bemerkung 2 vollkommen exakt bis zu den tiefsten Temperaturen besteht bleibt, daß aber durch Ausführung der Integration

$$E = \int_0^T C_\upsilon dT, \qquad A = \lambda_{0,\upsilon} - T\int_0^T \frac{E}{T^2} dT$$

bei höheren Temperaturen und zwar stets bereits vor dem Schnittpunkt mit der A'-Linie eine additive Konstante herauskommt, die mit i natürlich identisch sein und ferner zur Formel (103) führen muß.

Letztere Bedingung weist jeder speziellen Theorie der Gasentartung bereits ganz bestimmte Wege.

5. Das physikalische Verhalten der Gase bei tiefen Temperaturen. Nach den obigen Betrachtungen muß sich jedes Gas, wenn man es unter Ausschluß von Kondensation bei konstantem Volumen stark abkühlt, in einen Zustand überführt lassen, in welchem es eine große Ähnlichkeit mit dem amorphen Zustande erhält; ähnlich wie starke Abkühlung wirkt starke Kompression bei konstanter Temperatur.

Eine experimentelle Stütze findet diese Auffassung vielleicht durch die Ergebnisse der seismischen Forschung der letzten Jahre; man ist hier bekanntlich zu dem Resultat gelangt, daß durch das Innere der Erde sich Transversalschwingungen fortpflanzen können. Da nun das Erdinnere bei seiner gewaltigen Temperatur nur Gase oberhalb der kritischen Temperatur (hauptsächlich wohl Eisendampf) enthalten wird, so müßte man hiernach in der Tat Gasen die Möglichkeit zuschreiben, bei ungeheuer starker Kompression gewisse Eigenschaften fester Körper anzunehmen.

Vergegenwärtigen wir uns noch einmal, wie sich ein verdünntes Gas nach den obigen Entwicklungen verhalten wird, das wir bei konstant erhaltener, äußerst tiefer Temperatur komprimieren, und zwar wollen wir uns vorstellen, daß das Gas durch diese Kompression kontinuierlich in den flüssigen Zustand gelangt, der hier bekanntlich mit dem amorphen (glasartigen) identisch ist. Zunächst wird, gerade als ob Anstoßungskräfte zwischen den Molekülen beständen, bei der Kompression Arbeit geleistet werden müssen; dann aber, bei hinreichend starker Kompression, müssen äußerst starke Anziehungskräfte auftreten, welche die im Vergleich zu der obigen Kompressionsarbeit sehr große Kondensationswärme bedingen; schließlich, wenn der Körper in den amorphen Zustand der gewöhnlichen Art übergeführt ist, widersetzt er sich einer weiteren Kompression, d. h. es treten hier wiederum sehr starke Abstoßungskräfte auf. Dahingestellt bleiben muß natürlich, welcher Natur die erwähnten Kraftäußerungen sind und ob es sich hier überhaupt um Zentralkräfte im Sinne der Physik handelt; ich möchte daher diese Kräfte auch hier nur als ein mnemotechnisches Hilfsmittel eingeführt haben; sicher aber ist, daß die gewöhnliche Wärmebewegung hier keine Rolle spielt.

6. Eine spezielle Theorie der Gasentartung. Eine solche Theorie ist nur durch molekulartheoretische Betrachtungen zu gewinnen und wir verlassen daher durch Eingehen darauf unser eigentliches Thema. Aber auf der andern Seite ist die in diesem Kapitel behandelte Frage von so großer prinzipieller Bedeutung, daß jede weitere Stütze und Ausbildung unserer Auffassung der Gasentartung auch vom rein thermodynamischen Standpunkte aus höchstes Interesse verdient.

Derartige Theorien sind von TETRODE[1], SOMMERFELD[2] und KEESOM[3] entwickelt worden, und zwar sämtlich unter der Annahme, daß sich bei tiefen Temperaturen ein Gas ähnlich wie ein fester Körper verhält, und daß daher im wesentlichen DEBYEs bekannte Theorie der spezifischen Wärme darauf anwendbar wird.[4]

1 Physik. Zeitschr. **14.** 212 (1913).

2 Göttinger Vorträge, S. 134 (Leipzig 1914, bei Teubner).

3 Physik. Zeitschr. **15.** 695 (1914).

4 PLANCK gelangt bei einem interessanten Versuch, die Theorie der Gasentartung unter der Annahme zu entwickeln, daß die Zusammenstöße der Atome gemäß den Gesetzen der gewöhnlichen Mechanik erfolgen, zu offenbar unmöglichen Resultaten; vgl. Sitzungsber. d. Preuß. Akad. d. Wiss. 1916 S. 665.

TETRODE, der hier in höchst origineller Weise voranging, bemerkt dazu jedoch ausdrücklich, daß die Anwendung der DEBYEschen Methode auf Gase und Flüssigkeiten als viel weniger sicher zu betrachten sei, als auf feste Körper, und ist daher geneigt, derartigen Betrachtungen einen mehr qualitativen Charakter zuzuschreiben.

Ich persönlich habe in dieser Behandlungsweise einen anschaulichen physikalischen Kern nie erblicken können; woher sollen bei tiefen Temperaturen die Kräfte kommen, die auch bei äußerst verdünnten Gasen letzteren die Eigenschaften fester Körper verleihen?

Dass in der Tat in quantitativer Hinsicht diese Auffassung nicht befriedigt, können wir übrigens leicht feststellen; es finden nämlich TETRODE $C_0 = -2{,}35$, SOMMERFELD $C_0 = -3{,}25$ und KEESOM, der einige der vorhandenen Unstimmigkeiten durch Einführung der Nullpunktenergie zu verbessern sich bemüht hat, $C_0 = -2{,}4$; alle diese Werte sind aber mit der Tabelle (S. 151) unvereinbar.

Eine wesentlich verschiedene Auffassung der Natur der Gasentartung habe ich kürzlich (108) entwickelt; hiernach verwandelt sich bei tiefen Temperaturen unter dem Einfluß der Nullpunktsstrahlung des Äthers die fortschreitende Bewegung der Gasmoleküle immer mehr in eine kreisende Bewegung, dergestalt, daß beim Nullpunkt selber die Gasmoleküle um gleichmäßig im Raum verteilte Gleichgewichtslagen mit konstanter Geschwindigkeit rotieren.

Die eben erwähnte spezielle Theorie der Gasentartung habe ich seinerzeit ausdrücklich als provisorisch bezeichnet; aber da es den Anschein hat, daß sie der Wirklichkeit wenigstens nahe kommt, so möchte ich die Formeln, zu denen sie führt, hier kurz mitteilen und in einigen Punkten erweitern.

Im Volumen V befinden sich N Moleküle (= 1 Mol); das jedem einzelnen Molekül zur Verfügung stehende Volum beträgt dann

(135) . . . . $v = \frac{V}{N}$;

für den Radius r des Kreises, auf welchem es mit der Tourenzahl ν rotiert, fand ich durch eine einfache (freilich nicht beweiskräftige) Betrachtung

$$(136) \quad \ldots\ldots\ldots\ldots\ldots\ldots \; r^2 = \frac{3}{\pi} v^{\frac{2}{3}}$$

und für die Tourenzahl

$$(137) \quad \ldots\ldots\ldots\ldots\ldots \; \nu = \frac{h}{4\pi m v^{\frac{2}{3}}} .$$

Der Energieinhalt des Gases folgt aus den in oben erwähnter Arbeit mitgeteilten Voraussetzungen zu

$$(138) \quad \ldots\ldots\ldots\ldots \; E = \frac{3}{2} N \frac{\dfrac{h^2}{4\pi m v^{\frac{2}{3}}}}{e^{\frac{h^2}{4\pi m v^{\frac{2}{3}} kT}} - 1} .$$

Die Sicherheit dieser Gleichung ist natürlich davon abhängig, ob wir das Modell eines entarteten Gases richtig geraten haben. Übrigens würde ein anderes Modell nur zu einem veränderten, und zwar nicht sehr wesentlich veränderten Faktor an Stelle von 4π führen.

Im übrigen enthält jede derartige Gleichung die vollkommene Theorie des Gaszustandes, wie bereits TETRODE (l. c.) und KEESOM (l. c.) gezeigt haben; nur zeichnet sich unsere Gleichung durch Einfachheit aus. – Eine direkte experimentelle Prüfung der Gleichung (138) wird kaum möglich sein, weil für verdünnte Gase, worauf sie sich allein bezieht, der Abfall der spezifischen Wärme unter den Normalwert bei viel zu tiefen Temperaturen liegt. Aber indirekt ergibt sich eine wichtige Anwendung.

Wir können nämlich nunmehr, und zwar ohne jede Vernachlässigung, den Dampfdruck eines beliebigen Systems hinschreiben, welches ein einatomiges Gas abgibt. Λ_0 sei die Wärmemenge, die entwickelt wird, wenn beim absoluten Nullpunkt das unendlich verdünnte Gas sich kondensiert; betrachten wir seine Kondensation aus dem endlichen Volumen V, so gilt dann:

$$(139)\ldots\ldots\ldots U_0 = \lambda_0 + \frac{3}{2}Nh\nu = \lambda_0 + \frac{3}{2}N\frac{h^2}{4\pi m v^{\frac{2}{3}}}.$$

Bei der Temperatur T wird diese Größe:

$$(140)\ldots\ldots\ldots\ldots U = \lambda_0 + \frac{3}{2}N\frac{h^2}{4\pi m v^{\frac{2}{3}}} + E,$$

worin E den Energieinhalt des Gases (beim konstanten Volumen V) bedeutet. Den Energieinhalt des Kondensats setzen wir, um unsere Formeln nicht unnötig zu komplizieren, wieder verschwindend klein an.

Mit Benutzung des neuen Wärmesatzes folgen nunmehr sofort die beiden Gleichungen

$$(141)\ldots\ldots\ldots\ldots\ldots\ldots U = U_0 + E;$$

$$(142)\ldots\ldots\ldots\ldots\ldots A = U_0 - T\int_0^T \frac{E}{T^2}dT.$$

Da U_0 (Gleichung 139) und E (Gleichung 138) bekannt sind, so sind die beiden Kurvenscharen U (bez. λ) und A der Fig. 21 S. 161 vollständig bestimmt.

Das Gleichgewicht des gesättigten Dampfes ist gegeben durch die Gleichung:

$$(143)\qquad A' = -pV.$$

Da aus Gleichung (143) p eindeutig durch V und T bestimmt werden kann, so liefert (142) eindeutig die Dampfdruckkurve vom absoluten Nullpunkt an. Der letzte Term der Gleichung (142) beträgt, wie leicht mit Hilfe von (138) zu finden:

$$\frac{3}{2}RT\ln\left(e^{\frac{h^2}{4\pi m v^{\frac{2}{3}}kT}} - 1\right) - \frac{3}{2}N\frac{h^2}{4\pi m \upsilon^{\frac{2}{3}}}.$$

Nun gelten erfahrungsgemäß für gesättigte Dämpfe bei hinreichend niedrigem Druck, also hinreichend niedriger Temperatur, die Gasgesetze; wir dürfen daher setzen:

$$A' = -RT.$$

So folgt aus Gleichung (142) schließlich nach einigen einfachen Umformungen, indem wir zugleich das bisher konstante Volumen

$$v = \frac{V}{N} = \frac{RT}{pN}$$

setzen:

$$(144) \qquad \ln p = -\frac{\lambda_0 + \frac{3}{4} N \frac{h^2}{4\pi m v^{\frac{2}{3}}}}{RT} + \frac{5}{2} \ln T + \ln \frac{(4\pi m)^{\frac{3}{2}} k^{\frac{5}{2}}}{e h^3} .$$

In vorstehender Gleichung bedeutet e die Basis der natürlichen Logarithmen.

Vergleichen wir dieselbe mit der Dampfdruckformel (101) S. 164

$$(101) \; \ldots\ldots\ldots\ldots \; \ln p = -\frac{\lambda_0}{RT} + 2{,}5 \ln T + i\,;$$

so erkennen wir sofort die Identität beider Formeln, nur daß in (144) anstatt λ_0 der Ausdruck $\lambda_0 + \frac{3}{4} N \frac{h^2}{4\pi m v^{\frac{2}{3}}}$ steht. Das zweite Glied des letzteren ist jedoch nur ein minimales Korrektionsglied und verschwindet völlig bei großen Werten von $v = \frac{V}{N}$, d. h. bei tiefen Temperaturen, so daß also tatsächlich für tiefe Temperaturen die Gleichungen (144) und (101) völlig identisch werden.

Es wird nützlich sein, durch Berechnung eines Zahlenbeispiels uns von der Richtigkeit des eben Gesagten zu überzeugen, zumal eine solche Rechnung uns zugleich einen Überblick über die Abweichung von den Gasgesetzen infolge Entartung verschaffen wird.

Betrachten wir ein Gas vom Atomgewicht 1, so wird

$$\nu = \frac{hN^{\frac{2}{3}}}{4\pi m V^{\frac{2}{3}}} = 0{,}2915 \cdot 10^{10}, \qquad \beta\nu = 0{,}1417^{0};$$

darin ist für V das sogenannte Normalvolum eines Mols, d. h. 22 412 ccm, eingesetzt. Das zweite Glied auf der rechten Seite der Gleichung (140) beträgt unter den gleichen Umständen

$$\frac{3}{2} Nh\nu = 0{,}422 \text{ g-cal.}$$

Für Wasserstoffgas (Atomgewicht = 2) beträgt also der in Rede stehende Ausdruck

$$\frac{3}{4} N \frac{h^2}{4\pi m v^{\frac{2}{3}}} = \frac{3}{4} Nh\nu = 0{,}105 \text{ g-cal,}$$

ein Wert, der in der Tat im Vergleich zu λ_0 (ca. 250 cal.) sehr gering ist. Zudem bezieht er sich auf einen Dampfdruck von ca. $\frac{1}{14}$ Atm. und wird bei kleineren Drucken, d. h. tieferen Temperaturen, sehr rasch völlig verschwindend klein.

Für die Integrationskonstante *i* finden wir, auf einem völlig andern Weg, als im vorigen Kapitel S. 177,

$$(145) \ldots\ldots \quad \iota = \ln \frac{(4\pi m)^{\frac{3}{2}} k^{\frac{5}{2}}}{e h^3} \text{ anstatt } \ln \frac{(2\pi m)^{\frac{3}{2}} k^{\frac{5}{2}}}{h^3}.$$

Beide Ausdrücke sind nahe identisch, indem sie sich nur ein wenig im Zahlenfaktor unterscheiden; es ist nämlich

$$\log \frac{(4\pi)^{\frac{3}{2}}}{e} = 1{,}215 \text{ und } \log\,(2\pi)^{\frac{3}{2}} = 1{,}197,$$

ein für die bisherige Meßgenauigkeit verschwindender Unterschied (vgl. S. 189).

Wahrscheinlich wird der von SACKUR, TETRODE und STERN gefundene Zahlenfaktor der richtigere sein; aber trotzdem bedeutet unsere Ableitung der Integrationskonstante i, auch wenn sie nur annähernd zutreffen sollte, insofern einen Fortschritt, als sie uns für die Kondensation einer Gasmasse den ganzen Verlauf von U und A liefert und, wie Gleichung (142) lehrt, die Entstehung von i aus dem Verhalten des Energieinhalts bez. der spezifischen Wärme des Gases vor Augen führt.

7. Zustandsgleichung idealer Gase bei sehr tiefen Temperaturen. Bezeichnen wir, wie wir es immer getan haben, den negativen Energieinhalt des Systems mit U, so gilt beim absoluten Nullpunkt im Sinne der Formeln des vorigen Abschnitts

$$-U_0 = \frac{3}{2} N h \nu$$

und allgemein

(146) .... $$-U = \frac{3}{2} N h \nu + E ,$$

worin ν durch Formel (137) und E durch Formel (138) bestimmt ist. Unser Wärmesatz liefert

(146a)........... $$-A = \frac{3}{2} N h \nu - T \int_0^T \frac{E}{T^2} dT$$

und mit Benutzung der Gleichung (53) S. 78 folgt sofort

(146b) .... $$-A = \frac{3}{2} R T \ln\left(e^{\frac{\beta\nu}{T}} - 1\right).$$

Nun ist (bei konstanter Temperatur)

$$p dV = dA$$

oder

(147) .... $$p = \frac{\partial A}{\partial V}.$$

Differentiieren wir daher Gleichung (146 b) partiell nach V, so folgt

$$p = -\frac{3}{2} R \frac{\beta e^{\frac{\beta\nu}{T}}}{e^{\frac{\beta\nu}{T}} - 1} \frac{\partial \nu}{\partial V}$$

und mit Benutzung der Gleichung

$$(147a)\ldots\ldots\ldots\ldots\ldots \nu = \frac{hN^{\frac{3}{2}}}{4\pi m V^{\frac{2}{3}}}$$

ergibt sich schließlich nach einigen einfachen Umformungen

$$(148)\ldots\ldots\ldots\ldots\ldots p = \frac{R}{V}\frac{\beta\nu}{1-e^{-\frac{\beta\nu}{T}}}\;.$$

Wenn unsere Theorie streng richtig ist, so besitzt die Gleichung (148) offenbar fundamentalen Charakter, denn sie hätte an die Stelle der bisher allgemein angenommenen Zustandsgleichung für ideale Gase

$$(149)\ldots\ldots\ldots\ldots\ldots\ldots pV = RT$$

zu treten; in der Tat geht Gleichung (148) ja auch sowohl für große Werte von T wie für große Werte von V in Gleichung (149) über.

Aber auch wenn unsere Formeln nur in erster Annäherung das Phänomen der Entartung der Gase beschreiben, so kann Gleichung (148) wenigstens zur vorläufigen Orientierung dienen.

Für Temperaturgebiete, in denen T groß gegen λ ist, gilt

$$pV = \frac{RT}{1-\frac{\beta\nu}{1\cdot 2T}+\frac{(\beta\nu)^2}{1\cdot 2\cdot 3\cdot T^2}-\ldots}$$

oder noch weiter vereinfacht

$$(150)\ldots\ldots\ldots\ldots\ldots pV = RT\left(1+\frac{\beta\nu}{2T}\right).$$

Für ein Gas vom Atomgewicht 1 und für das Normalvolum eines Mols fanden wir oben

$$\beta\nu = 0{,}1417^0;$$

für Wasserstoffgas, das sich bei der Temperatur des schmelzenden Eises unter dem Druck einer Atmosphäre befindet, gilt also für beliebige Temperaturen, aber konstantes Volum, die Zustandsgleichung

$$(151) \quad \ldots\ldots\ldots\ldots V = RT\left(1+\frac{0,0354}{T}\right).$$

Handelt es sich nicht um das Normalvolum eines Mols (22 412 ccm), sondern um das Volum V, so ist das Korrektionsglied in Gleichung (151) mit $\left(\frac{22410}{V}\right)^{\frac{2}{3}}$ zu multiplizieren; führen wir schließlich mit Hilfe von (149) p anstatt V ein, was erlaubt ist, solange es sich um ein kleines Korrektionsglied handelt, so nimmt Gleichung (151) die Form an

$$(152) \quad \ldots\ldots\ldots\ldots pV = RT\left(1+\frac{A}{M}\frac{p^{\frac{2}{3}}}{T^{\frac{5}{3}}}\right),$$

worin A von der Natur des Gases unabhängig und durch die Gleichungen (147 a) und (150) bestimmt ist.

Bekanntlich gilt für schwach komprimierte Gase mit guter Annäherung die Zustandsgleichung von DANIEL BERTHELOT[1], die eine Modifikation der Gleichung von VAN DER WAALS bildet:

$$(153) \quad pV = RT\left(1+\pi\frac{9}{128}\tau(1-6\tau^2)\right); \quad \tau = \frac{\vartheta_0}{T}, \quad \pi = \frac{p}{\pi_0}$$

(ϑ_0 = krit. Temperatur, π_0 = krit. Druck), und zwar stimmt diese Gleichung auch, wie schon BERTHELOT zeigte, wenigstens erheblich oberhalb der kritischen Temperatur, auch für Wasserstoff. Nun sind, sowohl was den Einfluß des Druckes, wie was den Einfluß der Temperatur anlangt, die Formeln (152) und (153) recht verschiedenartig gebaut; außerdem tragen sie sehr verschiedenartigen Einflüssen Rechnung, wie schon daraus hervorgeht, daß die infolge der Entartungserscheinungen an den Gasgesetzen anzubringenden Kor-

1 Vgl. darüber Theor. Chem. S. 241 ff.

rekturen dem Molekulargewicht umgekehrt proportional sind, während die VAN DER WAALSschen Einflüsse bekanntlich die deutliche Tendenz zeigen, mit dem Molekulargewicht des Gases stärker zu werden.

Wenn also (wenigstens weit oberhalb der kritischen Temperatur) Gleichung (153) gut zutrifft, so müssen wir offenbar schließen, daß die von der Entartung herrührende Korrektur klein ist im Vergleich zu der durch Gleichung (153) bestimmten Korrektur und daß jede Theorie zu verwerfen ist, bei der diese Bedingung nicht erfüllt ist.

Von allen uns zurzeit zugänglichen Gasen muß Wasserstoff die Entartungserscheinungen am stärksten zeigen, ein Versagen der (übrigens rein empirischen) Formel (153) wäre hier am ersten zu erwarten; da dies, wie oben bemerkt, nicht oder doch nur undeutlich eintritt[1], so dürfen wir mit ziemlicher Wahrscheinlichkeit schließen, daß jede Entartungstheorie widerlegt ist, die (erheblich oberhalb der kritischen Temperatur) zu mit der Beobachtung kommensurablen Korrektionsgliedern führt.

Die Abweichung des Wasserstoffs vom idealen Gaszustand unter Normalbedingungen beträgt 0,00060 (BETHELOT l. c. S. 40), in hinreichender Übereinstimmung mit Gleichung (153). Die Theorie der Entartung von SACKUR liefert 0,0005, also im Sinne unserer obigen Betrachtungen viel zu groß; KEESOMs Theorie gibt den Wert 0,00024, ein wohl auch bereits bedenklicher Wert; unsere Form (151) bestimmt die Abweichung zu 0,00013, also tatsächlich erheblich kleiner als die beobachtete Zahl.

Auch hier also, ähnlich wie S. 205, ergibt sich das Resultat, daß von den verschiedenen, im Bau der Formeln völlig analogen Theorien nur die hier entwickelte der Erfahrung sich zwanglos einfügt.

Nimmt man, was für kleine Abweichungen gestattet sein dürfte, Superposition der Gleichungen (152) und (153) an – wobei allerdings zu beachten ist, daß die kritischen Daten bei Gasen von kleinem Molekulargewicht durch die Entartung erheblich modifiziert werden müssen –, so folgt für die Abweichung vom BOYLE-MARI-

1 Vgl. D. BERTHELOT, Sur les thermomètres à gaz, Paris 1903 bei Gauthier-Villars.

OTTEschen Geetz eine gegen die Druckachse konkav gekrümmte Kurve. Tatsächlich hat SACKUR[1] eine solche Krümmung beim Wasserstoff und beim Helium nachweisen können. – Ein sicherer Nachweis der Entartung dürfte durch einen eingehenden Vergleich der drei einatomigen bez. sich einatomig verhaltenden Gase Wasserstoff, Helium, Neon bei tiefen Temperaturen zu erbringen sein.

Schließlich können wir jetzt auch die bereits S. 212 diskutierte Frage beantworten, ob für den gesättigten Dampf auch bei den tiefsten Temperaturen die Gasgesetze gelten. Wir wissen, daß bei tiefen Temperaturen dies zutrifft; nach Gleichung (150) ist das wegen der Entartung anzubringende Korrektionsglied $TV^{\frac{2}{3}}$ umgekehrt proportional, und man kann sich bei jeder beliebigen Dampfdruckkurve oder durch Berechnung nach Gleichung (101) davon überzeugen, daß dieses Produkt mit abnehmender Temperatur sehr stark ansteigt; es nimmt eben das Molvolum von gesättigtem Dampf ungeheuer viel rascher zu, als die absolute Temperatur abnimmt, *so daß also mit abnehmender Temperatur gesättigter Dampf dem Einfluß der Entartung immer mehr entzogen wird.* – Sollten uns die von einigen Astronomen vermuteten leichten Gase (Nebulium usw.) einst zugänglich werden, so wäre es natürlich sehr viel leichter, die Entartung der Gase experimentell zu untersuchen; bereits einatomiger Wasserstoff würde große Vorteile gegenüber den anderen Gasen bieten.

Natürlich würden wir, genau wie wir mit Hilfe des Ansatzes (138) zur Zustandsgleichung (148) gelangt sind, so auch zu einer verallgemeinerten Zustandsgleichung der Gase, d. h. einer solchen, die nicht nur die durch die Entartung bedingten Veränderungen der klassischen Zustandsgleichung (149), sondern alle sonstigen umfaßt, mit anderen Worten zu einer verallgemeinerten und vollkommen exakten VAN DER WAALSschen Gleichung kommen können, wenn uns der Energiegehalt E oder, was dasselbe bedeutet, die spezifischen Wärmen in ihrer Abhängigkeit von Temperatur und Dichte des Gases genau bekannt wären. – Vielleicht ist die Bemer-

1 Zeitschr. f. Elektrochemie **20.** 563 (1914).

kung von Interesse, daß sich bei hinreichend tiefen Temperaturen bei allen Gasgemischen gerade das einfache Verhalten einstellen muß, welches ich vor mehr als 20 Jahren den ideal konzentrierten Lösungen zugeschrieben habe;[1] diese Theorie, die ich wohl als den Vorläufer meines Wärmesatzes bezeichnen darf, erhält also bei tiefen Temperaturen ein weites Anwendungsgebiet für jede beliebige Art von Gemischen.

Kapitel XV

Verallgemeinerte Behandlung der Thermodynamik kondensierter Systeme

In diesem Kapitel wollen wir eine etwas allgemeinere Fassung der Anwendung der bekannten thermodynamischen Hauptsätze und des neuen Wärmesatzes entwickeln. Wir beschränken uns dabei im wesentlichen auf kondensierte Systeme; die Betrachtung der Gase haben wir wohl hinreichend in Kapitel X und XIII besprochen. Übrigens gibt es für denjenigen, der sich auf den Standpunkt der im vorigen Kapitel besprochenen Theorie der Entartung stellt, keinen Unterschied mehr zwischen kondensierten und gasförmigen Systemen, was die Anwendung unseres Wärmesatzes anlangt. Der Inhalt der nachfolgenden Ausführungen findet sich im wesentlichen in einer 1913 der preußischen Akademie der Wissenschaften vorgelegten Arbeit (93).

1. Formulierung des zweiten Wärmesatzes für kondensierte Systeme. Wir setzen wiederum für die maximale isotherm zu gewinnende Arbeit A und die damit verbundene Wärmeentwicklung U

(1).................. $A - U = T\frac{dA}{dT}$;

1 Wied. Ann. **53.** 57 (1894).

der Differentialquotient $\frac{dA}{dT}$ ist so zu bestimmen, daß mit der Erwärmung des Systems keine Arbeitsleistung verbunden ist.[1]

Betrachten wir z. B. die Ausdehnung eines Körpers um das Volumen dv, so wird

$$A = pv, \qquad U - A = dQ, \qquad \frac{dA}{dT} = \left(\frac{\partial p}{\partial T}\right)_v dv\,,$$

und es wird die bei der Ausdehnung entwickelte Wärme

$$(154) \quad \ldots\ldots\ldots\ldots\ldots \quad dQ = -T\left(\frac{\partial p}{\partial T}\right)_v dv\,.$$

Der Differentialquotient $\frac{dA}{dT}$ ergibt sich also in diesem einfachen Falle, indem wir uns den betreffenden Körper um dT bei konstantem Volumen, d. h. ohne Leistung äußerer Arbeit, erwärmt und die dazugehörige Drucksteigerung gemessen denken. – Es sei auch hier noch ausdrücklich darauf aufmerksam gemacht, daß wir, wie in der Thermochemie üblich, die vom System *abgegebene* Wärme und entsprechend natürlich auch die vom System *geleistete* äußere Arbeit als *positiv* zählen, im Gegensatz zu dem sonst vielfach benutzten Vorzeichen.

Nun sei allgemein der betrachtete Vorgang in seinem Ablauf außer durch das Volumen v durch die sonstigen Parameter w_1, w_2 ... bestimmt, so daß wir setzen können:

$$(155) \quad \ldots\ldots\ldots \quad A = K_1 dw_1 + K_2 dw_2 + \ldots + p dv,$$

$$(156) \quad \ldots\ldots \quad U = k_1 dw_1 + k_2 dw_2 + \ldots + p dv - T\left(\frac{\partial p}{\partial T}\right) dv\,.$$

Die Klarstellung der Natur der Proportionalitätsfaktoren ist Aufgabe der eingehenden physikalischen oder chemischen Untersu-

1 Helmholtz-Ges. Abh. II, S. 978.

chung des betreffenden Systems; aus Gleichung (1) folgt dann, da die *dw*-Werte zwar klein, aber sonst beliebig zu wählen sind,

$$K_n - k_n = T\frac{\partial K_n}{\partial T}; \tag{157}$$

sowohl der Differenitalquotient $\frac{\partial p}{\partial T}$ wie $\frac{\partial K_n}{\partial T}$ ist bei konstantem Volumen und bei konstanten *w*-Werten zu nehmen.[1]

Die Gleichung (157) ist identisch mit derjenigen (1 d) bei HELMHOLTZ a. a. O. Bei der Anwendung auf galvanische Elemente ist z. B. K_n gleich der elektromotorischen Kraft, $k_n d\varepsilon$ bleich der Energieänderung, die man beobachtet, wenn bei konstantem Volumen die Elektrizitätsmenge $d\varepsilon$ vom Element geliefert wird, $\frac{\partial K_n}{\partial T}$ gleich dem bei konstantem Volumen gemessenen Temperaturkoeffizienten des galvanischen Elements.

Bei der praktischen Anwendung der Gleichung (157) auf den vorliegenden wichtigen Fall entsteht nun aber insofern eine Schwierigkeit, als der Temperaturkoeffizient der elektromotorischen Kraft galvanischer Elemente stets bei konstantem Druck gemessen wurde; die Bestimmung bei konstantem Volumen ist direkt sogar kaum durchführbar.

Wie unzweckmäßig die Einführung der Temperaturkoeffizienten bei konstantem Volumen ist, geht übrigens auch aus folgender Betrachtung hervor. Erwärmen wir ein Element bei konstantem Volumen, so ist die Druckzunahme und damit auch die elektromotorische Kraft nur dann eindeutig bestimmt, wenn wir neben den thermischen Ausdehnungskoeffizienten der Komponenten des Elements auch ihre Mengenverhältnisse kennen, während die bei konstantem Druck gemessene elektromotorische Kraft von den Mengenverhältnissen der einzelnen Phasen unabhängig ist; auch dieser

1 Von der Notwendigkeit dieser Bedingung überzeugt man sich am besten durch Betrachtung des betreffenden Kreisprozesses; vgl. darüber Theor. Chem. S. 23 ff.

Umstand zeigt, daß die Gleichung (157) eine praktisch meistens unbrauchbare Form besitzt.

Historisch ist zur ganzen Frage zu bvemerken, daß weder HELMHOLTZ selber, noch sein Schüler CZAPSKI, noch spätere Forscher (JAHN und andere) bei Anwendung der Gleichung (157) auf galvanische Elemente mit der Änderung der elektromotorischen Kraft bei konstantem Volumen operiert haben; vielmehr wurde gesetzt

$$(158) \quad \ldots\ldots\ldots\ldots\ldots \quad E - W_p = T\left(\frac{dE}{dT}\right)_p .$$

Die elektromotorische Kraft wurde fast stets bei Atmosphärendruck gemessen; für W_p, Wärmeentwicklung bei konstantem Druck, wurden z. B. die Daten von THOMPSEN eingeführt, die sich ebenfalls auf die im Kalorimeter entwickelte Wärme beziehen, wenn die Reaktion unter Atmosphärendruck sich abspielt. Eine Motivierung hiervon habe ich weder bei HELMHOLTZ, noch bei CZAPSKI, noch bei ihren unmittelbaren Nachfolgern gefunden; vielleicht nahm man stillschweigend (übrigens mit Recht) an, daß bei galvanischen Elementen, die keine gasförmige Phase enthalten, $\left(\frac{dE}{dT}\right)_p$ und $\left(\frac{dE}{dT}\right)_v$ praktisch als gleich angesehen werden können, wie auch k_n der Formel (157) und W_p nur ungeheuer wenig verschieden sind.

Eine vollständig erschöpfende Behandlung dieser Frage findet sich bei R. LORENZ und M. KATAYOMA[1], die auf folgendes Verhalten des thermodynamischen Potentials $F\,(= pv - A)$ und der Entropie S hinweisen.

Es ist nach (1)

$$(159) \qquad \begin{aligned} F &= -U + pv - TS \\ dF &= -dU + pdv + vdp - TdS - SdT. \end{aligned}$$

1 Zeitschr. physik. Chemie **62.** 119 (1908).

Nun ist

$$dS = -\frac{dU + pdv}{T}$$

und daher

$$dF = vdp - SdT, \left(\frac{\partial F}{\partial T}\right)_p = -S.$$

Führen wir für $-U + pv$ die Wärmefunktion W_p ein, so wird Formel (159)

$$F - W_p = T\left(\frac{\partial F}{\partial T}\right)_p,$$

eine mit (158) identische Gleichung.

Übrigens können wir im vorliegenden Fall auch zum gleichen Resultat durch eine einfache Betrachtung gelangen, indem wir von einer Eigentümlichkeit kondensierter Systeme Gebrauch machen, die darin besteht, daß wir mit ihnen auch beim Drucke $p = 0$ operieren können; bei tiefen Temperaturen, woselbst der Dampfdruck verschwindend klein wird, ist dies ohne weiteres klar, aber auch bei höheren Temperaturen können wir offenbar bei der Geringfügigkeit des Einflusses, den Druckänderungen in mäßigen Beträgen auf kondensierte Systeme ausüben, durch eine kleine Extrapolation mit jeder beliebigen Genauigkeit das Verhalten der kondensierten Systeme angeben, wie man es bei dem Drucke Null beobachten würde. Bei dem Drucke Null dürfen wir aber auch bei konstantem Drucke erwärmen, weil dann durch die damit verbundene Erwärmung keine Arbeitsleistung erfolgt, und so ergibt sich, am einfachsten durch die Betrachtung des entsprechenden Kreisprozesses, sofort

(160). . . . . $E_\circ - W_\circ = T\frac{dE_\circ}{dT} \ldots (p = 0)$

oder allgemein

(161). . . . . $\overset{\circ}{K}_n - \overset{\circ}{k}_n = T\left(\frac{\partial \overset{\circ}{K}_n}{\partial T}\right)_p \ldots (p = 0)$.

Wie man von obigen Gleichungen durch Betrachtung eines Kreisprozesses zu höheren Drucken übergehen kann, habe ich in der eingangs erwähnten Arbeit gezeigt.

2. Formulierung des neuen Wärmesatzes. Zu der Gleichung (1) in ihrer Anwendung auf Ausdehnung eines kondensierten Stoffes um das Volumen dv

$$(162) \quad \ldots\ldots\ldots\ldots\ldots A - U = T\left(\frac{dp}{dT}\right)_v$$

fügt der neue Wärmesatz die Bedingung hinzu

$$(163) \quad \ldots\ldots \lim T\left(\frac{dA}{dT}\right)_v = \lim \left(\frac{dp}{dT}\right)_v \text{ (für } T = 0\text{).}$$

Da also bei tiefen Temperaturen nach dem neuen Wärmesatze

$$\left(\frac{dp}{dT}\right)_v = 0 \text{ und } \left(\frac{dv}{dT}\right)_p = 0$$

werden, so braucht hier zwischen

$$\left(\frac{\partial K_n}{\partial T}\right)_p \text{ und } \left(\frac{\partial K_n}{\partial T}\right)_v$$

nicht unterschieden zu werden; gelegentlich über diese Frage in der Literatur aufgetauchte Erörterungen, welche dieser Größen bei tiefen Temperaturen gegen Null konvergieren soll, waren also prinzipiell verdreht.

Wir formulieren also nunmehr den neuen Wärmesatz durch die Ansätze

$$(164) \quad \ldots\ldots\ldots \lim\left(\frac{\partial K_n}{\partial T}\right)_p = \lim \left(\frac{\partial K_n}{\partial T}\right)_v = 0$$

und daher auch

$$(165) \quad \ldots\ldots\ldots \lim\left(\frac{\partial k_n}{\partial T}\right)_p = \lim \left(\frac{\partial k_n}{\partial T}\right)_v = 0\,.$$

3. Thermodynamisches Potential. Die Umwandlungsarbcit kondensierter Systeme ineinander wird bekanntlich der Berechnung zugänglich, wenn wir ihre Dampfspannungen oder Dissziationsspannungen kennen, wofür auch die Löslichkeiten eintreten können.

So gilt für die Umwandlungsarbeit (bei konstantem Druck) bei dem Übergang von monosymmetrischen in rhombischen Schwefel

$$(166) \ldots\ldots\ldots\ldots\ldots -F = RT \ln \frac{\pi_1}{\pi_2},$$

wo π_1 und π_2 die Dampfdrucke der beiden Modifikationen bezeichnen; die Gleichung bezieht sich auf ein nach AVOGADROS Gesetz bestimmtes Mol. Schwefel. Die gleiche Formel gilt für die Reaktion

$$(167) \ldots\ldots\ldots\ldots\ldots 2\,Ag + J_2 = 2\,AgJ,$$

worin π_1 dann die Dampfspannung des festen Jods, π_2 die Dissoziationsspannung des Jodsilbers bezeichnet. Der Wärmesatz liefert dann

$$(168) \ldots\ldots\ldots \lim \frac{dW}{dT} = \lim \frac{dF}{dT} = 0 \text{ (für } T = 0\text{)},$$

worin als W die den thermochemischen Messungen zu entnehmende Umwandlungswärme bei konstantem Druck (Atmosphärendruck) bezeichnet.

Bei kondensierten Systemen ist die von uns früher benutzte Funktion A (= maximale Arbeit), wie oft erwähnt, mit $-F$ praktisch identisch, wenn es sich um kleine Drucke handelt; ein genaues Maß des chemischen Potentials ist die elektromotorische Kraft.

Zahlreiche Anwendungen der Gleichung (168) haben wir in den früheren Kapiteln kennen gelernt, wie es in der Natur der Sache liegt, daß sich der neue Wärmesatz besonders häufig auf chemische und elektrochemische Prozesse übertragen läßt.

4. Oberflächenspannung. Sowohl die zur Bildung der Einheit der Oberfläche nötige Arbeit σ wie die Wärmeentwicklung q, die mit dem Verschwinden der Einheit der Oberfläche (ohne Arbeitsleistung) verbunden ist, müssen bei tiefen Temperaturen einander gleich und von der Temperatur unabhängig werden.

5. Magnetisierungszahl. Für die Magnetisierung paramagnetischer Körper unter dem Einfluß der Feldstärke k gilt, wie in Ausführung einiger von W. THOMSON bereits 1878 gemachten Bemerkungen WARBURG[1] zeigte,

$$A = km,\ U = k\,(m - M)\ (p = \text{konst.});$$

darin bedeutet m das durch die magnetische Kraft 1 erzeugte magnetische Moment der Masseneinheit und M die hierbei absorbierte Wärme. Der zweite Wärmesatz liefert

$$(169) \quad \ldots\ldots\ldots\ldots\ldots \quad M = T\left(\frac{dm}{dT}\right)_p,$$

der neue Wärmesatz fügt hinzu

$$(170) \quad \ldots\ldots\ldots \lim \frac{M}{T} = \lim\left(\frac{dm}{dT}\right) = 0 \ (\text{für } T = 0).$$

Im Einklang hiermit wies OOSTERHUIS[2] nach, daß selbst Stoffe, die bis zu tiefen Temperaturen dem Gesetz von CURIE folgen, bei hinreichend starker Abkühlung davon in dem Sinne abweichen, daß die Suszeptibilität von der Temperatur unabhängig zu werden beginnt und suchte dies Verhalten molekulartheoretisch zu deuten.

6. Thermoelektrizität. Bezeichnen wir mit Q die Peltierwärme, mit e die Potentialdifferenz zwischen zwei Metallen, so gilt bekanntlich (ganz analog zu Gleichung (169))

$$(171) \quad \ldots\ldots\ldots\ldots\ldots \quad Q = T\left(\frac{de}{dT}\right)_p;$$

der neue Wärmesatz liefert

$$(172) \quad \ldots\ldots\ldots \lim \frac{Q}{T} = \lim\left(\frac{de}{dT}\right) = 0 \ (\text{für } T = 0).$$

---

1 Wied. Ann. **20.** 814 (1883).

2 Physik. Zeitschr. **14.** 862 (1913).

Wie Hr. WIETZEL (86), der eine große Anzahl von Kombinationen bis zur Temperatur des unter vermindertem Druck siedenden Wasserstoffs untersuchte, nachweisen konnte, liegt unzweifelhaft die Tendenz vor, daß $\frac{de}{dT}$ bei tiefen Temperaturen rasch abfällt; in einzelnen singulären Fällen kann dieser Abfall allerdings erst bei den tiefsten Heliumtemperaturen[1] beobachtet werden. Die Gleichung (172) kann man also als experimentell hinreichend verifiziert ansehen.

7. Einführung der spezifischen Wärmen. Die obigen Formeln erhalten eine große Erweiterung durch Einführung der spezifischen Wärmen; obwohl wir zahlreiche Beispiele hierfür in den früheren Kapiteln kennen gelernt haben, wollen wir doch in den nunmehrigen verallgemeinerten Formeln ihren Einfluß noch kurz besprechen.

Der erste Wärmesatz liefert die Beziehungen

$$(173) \quad \left(\frac{\partial k_n}{\partial T}\right)_v dw_n = C_v{}' - C_v{}'', \left(\frac{\partial k_n}{\partial T}\right)_p dw_n = C_p{}' - C_p{}'',$$

worin $C_v{}'$ und $C_p{}'$ die Wärmekapazitäten des Systems bedeuten, bevor die betreffende durch die Änderung des Parameters w_n um dw_n definierte Zustandsänderung vor sich gegangen ist, $C_v{}''$ und $C_p{}''$ diejenigen nach der Zustandsänderung.

Nun liefert die Integration der Gleichung (157)

$$K_n = -T\int\frac{k_n}{T^2}dT + CT$$

und die Anwendung des neuen Wärmesatzes

$$\lim \frac{dK_n}{dT} = 0 \text{ (für } T = 0)$$

liefert die Bedingungen, daß der Ausdruck

$$-\int\frac{k_n}{T^2}dT - \frac{k_n}{T} + C$$

---

1 KEESOM, Physik. Zeitschr. **14.** 674 (1913).

bei tiefen Temperaturen verschwinden muß, was nur möglich ist, wenn

$$C = 0 \text{ und } \lim \frac{dk_n}{dT} = 0$$

ist. Es wird somit

$$K_n = -T\int^T \frac{k_n}{T^2}\, dT$$

oder es ist mit anderen Worten K_n für alle Temperaturen berechenbar, wenn wir k_n als Temperaturfunktion kennen; dies ist aber der Fall, wenn wir k_n bei einer beliebigen Temperatur und die $C_v' - C_v''$-, bzw. $C_p' - C_p''$-Werte bei allen Temperaturen kennen.

8. Benutzung des T^3-Gesetzes für die spezifischen Wärmen.

Wir wollen im folgenden voraussetzen, daß die Beziehung von DEBYE

$$E = aT^4$$

für hinreichend tiefe Temperaturen nicht nur für Körper unter Atmosphärendruck, sondern auch bei beliebigen Drucken und auch für beliebige, durch Magnetisierung, dielektrische Polarisation usw. modifizierte Zustände gilt. Die experimentelle Prüfung hiervon steht allerdings noch aus und wird sich direkt in vielen Fällen gar nicht erbringen lassen, doch wird man dieser Annahme wohl von vornherein mit großer Wahrscheinlichkeit Allgemeingültigkeit zuschreiben dürfen, zumal in theoretischer Beziehung die Betrachtungen DEBYEs offenbar ebenfalls zu verallgemeinern sind.

Zustandsgleichung bei tiefen Temperaturen. Nach dem zweiten Wärmesatz gilt allgemein[1]

$$p - \frac{\partial U}{\partial v} = -\frac{\partial Q}{\partial v} = T\frac{\partial p}{\partial T}; \tag{175}$$

$$T\frac{\partial^2 p}{\partial T^2} = \frac{\partial C_v}{\partial v}. \tag{176}$$

1 Theor. Chem. S. 55 und 56.

Wir setzen

$$(177) \ldots\ldots\ldots\ldots \quad \frac{\partial E}{\partial T} = C_v = 4aT^3,$$

worin a nur eine Funktion des Volumens ist, so daß wir der Deutlichkeit willen schreiben wollen

$$(178) \ldots\ldots\ldots\ldots \quad C_v = 4f(v)T^3.$$

Aus (176) folgt dann

$$4f'(v)T^3 = T\frac{\partial^2 p}{\partial T^2}.$$

Durch Integration folgt unter Berücksichtigung von

$$\lim \frac{\partial p}{\partial T} = 0 \text{ (für } T = 0),$$

$$(179) \ldots\ldots\ldots\ldots \quad p = p_0 + \frac{f'(v)}{3}T^4$$

und hieraus

$$(180) \ldots\ldots\ldots\ldots \quad -\frac{\partial Q}{\partial v} = \frac{4f'(v)}{3}T^4.$$

Um schließlich die Wärmeausdehnung des Körpers beim Drucke Null zu erhalten, setzen wir

$$(181) \ldots\ldots\ldots\ldots \quad v_0 - v = \kappa p$$

(κ die auf das Volumen v_0 bezogene Kompressibilität); dann wird

$$(182) \ldots\ldots\ldots \quad \left(\frac{\partial p}{\partial T}\right)_v = \frac{\kappa\frac{\partial v_0}{\partial T} - (\upsilon_0 - \upsilon)\frac{\partial \kappa}{\partial T}}{\kappa^2}$$

und somit

$$(183) \ldots\ldots\ldots\ldots \quad \left(\frac{\partial p}{\partial T}\right)_{v=v_0} = \frac{1}{\kappa}\frac{\partial v_0}{\partial T}.$$

Aus (179) und (181) folgt dann

(184) $$v_0 = V_0 + \kappa\frac{f'(V_0)}{3}T^4\,; \qquad \left(\frac{\partial v_0}{\partial T}\right)_{p=0} = \kappa\frac{4f'(V_0)}{3}T^3\,.$$

Darin bedeutet V_0 das Volumen bei $T = 0$ und $p = 0$. Aus (182) folgt übrigens auch

(185) .... $\kappa = \kappa_0 + \beta T^4$.

Aus obigen Gleichungen geht hervor, daß Ausdehnungs- und Spannungskoeffizient bei tiefen Temperaturen der dritten Potenz der absoluten Temperatur proportional wachsen; die Kompressionswärme nimmt mit der vierten Potenz zu.

Dass Wärmeausdehnung und spezifische Wärme unter gewissen Voraussetzungen auch bei höheren Temperaturen einander proportional sind, wurde bekanntlich von GRÜNEISEN[1] gefunden, aber nur bei tiefen Temperaturen handelt es sich um ein strenges Gesetz.

Über den Einfluß der spezifischen Wärmen unter Annahme des T^3-Gesetzes auf die *chemische Affinitität* vgl. S. 69.

Oberflächenspannung. Die S. 176 eingeführten Größen σ und q stehen miteinander durch die Formeln

$$\sigma = q_0 + \frac{a}{3}T^4\,, \qquad q = q_0 - aT^4$$

in Beziehung; der Koeffizient a ist durch die Änderung der Wärmekapazität gegeben, die mit der Einheit Oberfläche verbunden ist.

Magnetisierungszahl. Hier gilt (für konstanten Druck)

$$m = m_0 + \frac{\alpha}{3}T^4$$

$$m - M = m_0 - \alpha T^4$$

$$M = \frac{4}{3}\alpha T^4.$$

---

1 Verhandl. d. physik. Ges. **13.** 426 (1911).

Der Koeffizient α ist durch die Änderung der Wärmekapazität bestimmt, welche die Volumeneinheit paramagnetischer Substanz bei der Magnetisierung durch die Kraft $k = 1$ erfährt; es ist

$$\frac{d(m-M)}{dT} = 4\alpha T^3 = \tau_p{}' - \tau_p{}''.$$

τ'_p ist die Wärmekapazität der Volumeneinheit vor, τ''_p diejenige nach der Magnetisierung. Das $\tau'_p - \tau''_p$ einer direkten Messung wegen der ungeheuren Kleinheit natürlich ganz unzugänglich ist, so kann vorstehende Gleichung dazu dienen, die Größe, die vielleicht für die Theorie des Paramagnetismus Bedeutung gewinnen kann, indirekt abzuleiten.

Peltierwärme. Hier gilt (vgl. S. 221)

$$(186) \qquad e = e_0 + \frac{a}{3}T^4, \qquad \frac{de}{dT} = \frac{4}{3}aT^3 \qquad Q = e - U = \frac{4}{3}aT^4.$$

Dass der durch die absolute Temperatur dividierte Peltiereffekt von gleicher Ordnung unendlich klein werden muß, wie die spezifische Wärme, habe ich schon gelegentlich[1] betont. Auf ganz anderem Wege ist KEESOM[2] zu obigen Formeln gelangt.

Hier liegt übrigens der eigentümliche Fall vor, daß wir nicht in der Lage sind, den Koeffizienten a sicher durch ein, wenn auch nur gedankliches Experiment mit spezifischen Wärmen zu ermitteln.

9. Einfluß der Temperatur auf die Gravitation. Bekanntlich entzogen sich die Fernkräfte der klassischen Physik bisher der Anwendung des zweiten Wärmesatzes; alle thermodynamischen Fragen schienen durch den Ansatz

$$A = U$$

erledigt zu sein.

Die thermodynamische Betrachtungsweise, wie sie durch unsern Wärmesatz angebahnt ist, führt uns auch hier einen Schritt weiter; die vorstehende Gleichung kann unmöglich für alle Temperaturen

1 Sitzungsber. d. Preuß. Akad. d. Wiss. 1912, S. 140.

2 Physik. Zeitschr. **14.** 670 (1913).

zutreffen, weil sie voraussetzt, daß ein Körper, der einmal dem Einfluß der betreffenden Fernkraft entrückt ist, sodann ihr unterworfen wird, in beiden Fällen genau die gleiche Wärmekapazität besitzt. Dies kann wohl sehr nahe, aber unmöglich genau zutreffen, und so kann es kommen, daß bei tiefen Temperaturen A und U beide zwar praktisch, aber nicht prinzipiell von der Temperatur unabhängig und daher auch einander gleich sind.

Mit anderen Worten, um diese, wie mir scheint, tief einschneidende Auffassungsweise möglichst zu veranschaulichen: der Fall eines Steines zur Erde ist ein Vorgang, der sich bei unseren (und sicherlich auch bei noch viel höheren) Temperaturen genau so verhält, wie sich etwa das S. 94 besprochene Jodsilberelement bei 1° abs. verhalten würde; aber in beiden Fällen ist es nur eine Frage der Temperatursteigerung, um eine merkliche Divergenz zwischen A und U beobachten zu können.

Wir wollen dies am Beispiel der Gravitation rechnerisch verfolgen und nehmen zu diesem Zweck an, daß innerhalb einer großen Hohlkugel von konstanter Temperatur ein Punkt von der Masse m einmal dem Einfluß der Schwere entrückt sei, sodann in ein Schwerfeld gebracht wird, unter dessen Einfluß er die Geschwindigkeit v anzunehmen vermag.

Der bisherige Ansatz lautete dann einfach

(187) $$A = U = \frac{m}{2}v^2;$$

jetzt müssen wir schreiben:

(188) $$U = \frac{m}{2}v_0^2 + E - E',$$

(189) $$A = \frac{m}{2}v_0^2 - T\int_0^T \frac{E-E'}{T^2}dT,$$

worin E den Energiegehalt des (ruhenden) Massenpunktes vor, E' nach dem oben besprochenen Vorgang bezeichnet. Bei tiefen Temperaturen gehen (188) und (189) natürlich in (187) über.

Um einen Einblick in die Größe von $E - E'$ und somit in den Temperatureinfluss zu gewinnen, wollen wir als Massenpunkt ein Wasserstoffatom betrachten, wobei wir natürlich ohne hypothetische Annahmen nicht auskommen; wenn übrigens die in neuerer Zeit vielfach geäußerte Auffassung zutrifft, daß alle Materie aus positiven Elektronen (= Wasserstoffionen) und negativen Elektronen zusammengesetzt ist, so würde obige Spezifizierung für jede künftige Theorie der Gravitation durchaus zweckmäßig sein, weil sie den einfachsten Fall darstellt, auf den sämtliche Gravitationserscheinungen sich zurückführen lassen.

Die Einwirkung der Schwere auf das Wasserstoffatom erstreckt sich bekanntlich fast ausschließlich auf den Kern; die Einwirkung auf das negative Elektron wollen wir vernachlässigen. Für die Konstitution des Kernes benutzen wir die Auffassung, die ich in meiner Arbeit (108) S. 109 ff. entwickelt habe, wonach wir denselben als einen Resonator von der Schwingungszahl oder richtiger Tourenzahl

$$\nu = 0{,}75 \cdot 10^{23}$$

auffassen können. Dann beträgt

$$E = \frac{h\nu}{e^{\frac{h\nu}{kT}} - 1} \qquad E' = \frac{h\nu'}{e^{\frac{h\nu'}{kT}} - 1},$$

worin zwischen ν und ν' die einfache Beziehung besteht,

$$(190) \ldots\ldots\ldots\ldots\ldots \quad \frac{\nu - \nu'}{\nu} = \left(\frac{v_0}{c}\right)^2$$

(c Lichtgeschwindigkeit, v_0 der auf $T = 0$ bezogene ν-Wert). Die von unserem Wärmesatz gegebenen Gleichungen (188) und (189) nehmen dann die Form an

$$(191) \ldots\ldots\ldots\ldots \quad U = \frac{m}{2} v_0^2 + \frac{h\nu}{e^{\frac{h\nu}{kT}} - 1} - \frac{h\nu'}{e^{\frac{h\nu'}{kT}} - 1},$$

$$(192) \quad \ldots\ldots\ldots A = \frac{m}{2}v_0^2 - h(\nu - \nu') + kT\ln\frac{e^{\frac{h\nu}{kT}} - 1}{e^{\frac{h\nu'}{kT}} - 1},$$

womit unsere Aufgabe, freilich mit Benutzung von zurzeit noch sehr hypothetischen Annahmen, gelöst ist. Beschränken wir uns auf Temperaturen, die klein gegen $\frac{h\nu}{k} = 3,7 \cdot 10^{12}$ Grad sind, so gehen Gleichungen (191) und (192) unter Benutzung von (190) über in

$$(193) \quad \ldots\ldots\ldots U = \frac{m}{2}v_0^2 - h\nu\frac{\left(\frac{h\nu}{kT} - 1\right)\left(\frac{v_0}{c}\right)^2}{e^{\frac{h\nu}{kT}}}$$

$$(194) \quad \ldots\ldots\ldots\ldots A = \frac{m}{2}v_0^2 + h\nu\frac{\left(\frac{v_0}{c}\right)}{e^{\frac{h\nu}{kT}}}.$$

Die Formel (187) bleibt also bei Temperaturen zutreffend, die klein gegen 3,7 Billionen Grad sind, aber im Prinzip müssen wir daran festhalten, daß strenggenommen nur nahe beim absoluten Nullpunkt die bei der Bremsung eines gefallenen Steines entwikkelte Wärme gleich der maximalen Arbeit des Vorganges ist.

10. Klassifikation der Naturprozesse. Bereits S. 9 haben wir durch die Grenzfälle

$$U = A \text{ und } U = 0$$

zwei besonders ausgezeichnete Kategorien von Naturprozessen kennen gelernt, und zwar ist die erste Kategorie insofern allgemeiner, als bei hinreichend tiefer Temperatur alle Vorgänge diesem Grenzwert zustreben.

Jetzt können wir einen Schritt weiter gehen und eine einheitlichere Klassifikation danach vornehmen, daß wir die Temperaturen ins Auge fassen, bei denen die betreffenden Prozesse das Grenzgebiet

$$U = A$$

zu verlassen beginnen, und zwar hat unser Wärmesatz uns als Kriterium hierfür die Schwingungszahl ν kennen gelehrt, die mit $\beta = \frac{h}{k}$ multipliziert jene charakteristische Temperatur liefert. Selbstverständlich handelt es sich hier um einen bloßen Überschlag, das genauere Resultat ist in jedem Falle, wie in diesem Buche auseinandergesetzt, zu ermitteln und es ist daher hierfür auch ziemlich gleichgültig, ob wir die charakteristische Schwingungs- oder Tourenzahl mit der Formel von EINSTEIN oder von DEBYE bestimmen. Mit dieser Einschränkung ist vielleicht folgende Zusammenstellung der absoluten charakteristischen Temperaturen bemerkenswert.

Vorgang	Charakteristische Temperatur
Ausdehnung eines Gases von Normalkonzentration (ein Mol pro 22,41 Liter)	0,03 – 0,0001°
Chemische und elektrochemische Prozesse in kondensierten Systemen, in der Regel zwischen	100 – 500°
Radioaktive Prozesse	ca. $5 \cdot 10^{10}$ Grad
Gravitationserscheinungen	ca. $4 \cdot 10^{12}$ Grad

Die für die radioaktiven Prozesse verzeichnete Zahl ist in der Weise berechnet, daß die kinetische Energie der emittierten Heliumatome, die z. B. für RaC, RaF, Actin. B, Thor B u. C von derselben Größenordnung ist,[1] gleich $h\nu$ gesetzt wurde. Den Einfluß der Temperatur auf die COULOMBsche Anziehung abzuschätzen, dafür fehlt uns jeder Anhalt; der hypothetische Charakter der letzten Zahl sei nochmals betont.

11. Rückblick. Am Schlusse unseres Berichtes über die thermodynamischen Fragen, die unser Laboratorium etwa ein Jahrzehnt hindurch beschäftigt haben, drängt sich beim Überschauen der gewonnenen Ergebnisse die Frage auf:

1 Vgl. KOHLRAUSCH, Leitfaden d. prakt. Physik, 11. Aufl. S. 642.

Ist die Thermodynamik nunmehr zu einem Abschluß gelangt oder ist die Auffindung noch weiterer Wärmesätze zu erwarten?

Ich glaube, daß sich diese Frage vollkommen eindeutig und sicher beantworten läßt, nämlich dahingehend, daß, wenn unser Wärmesatz, wie ich hoffe dargetan zu haben, tatsächlich an Allgemeingültigkeit und Genauigkeit den beiden vorhandenen Hauptsätzen als dritter an die Seite zu stellen ist, es einen vierten oder gar noch weiteren Hauptsatz nicht mehr geben kann.

In der Tat scheint durch das Hinzutreten unseres Wärmesatzes zu den beiden vorhandenen die Thermodynamik erschöpft zu sein, indem sich nunmehr alle Naturprozesse, soweit dies angesichts des Umstandes möglich ist, daß die räumlichen und zeitlichen Koordinaten von der Thermodynamik überhaupt nicht erfasst werden können, bei Kenntnis der Energiefunktion U eindeutig berechnen lassen; alle weiteren Fortschritte, die auf dem Gebiete der Thermodynamik noch denkbar wären, könnten sich daher nur auf weitere Gesetzmäßigkeiten bezüglich jener Funktion beziehen. Nun aber läßt sich U auf die Nullpunktenergie U_0 und auf spezifische Wärmen zurückführen, beides Größen, die der allgemeinen Thermodynamik naturgemäß fremd sind.

Damit sind denn auch die künftigen Aufgaben, durch deren Lösung allerdings die Thermodynamik kaum prinzipiell, um so mehr aber in ihrer Anwendungsfähigkeit gefördert werden wird, klar vorgezeichnet. Es wird sich erstens darum handeln, die spezifischen Wärmen in ihrer Abhängigkeit von Temperatur und allen denkbaren äußeren Einflüssen weiter zu erforschen; zweitens über das Wesen der beiden identischen Größen U_0 und A_0 (Nullpunktsenergie, potentielle Energie) zur größeren Klarheit zu gelangen, in welch letzterer Richtung meine mehrfach erwähnte Arbeit (108) vielleicht einen ersten Versuch bildet.

Kapitel XVI.
Einige historische und sachliche Nachträge

In den vorhergehenden Kapiteln habe ich mich vorwiegend, wenn auch keineswegs ausschließlich, auf die Besprechung der Ergebnisse beschränkt, zu denen meine Mitarbeiter und ich gelangt sind; der Vollständigkeit willen wird es erwünscht sein, wenn wir in diesem Nachtragskapitel noch kurz auf die Arbeiten einiger anderer Autoren eingehen.

1. Zur Vorgeschichte des Wärmesatzes. Im ersten Kapitel habe ich mich bemüht, die Entwicklung des neuen Wärmesatzes historisch zu schildern, d. h. diejenigen Arbeiten anzugeben, denen ich in meinen jahrelangen Vorarbeiten wichtige Anregungen verdanke.

Hier möchte ich noch besonders auf das bekannte ausgezeichnete Werk von HABER, Thermodynamik technischer Gasreaktionen (1905), aufmerksam machen, das allerdings erst erschien, als meine Vorarbeiten im wesentlichen abgeschlossen waren. In diesem Werke wird besonders eindringlich auf die Wichtigkeit der Integrationskonstanten bei Gasgleichgewichten hingewiesen, deren Wesen dann unser Wärmesatz aufklärte.

Absichtlich nicht erwähnt habe ich eine Arbeit von Th. W. RICHARDS[1], weil ich ihrem thermodynamischen Inhalt infolge seiner Unklarheit und Unrichtigkeit keinerlei Einflüsse auf meine Überlegungen einräumen darf, obwohl VAN'T HOFF bemerkt, daß er zu seiner, von mir S. 7 besprochenen, wenn auch prinzipiell kaum einwandfreien, so doch höchst anregenden Arbeit durch die eben erwähnte Veröffentlichung von RICHARDS veranlasst sei.

In meiner Silliman lecture habe ich S. 56 mich mit letzterer folgendermaßen auseinandergesetzt: „In 1902 a very interesting paper was published by Th. W. RICHARDS on ‚The relation of changing heat capacity to change of free energy, heat of reaction, change of volume, and chemical affinity', in which he pointed out very clearly that the question whether $A > U$ or $U > A$ above absolute zero (where $A = U$), depends upon whether the heat capacity is increased

1 Zeitschr. physik. Chemie **42.** 129 (1903).

or decreased by the chemical process, and I am very glad to be able to state that our formulas agree qualitatively in many cases with the conclusions of RICHARDS. I do not wish to enter here into a discussion of the differences in the quantitative relations."

Ich war der Meinung, daß niemand, der diese Zeilen aufmerksam liest, meine Auffassung verkennen könnte, daß trotz vieler strenger Gedanken der RICHARDSchen Arbeit entweder die thermodynamischen Sätze des Herrn RICHARDS oder die meinigen verfehlt sein müßten, da ich doch die teilweise qualitative und die fehlende quantitative Übereinstimmung hervorhob; eine eindeutige und präzise Schlußfolgerung zeichnet bekanntlich die Thermodynamik ganz besonders aus.

Nun behauptet RICHARDS[1] neuerdings, ich hätte damit die Identität seiner älteren und meiner späteren Auffassung zugegeben; daraus scheint mir hervorzugehen, daß RICHARDS weder den Sinn obiger Zeilen noch meinen Wärmesatz überhaupt richtig verstanden hat. Und da er obendrein noch hinzufügt:

> „All these ideas was afterwards (1906) adopted unchanged by NERNST in his developement of the ‚Wärmetheorem' usually named after him",

so bin ich allerdings gezwungen, die Arbeit des Herrn RICHARDS einer Kritik zu unterziehen. Ich hielt eine solche angesichts der Klarheit der Sachlage bisher für entbehrlich und glaubte, um überflüssige Polemik zu vermeiden, mich auf meine obigen Bemerkungen beschränken zu können. Durch den oben von RICHARDS erhobenen Anspruch auf meinen Wärmesatz bin ich jedoch zu einer Erwiderung gezwungen.

Um die Frage der Beziehung zwischen maximaler Arbeit A und Wärmeentwicklung U zu beantworten, verzichtet Herr RICHARDS auf die Anwendung des zweiten Wärmesatzes überhaupt und glaubt mit dem ersten Wärmesatz auskommen zu können, was Jeden, der die klassische Thermodynamik kennt, von vornherein stutzig machen wird. Herr RICHARDS gewinnt durch die Beobachtung eines

---

1 Journ. of Amer. Chem. Soc. **36.** 2433 (1914).

von ihm, wie mir scheint, sehr unklar geschriebenen Kreisprozesses lediglich mit Hilfe des ersten Wärmesatzes die Beziehung

$$\text{(R!)} \qquad U = A + E - E',$$

(E Wärmeinhalt vor, E' nach der Umwandlung). Diese Gleichung ist aber natürlich unzutreffend; richtig muß sie lauten (Gesetz von KIRCHHOFF):

$$U = U_0 + E - E',$$

worin U_0 die Wärmeentwicklung beim absoluten Nullpunkt bezeichnet. Nach dem zweiten Wärmesatz kann man dafür bekanntlich auch A_0 einsetzen.

Ich möchte dem Leser dieses Buches die Aufzählung einer Reihe weiterer thermodynamischer Seltsamkeiten und Unklarheiten ersparen, zu denen RICHARDS mit Hilfe seiner Formel (R!) gelangt und die ihn schließlich zu der Behauptung führen, die Änderung der freien Energie sei überhaupt gar nicht das Maß der chemischen Affinität: „Wenn sich die Wärmekapazität während der Reaktion vermindert, ist die freie Energie kleiner als die Affinität und umgekehrt“ (sic!).

Herr RICHARDS hält sich auf Grund der besprochenen Arbeit offenbar für den eigentlichen Entdecker meines Wärmesatzes, obwohl zwischen seinen Formeln und den meinigen nicht die geringste Gemeinsamkeit besteht. Auch wenn er, wie kaum zu bezweifeln, den Sinn meiner Gleichungen in keiner Weise verstanden hat, so hätte ihn eigentlich folgender Umstand bedenklich machen sollen.

VAN' T HOFF gelangte, als er den Ausführungen von RICHARDS eine auch nur einigermaßen klare Form zu geben sich bemühte, bekanntlich 1904 zu dem Resultat

$$\lim \frac{dA}{dT} = \pm \infty \text{ (für } T = 0\text{)},$$

während ganz im Gegensatz mein Wärmesatz lautet

$$\lim \frac{dA}{dT} = 0 \text{ (für } T = 0\text{)};$$

dabei ist noch zu betonen, daß RICHARDS niemals gegen das VAN'T HOFFsche Resultat Einspruch erhoben hat.

Noch 1914 stellt Herr RICHARDS (l. c.) es als sicher hin, daß im Sinne seiner bereits oben von mir erwähnten Regel, falls Konzentrationseffekte vermieden werden, A größer sei als U, wenn die Wärmekapazität der reagierenden Stoffe nach der Reaktion größer ist, als vorher, und umgekehrt. Auch hier befindet sich RICHARDS in einem Irrtum. Diese Regel trifft wohl sehr häufig, aber keineswegs überall zu. Die Regel würde bedeuten, daß wenn U mit der Temperatur zunimmt, die Beziehung bestehen müßte $A < U$ und umgekehrt. Betrachten wir aber das Diagramm Fig. 16 (nicht reproduziert), so sehen wir, daß zwar bis etwa $T = 125°$ die Regel zutrifft, nicht mehr aber oberhalb dieser Temperatur. An der Sicherheit der Messungen kann in diesem Falle wohl kaum gezweifelt werden.

Um noch ein zweites sehr einfaches Beispiel zu nennen, so ist bei der Verwandlung von Quarzglas in kristallisierten Quarz sicherlich U größer als A. Bei tiefen Temperaturen ist denn auch im Sinne der Regel von RICHARDS die spezifische Wärme von Quarzglas merklich größer als von Quarz. Bei höheren Temperaturen, bereits sehr deutlich bei $T = 400°$, ist aber das Umgekehrte der Fall und bei $T = 600°$ ist der Unterschied schon ziemlich beträchtlich (vgl. Arbeit 47 S. 430). Dass oberhalb Zimmertemperatur Quarzglas eine kleinere spezifische Wärme besitzt als Quarz, hat übrigens noch kürzlich K. SCHULZ[1] durch eingehende Versuche bestätigt. Etwa bei Zimmertemperatur sind die spezifischen Wärmen der beiden Modifikationen einander gleich; hier müßte also nach RICHARDS Gleichheit zwischen A und U herrschen, wovon natürlich keine Rede sein kann.

Vom Standpunkte meines Wärmesatzes sind alle diese Fragen außerordentlich einfach zu überblicken. Bei tiefen Temperaturen muß sich stets die A- und U-Kurve voneinander entfernen; hier gilt also die Regel von RICHARDS. Bei höheren Temperaturen ist dies meistens auch noch der Fall, aber bisweilen, je nach dem durch Umstände mehr sekundärer Art bedingten Verhalten der spezifischen Wärmen, erreicht die U-Kurve ein Maximum bzw. Minimum und biegt dann um; dann aber gilt die Regel von RICHARDS nicht

1 Zentralbl. f. Mineralogie und Geologie **1912**, 481.

mehr, der also hiernach nur eine ganz nebensächliche Bedeutung zukommt. Herr RICHARDS verkennt die Sachlage also vollkommen, wenn er auf Grund dieser Regel auf meinen Wärmesatz auch nur entfernte Ansprüche erhebt.

2. Einige weitere Anwendungen des Wärmesatzes auf kondensierte Systeme. Die Ag J Reaktion wurde in einer Arbeit von G. JONES und E. L. HARTMANN[1], allerdings nichts mit der Vollständigkeit, wie von U. FISCHER und später von BRAUNE und KOREF, untersucht, indem diese Autoren sich darauf beschränkten, den Temperaturkoeffizienten der Kette

$$Ag \mid AgJ \mid J_2$$

zu messen; mit Hilfe der Formel von HELMHOLTZ berechnen sie für $T = 298$

$$U = 14\,570 \text{ cal.}$$

Als Zweck dieser Arbeit (ausgeführt im Laboratorium des Herrn RICHARDS) betonen sie die Prüfung der Theorie des Herrn RICHARDS über „die kompressiblen Atome". Sie heben zugleich mit Recht hervor, daß obiger Wert um ca. 500 cal. kleiner sei, als mein Wärmetheorem verlangt (15 014).

Bezüglich des davon abweichenden Ergebnisses von FISCHER betonten sie besonders, daß ihre Elemente konstanter gewesen seien; sie übergehen aber mit Stillschweigen, daß FISCHER durch sorgfältige direkte thermochemische Messungen, die nach zwei verschiedenen Methoden erfolgten, seinen Wert auf ganz andere Weise verifiziert hat, ebenso äußern sie sich nicht zu den Resultaten von BRAUNE und KOREF, die FISCHERs Zahl druch direkte Bestimmung der Wärmetönung ebenfalls sehr nahe bestätigten konnten. – Angesichts der weitgehenden Schlüsse, die JONES und HARTMANN ziehen, hätten sie meines Erachtens einer direkten thermochemischen Nachprüfung ihres U-Wertes nicht aus dem Wege gehen dürfen.

---

1 Amer. Chem. Soc. **37.** 752 (1915).

Bald darauf hat H. J. TAYLOR[1] obige Arbeit einer, wie mir scheint, sehr gründlichen und sachgemäßen Kritik unterzogen und insbesondere durch Untersuchung der Kette

$$Pb \mid PbJ_2 \mid AgJ \mid Ag$$

neues experimentelles Material erbracht; aus dem Temperaturkoeffizienten leitet er den Wert

$$U = 11\,550 \text{ (ber. } 11\,723)$$

ab; die in Klammern daneben gesetzte Zahl folgt durch Anwendung meines Wärmesatzes, stimmt also innerhalb der Beobachtungsfehler. Ermittelt man den gleichen Wert aus den von BRAUNE und KOREF ausgeführten Bestimmungen der Bildungswärme von Bleijodid, so ergibt sich

$$U = 11\,650;$$

unter Benutzung der auf elektrochemischem Wege durch FISCHER gewonnenen Bildungswärme von Silberjodid und der BRAUNE-KOREFschen Zahl von Bleijodid folgt

$$U = 11\,620,$$

während die Kombination der von JONES und HARTMANN gewonnenen Bildungwärme des Silberjodids von BRAUNE und KOREF

$$U = 12\,830$$

liefert. Der Umstand, daß letztere Zahl weit herausfällt, ist, zumal da die Zahl von BRAUNE und KOREF für Bleijodid in vorzüglicher Übereinstimmung auf zwei ganz verschiedenen Wegen, sowohl elektrochemisch wie thermochemisch, gewonnen wurde, ein weiteres starkes Argument für die Exaktheit der Arbeit von FISCHER und gegen die Genauigkeit der Messung von JONES und HARTMANN. Im Gegensatz zu diesen Autoren erklärt TAYLOR denn auch in seinem Schlußsatz die Ergebnisse „als günstig für das NERNST-Theorem, innerhalb der bisherigen Meßgenauigkeit der spezifischen Wärme".

---

1 Ibid. **38.** 2295 (1916).

Dem gleichen Autor[1] verdankt man im Verein mit zwei Mitarbeitern eine Untersuchung der beiden Elemente

$$Cd \mid CdCl_2 2\frac{1}{2}H_2O \mid HgCl_2 \mid Hg,$$

$$Cd \mid CdSO_4 {}^8/_3 H_2O \mid Hg_2SO_4 \mid Hg$$

vom Standpunkte meines Wärmesatzes. Die Rechnungen wurden ganz analog der Behandlung des Clark-Elementes durch POLLITZER durchgeführt. Die *U*-Werte bei Zimmertemperatur ergaben sich aus dem hier besonders gut bekannten Temperaturkoeffizienten der beiden Elemente; neu gemessen wurden die spezifischen Wärmen der beiden Kadmiumsalze (vgl. auch nachfolgenden Abschnitt). Es ergab sich für $T = 291$ das erste Element

0,7236 Volt (gef.) und 0,7426 Volt (ber.)

und für das zweite (Weston-Element mit reinem Kadmium anstatt Amalgam)

1,072 Volt (gef.) und 1,071 Volt (ber.).

Die Übereinstimmung muß, besonders da die spezifischen Wärmen der beiden Kadmiumsalze nur bis zur Temperatur der flüssigen Luft herab gemessen wurden, als durchaus befriedigend angesehen werden. Erwünscht scheint noch eine nähere Diskussion der Frage, wodurch sich der kleine Temperaturkoeffizient des Weston-Elements im Vergleiche zum Clark-Element erklärt und wie bei einer genaueren Berechnung der Einfluß der Verdünnungswärme beim kryohydratischen Punkt zu berücksichtigen ist. Der kryohydratische Punkt ergab sich beim Weston-Element zu $T = 256°$ (vgl. hierzu LANDOLT und BÖRNSTEIN, Tabellen S. 464 IV. Aufl.).

3. Zur Messung spezifischer Wärmen. In Ergänzung meiner Ausführungen S. 42 bis 44 sei noch auf die Untersuchung von KEESOM und KAMERLINGH-ONNES[2] über die spezifischen Wärmen des Kupfers zwischen 14 und 90° (abs.) hingewiesen; hier ergibt sich das Resultat, daß mit einer die Genauigkeit der Messungen nahe erreichenden Übereinstimmung die C_v-Werte sich durch den Wert

1 F. M. SEIBERT, G. A. HULET, H. S. TAYLOR ibid. 39, 38 (1917).

2 Sitzung der Kgl. Akademie zu Amsterdam vom 25. September 1915.

$\beta\nu = 315$ mit Hilfe von DEBYEs Formel darstellen lassen; dieser Wert ist aber identisch mit demjenigen, den ich aus meinen älteren, natürlich weniger genauen Messungen abgeleitet hatte (vgl. S. 115).

Ferner sei hier noch auf die neuen Messungen der spezifischen Wärme mit Hilfe des Vakuumkalorimeters hingewiesen, die wir bereits S. 190 erwähnten. Es wurde von den genannten Forschern im wesentlichen die gleiche Apparatur benutzt, die SCHWERS und ich beschrieben haben; die Temperaturmessung erfolgte mit Hilfe eines Platindrahtes, durch den ein äußerst konstanter Strom ging, so daß der Widerstand nach der Potentialmethode mit Hilfe eines Kompensationsapparates gemessen werden konnte. Beim Heizen wurde zur Kontrolle der Zeitmessung ein Silbervoltameter eingeschaltet; so zweckmäßig dies an sich ist, so glaube ich doch, daß in der Regel sich die Bestimmung der Dauer des Heizstromes hinreichend genau wird ausführen lassen, um die immerhin etwas umständliche Silberbestimmung entbehren zu können.

4. Zur praktischen Anwendung des Wärmesatzes. Als praktische Rechnungsregel für die Anwendung unseres Wärmesatzes haben wir S. 143 für die Gleichungen

$$(1) \qquad A - U = T\frac{dA}{dT} \text{ und (35) } \lim \frac{dA}{dT} = 0 \text{ (für } T = 0)$$

uns der kurzen Schreibweise bedient

$$(39) \qquad A = -T\int^{T} \frac{U}{T^2} dT,$$

wodurch angegeben wird, daß der Ausdruck hinter dem Integralzeichen unbestimmt zu integrieren und die obere Grenze in den so gewonnenen Ausdruck einzusetzen sei.

Von sehr hervorragender mathematischer Seite wurde mir diese Bezeichnungsweise als mit dem Wesen der Integration nicht gut vereinbar bemängelt; die Berechtigung hiervon ist ohne weiteres zuzugeben, aber auf der anderen Seite arbeitet die durch Formel (39) gegebene Rechnungsregel vollkommen korrekt, so daß sie mir nicht unzweckmäßig erscheint. Wie man sich an einem einfachen Beispiel, etwa den Formeln (41), überzeugen kann, ist eine untere Grenze im Integral der Gleichung (39) nicht angebbar.

Wie mir Herr Professor BYK gelegentlich freundlich mitteilte, und wie man sich leicht überzeugen kann, genügt auch der Ausdruck[1]

$$A = U - T\int_0^T \frac{dU}{dT}\frac{dT}{T}$$

dem obigen Formelsystem (1) und (35); anstatt U treten hier hinter dem Integral nur die spezifischen Wärmen auf (vgl. Formel 29). Es wird aber, um den ganzen Verlauf der A-Kurve aus der U-Kurve zu gewinnen, die Anwendung von Gleichung (39) in der Regel den Vorzug verdienen.

Im Jahre 1915 haben die Herren GANS und PEREYRA MIGUEZ[2] einerseits, HERR DRÄGERT[3] andererseits unabhängig und gleichzeitig einen Apparat beschrieben, welcher auf der S. 146 beschriebenen Konstruktion beruhend die A-Kurve automatisch zeichnet, wenn man die U-Kurve vom absoluten Nullpunkt aus mit dem Zeigerstift des Apparats nachfährt; auf diesen sehr scharfsinnig erdachten thermodynamischen Integrator sei hier noch besonders aufmerksam gemacht.

5. Wärmesatz und Quantentheorie. Im Kapitel VII haben wir gesehen, daß sich der neue Wärmesatz aus den beiden bekannten Wärmesätzen unter der Voraussetzung ableiten läßt, daß die spezifischen Wärmen bei tiefen Temperaturen mindestens von der ersten Ordnung gleich Null werden; letzteres Resultat folgt nun aber mit der Maßgabe, daß ein solches Nullwerden sogar mit erheblich höherer Ordnung stattfindet, aus der Quantentheorie, und zwar nicht nur für die festen Stoffe, sondern auch für Gase endlicher Konzentration. Damit ist denn auch erwiesen, daß der Wärmesatz zur Quantentheorie oder, richtiger ausgedrückt, zu jener Gruppe von Erschei-

---

1 Vgl. hierzu auch PLANCK, Thermodynamik, 5. Aufl. S. 283, Formel (282).

2 Physik. Zeitschr. **16.** 247 (1916).

3 Ibid. **16.** 295 (1915); vgl. auch Arbeit (102).

nungen, die PLANCK durch seine Quantentheorie so überaus erfolgreich unter einen gemeinsamen Gesichtspunkt gebracht hat, in einer engen Beziehung steht. In meinem Vortrage „Neuere Probleme der Wärmetheorie“ (48) habe ich darauf eingehender hingewiesen; SACKUR[1] UND JÜTTNER[2] haben spezielle Betrachtungen mitgeteilt, die auf Grund von Wahrscheinlichkeitsbetrachtungen von der Quantentheorie zu unserm Wärmesatz führen.

Ich möchte mich hier damit begnügen, auf folgenden ganz allgemeinen Gesichtspunkt aufmerksam zu machen. Der Grundgedanke der Quantentheorie führt zu der Auffassung, daß jedes homogene System (Gas, Gasgemisch, Kristall, Lösung usw.) durch Abkühlung in einen Zustand gelangen muß, in welchem, noch vor Erreichung des absoluten Nullpunktes, weitere Abkühlung keinen irgendwie nachweisbaren Einfluß mehr auf irgendeine Eigenschaft des betrachteten Systems ausübt. Dies gilt, wie die neueren Messungen teils erwiesen, teils wahrscheinlich gemacht haben, für das Volum, die Kompressibilität, den galvanischen Widerstand, die thermoelektrische Aktivität, die magnetische Suszeptibilität usw. [vgl. hier NERNST (62a)], es gilt vor allem auch für die thermodynamischen Funktionen U und A. Damit ist also unser Wärmesatz

$$\lim \frac{dU}{dT} = \lim \frac{dA}{dT} = 0 \text{ (für } T = 0)$$

sozusagen als Spezialfall eines viel allgemeineren Gesetzes hingestellt; freilich lassen sich, wie wir im Kapital XV gesehen haben, aus diesem Spezialfall nicht nur die andern Fälle, sondern auch noch viele wichtige weitere Einzelheiten erschließen.

Eine sehr bemerkenswerte Anwendung der Quantentheorie auf den Energieinhalt eines Stoffes bei sehr hohen Drucken verdankt man M. POLANYI[3], der dabei zu dem Ergebnis gelangt, daß bei sehr hohen Drucken die spezifische Wärme stets gegen Null konvergieren müsse.

---

1 Ann. d. Phys. [4] **34.** 465 (1911).

2 Zeitschr. f. Eletrochemie **17.** 139 (1911).

3 Verhandl. d. D. Physik. Ges. **15.** 156 (1913).

Wir können uns dies Resultat durch folgende einfache Betrachtung veranschaulichen. Wie schon MADELUNG und EINSTEIN zeigten[1], kann man die Schwingungszahl ν der Atome aus der Kompressibilität berechnen; wendet man diese Formel auf einen unter sehr hohem Druck befindlichen Körper an, dessen Kompressibilität unter diesen Bedingungen also sehr klein geworden ist, so müssen offenbar die ν-Werte entsprechend ungeheuer groß, die spezifische Wärme muß also umgekehrt bei nicht allzu hohen Temperaturen sehr klein werden. – übrigens führt auch jede Theorie der Gasentartung (S. 196) zu der Auffassung, daß ein oberhalb des kritischen Punktes sehr stark komprimiertes Gas eine sehr kleine Wärmekapazität besitzt.

Für Vorgänge unter sehr hohem Druck gilt also – und das ist das für uns besonders Bemerkenswerte an der Betrachtung POLANYIs – auch bei endlichen Temperaturen

$$\frac{dA}{dT} = \frac{dU}{dT} = 0,$$

oder, mit anderen Worten, die Länge des Weges, auf dem, vom absoluten Nullpunkte ausgehend, die A- und U-Kurve gemeinschaftlich verläuft, vergrößert sich bei starken Drucken. Auf weitere sehr interessante Folgerungen, die POLYANI aus seinen Betrachtungen ableitet, können wir hier nicht eingehen.

6. Einige prinzipielle Fragen. Im Kapitel VII habe ich den von mir bereits 1912 gegebenen Beweis wiedergegeben und etwas näher erläutert, wonach mein Wärmesatz sich aus der klassischen Thermodynamik ableiten läßt, wenn man das Verschwinden der spezifischen Wärme beim absoluten Nullpunkt als experimentell erwiesene Tatsache annimmt.

Die Wichtigkeit dieses Beweises darf man allerdings nicht überschätzen; denn die Auffassung (die ich vorsichtigerweise in meinen ersten Arbeiten vertreten zu sollen glaubte), wonach die Atomwärmen sämtlich zu einem zwar kleinen, aber für jedes Element charakteristischen oder vielleicht auch für alle Elemente gemeinsamen

1 Vgl. darüber Theor. Chem. S. 264.

Grenzwerte beim absoluten Nullpunkte konvergieren, ist durchaus mit meinem Wärmesatz verträglich, wenn nur diese Grenzwerte, ähnlich wie etwa die Radioaktivität, unabhängig von der Natur des Komplexes sind, in dem sich das betreffende Element befindet. Experimentell wird sich diese Auffassung nie widerlegen lassen, weil der Versuch stets nur obere Grenzwerte für diese „Restatomwärmen" liefert; sind letztere aber endlich, wenn auch noch so klein, so fällt mein Beweis, ebenso wie natürlich auch die PLANCKsche Hypothese vom Nullwerden der Entropie, ohne daß sich in den praktischen Anwendungen meines Wärmesatzes auch nur das geringste ändert.

Unter diesen, soweit ich sehe, von keiner autoritativen Seite je bestrittenen Umständen scheint es, daß die ursprüngliche Fassung meines Wärmesatzes

$$\lim \frac{dU}{dT} = \lim \frac{dA}{dT} = 0 \text{ (für } T = 0)$$

(U und A die mit dem betrachteten Vorgang verbundenen Änderungen von gesamter und freier Energie) auch heute noch vorzuziehen ist, weil sie die mit dem Wärmesatz auszuführenden Rechnungsoperationen nicht mit einer überflüssigen Hypothese belastet.

Meine oben von mir erwähnte Beweisführung ist von H. A. LORENTZ, CZUKOR, POLANYI und EINSTEIN diskutiert worden. H. A. LORENTZ[1] beschränkt sich allerdings auf die Mitteilung einer Deduktion. Wonach mein Wärmesatz beweisen werden kann, wenn man das von mir aufgestellte Prinzip der Unerreichbarkeit des absoluten Nullpunktes als richtig annimmt; ich selber war und bin allerdings der Meinung, daß dies Prinzip aus dem zweiten Wärmesatz mit Notwendigkeit folgt, wenn man das Nullwerden der spezifischen Wärmen annimmt.

CZUKOR[2] betrachtet ebenso wie ich einen Kreisprozess, der Unterschied gegen meine Ableitung erscheint mir rein formal. In mancher Hinsicht anschaulich ist aber die von ihm vorgeschlagene Fassung des Wärmesatzes, wonach „für jeden kondensierten Stoff

1 Chem. Weekblad **10.** S. 621 (1913).

2 Verhandl. d. D. Physik. Ges. **16.** 846 (1914).

ein Temperaturgebiet existiert, in welchem sich die Reaktionen längs einer Isotherme so abspielen, wie sie bei gewöhnlicher Temperatur adiabatisch verlaufen würden".

Etwas anders betrachtet POLANYI[1] die Frage, indem er eine Reihe adiabatischer und isothermer Veränderungen betrachtet; obwohl sein Verfahren einwandfrei ist, möchte ich der Betrachtung eines einfachen Kreisprozesses doch den Vorzug geben. – In einer zweiten Arbeit hält POLANYI[2] die Beweiskraft seiner Ausführungen gegenüber EINSTEIN im wesentlichen aufrecht.

Es wird gewiß von großem Interesse sein, wenn ich zum Schluß noch kurz auf den Standpunkt EINSTEINs eingehe. Auf dem ersten Solvey-Kongreß[3] betonte EINSTEIN (1911), daß aus dem Verschwinden der spezifischen Wärme in der Nähe des absoluten Nullpunktes mein Wärmesatz nicht gefolgert werden könne und H. A. LORENTZ schloß sich diesen Ausführungen an. Ich meinerseits wies demgegenüber darauf hin, daß in der Nähe des absoluten Nullpunktes auf jede Dislokation eines Atoms vom Standpunkte der Quantentheorie aus die gewöhnliche Potentialtheorie anzuwenden sei (was natürlich identisch mit meinem Wärmesatz ist).

Bald darauf veröffentlichte ich den im Kapitel VII wiedergegebenen und in einigen Punkten näher erläuterten rein thermodynamischen Beweis meines Wärmesatzes, den EINSTEIN zunächst nicht für bindend hielt, wie aus folgenden Bemerkungen[4] hervorgeht, die sich eingangs seiner Arbeit finden:

> „Im nachfolgenden sind zwei Betrachtungen wiedergegeben, inwieweit die wichtigsten neueren Ergebnisse der Wärmelehre, nämlich die PLANCKsche Strahlungsformel und das NERNSTsche Theorem, ohne Zuhilfenahme des BOLTZMANNschen Prinzips auf rein thermodynamischem Wege mit Benutzung des Grundgedankens der Quantentheorie abgeleitet werden können. Insoweit die im folgenden gegebenen Überlegungen der Wirk-

1 Ibid. **16.** 333 (1914).

2 Ibid. **17.** 350 (1915).

3 Deutsche Ausgabe S. 243 und 244.

4 Verhandl. d. D. physik. Ges. **16.** 820 (1915).

lichkeit entsprechen, gilt das NERNSTsche Theorem für chemisch reine, kristallisierte Stoffe, nicht aber für Mischkristalle. Auf amorphe Stoffe läßt sich wegen der über das Wesen des amorphen Zustandes herrschenden Unklarheit nichts aussagen. Zur Rechtfertigung des hier vorliegenden Versuches, das NERNSTsche Theorem theoretisch zu erfassen, muß ich einleitend bemerken, daß alle Bemühungen, das NERNSTsche Theorem auf thermodynamischem Wege unter Benutzung des Erfahrungssatzes vom Verschwinden der Wärmekapazität bei $T = 0$ theoretisch abzuleiten, als mißglückt anzusehen sind."

Immerhin hat EINSTEIN meinem Standpunkte in dieser Arbeit insofern weitgehend genähert, als er nunmehr durch quantentheoretische Betrachtungen wenigstens für reine kristallisierte Stoffe meinen Wärmesatz ableitet.

Was die Mischkristalle (z. B. im Falle der verdünnten Lösungen) anlangt, so ist natürlich klar, daß, wenn man die Gasgesetze hier bis zu den tiefsten Temperaturen als gültig ansieht, mein Wärmesatz aus den gleichen Gründen nicht gelten kann, wie für Gase im entsprechenden Falle (vgl. S. 195). Stellt man sich aber auf den Boden der Theorie der Gasentartung, so kann kein Zweifel sein, daß, da dann für Gasgemische der Wärmesatz gültig wird, er a fortiori auch für Mischkristalle zutreffen muß.

Einen weiteren wichtrigen Fortschritt bringt eine Arbeit von O. STERN[1]. An der Hand einer sehr originellen Betrachtungsweise kommt hier STERN zu dem Ergebnis, daß zwei Mischkristalle von gleicher chemischer Zusammensetzung aber verschiedener Anordnung der Komponenten bei tiefen Temperaturen sich im Sinne der Gleichung

$$A = U$$

ineinander überführen lassen. Dies Resultat ist aber nur ein Spezialfall meiner auf dem ersten Solvey-Kongreß vertretenen, oben mitgeteilten Auffassung, wonach bei tiefen Temperaturen jede derartige Veränderung nach den Gesetzen der klassischen Potentialtheorie erfolgen muß.

1 Ann. d. Physik [4] **49.** 823 (1916).

EINSTEIN anerkennt nach freundlicher persönlicher Mitteilung STERNs Beweisführung. Und da er, ebenfalls nach mündlicher Mitteilung, in der Tat nunmehr auch einen Adiabatenverlauf, der zum Schneiden der Temperaturachse führt (vgl. S. 152 u. 153), für sehr unwahrscheinlich hält, so ist auch bezüglich der Beweiskraft meiner im Kap. VII (bzw. in Arbeit 65) mitgeteilten Betrachtungen nunmehr volle Übereinstimmung erzielt.

Anhang

1. Buchstabenbezeichnungen und Zahlenwerte. Wenn nichts anderes bemerkt, haben die nachfolgenden Buchstaben folgende Bedeutung:

P, p...........Druck,

V, v...........Volumen,

T..............absolute Temperatur,

π_0.............kritischer Druck,

ϑ_0............kritische Temperatur,

K..............Konstante des Gesetzes der Massenwirkung,

C_v............Molekularwärme bei konstanten Volumen,

C_p............Molekularwärme bei konstantem Druck,

E.............Wärmeinhalt $\left(= \int_0^T C_v dT \text{ bzw. } \int_0^T C_p dT\right)$,

F.............Inhalt an freier Energie $\left(= T\int_0^T \frac{E}{T^2} dT\right)$,

ν..............Schwingungszahl oder Tourenzahl,

$\beta\nu = \frac{h\nu}{k}$ ...spezifische Temperatur.

Daß an einzelnen Stellen E auch die elektromotorische Kraft einer galvanischen Zelle, EF die von ihr pro elektrochemisches Grammäquivalent geleistete Arbeit bedeutet, ferner F S. 174-176 das thermodynamische Potential bezeichnet, kann zu Verwechslungen wohl keinen Anlass geben.

In der Fundamentalgleichung

$$pv = RT$$

bezieht sich die Gaskonstante R auf ein Mol; bei Normalbedingungen (0° in gewöhnlicher Zählung oder $T_0 = 273{,}09$ in absoluter Zählung).

Verzeichnis der thermodynamischen Arbeiten des physikalisch-chemischen Instituts der Universität Berlin (1906-1916)

1906.

1. W. NERNST, Über die Berechnung chemischer Gleichgewichte aus thermischen Messungen. Kgl. Ges. d. Wiss. Gött., Heft I.
2. L. LÖWENSTEIN, Eine neue Methode zur Untersuchung von Gasgleichgewichten bei hoher Temperatur. Zeitschr. f. physikal. Chem. **54.** S. 707.
3. W. NERNST und H. v. WARTENBERG, I: Die Dissoziation von Wasserdampf; II. Über die Dissoziation der Kohlensäure, Zeitschr. f. physikal. Chem. **56.** S. 513.
4. O. BRILL, Über die Dampfspannungen von flüssigem Ammoniak. Ann. d. Physik [4] **21.** S. 170.
5. W. NERNST, Über die Beziehungen zwischen Wärmeentwicklung und maximaler Arbeit bei kondensierten Systemen. Sitzungsber. d. Kgl. Pr. Akad. d. Wiss. vom 20. Dez.

5a. E. C. BINGHAM, Vapor-Pressure and Chemical Composition. Journal of American Chem. Society 28, S. 717.

1907.

6. H. v. WARTENBERG, Über das Cyan, Cyanwasserstoff- und Acetylengleichgewicht. Zeitschr. f. anorg. Chem. **52.** S. 299.
7. O. BRILL, Zur Berechnung der Dampfdichten dissoziierender Substanzen, Zeitschrif. f. physikal. Chem. **57.** S. 721.
8. W. NERNST, Über das Ammoniakgleichgewicht. Zeitschr. f. Elektrochem. **13.** S. 521.
9. G. PREUNER, Dissoziation des Schwefelwasserstoffs. Zeitschr. f. anorg. Chem. **55.** S. 279.
10. H. v. WARTENBERG, Zur Berechnung von Kohlenwasserstoffgleichgewichten. Zeitschr. f. physikal. Chem. **61.** S. 366.
11. R. NAUMANN, Experimentelle Bestimmung und theoretische Berechnung kleiner Dampfdrucke von Jod und Metalljodiden. Inaug.-Diss. Universität Berlin, 21. Dez. 1907.

1908.

12. M. BODENSTEIN und G. DUNANT, Die Dissoziation des Kohlenoxy-

chlorids. Zeitschr. f. physikal. Chem. **61.** S. 437.
13. F. JOST, 1. Über die Einwirkung von Wasserstoff auf Kohle bei hohen Temperaturen. 2. Über das Ammoniakgleichgewicht. Inaug.-Diss. Univ. Berlin, 15. Apr. 1908. Zeitschr. f. anorg. Chem. **57.** S. 414.
14. F. HALLA, Zur thermodynamischen Berechnung elektromotorischer Kräfte, Zeitschr. f. Elektrochem. **14.** S. 411.
15. F. JOST, Über die Lage des Ammoniakgleichgewichtes, Zeitschr. f. Elektrochem. **14.** S. 373.
16. H. SCHOTTKY, Studien zur Thermodynamik der kristallwasserhaltigen Salze. Zeitschr. f. physikal. Chem. **64.** S. 415.
17. E. FALCK, Theoretische Bestimmung des Dampfdrucks fester und flüssiger Kohlensäure. Physikal. Zeitschr. **9.** S. 433.
18. F. VOLLER, Über eine neue Methode zur direkten Bestimmung der spezifischen Wärme der Gase bei konstantem Volumen. Inaug.-Diss. Univ. Berlin, 9. Okt. 1908.

1909.

19. W. NERNST, Über die Berechnung elektromotorischer Kräfte aus thermischen Messungen, Ber. d. Kgl. Pr. Akad. d. Wiss. vom 11. Febr.
20. H. SCHLESINGER, Die spezifischen Wärmen von Lösungen I, Physikal. Zeitschr. **10.** S. 210.
21. M. WASJUCHNOWA, Das Gleichgewicht Kupri-Kuprosulfid, Inaug.-Diss. Univ. Berlin, 9. Okt.
22. H. SCHOTTKY, Messungen von spezifischen Wärmen mit einem neuen Flüssigkeitskalorimeter, Physikal. Zeitschr. 10, S. 634.
23. A. EUCKEN, Über die Bestimmung spezifischer Wärmen bei tiefen Temperaturen, Physikal. Zeitschr. 10. S. 586.
24. M. PIER, Die spezifischen Wärmen von Argon, Wasserdampf, Stickstoff, Wasserstoff bei sehr hohen Temperaturen, Zeitschr. f. Elektrochem. **15.** S. 536.
25. W. NERNST, Die chemische Konstante des Wasserstoffs und seine Affinität zu den Halogenen, Zeitschr. f. Elektrochem. **15.** S. 687.
26. F. POLLITZER, Über das Gleichgewicht der Reaktion $H_2S + 2J = 2HJ + S$ und die Dissoziation von H_2S. Zeitschr. f. anorg. Chem. **64.** S. 121.
27. H. LEVY, Thermodynamische Behandlung einiger Eigenschaften des Wassers II, Verh. d. Deutsch. Physikal. Ges. **11.** S. 328.
28. W. NERNST, Thermodynamische Behandlung einiger Eigenschaften des Wassers I. und III., Verh. d. Deutsch. Physikal. Ges. **11.** S. 313/336.

29. F. HORAK, Die Dissoziation des Kohlenoxychlorids, Inaug.-Diss. Univ. Berlin, 14. Okt.
29a H. v. WARTENBERG, Bildungswärmen von Kupro- und Kuprisulfid, Zeitschr. f. physikal. Chem. **67.** S. 446.
29b. M. BODENSTEIN und KATAYAMA, Dissoziation von hydratischer Schwefelsäure und von Stickstoffdioxyd, Zeitschr. f. Elektrochem. **15.** S. 244.

1910.

30. J. BARKER, Experimentelle Bestimmung und thermodynamische Berechnung der Dampfdrucke von Toluol, Naphtalin und Benzol. Zeitschr. f. physikal. Chemie **71.** S. 235.
31. F. KOREF, Über das Gleichgewicht bei Schwefelkohlenstoffbildung, Zeitschr. f. anorg. Chem. **66.** S. 73.
32. H. LEVY, Thermodynamische Behandlung einiger Eigenschaften des Wassers und des Wasserdampfes. Inaug.-Diss. Univ. Berlin.
33. W. NERNST, Spezifische Wärme und chemisches Gleichgewicht des Ammoniakgases, Zeitschr. f. Elektrochem. **16.** S. 96.
34. A. MAGNUS, Über die Bestimmung spezifischer Wärmen, Ann. d. Phys. **31.** S. 597.
35. W. NERNST, Sur les chaleurs spécifiques aux basses températures et le développement de la thermodynamique. Séances de la soc. franç. de phys. 1er fascicule.
36. W. NERNST, F. KOREF und F. A. LINDEMANN, Untersuchungen über die spezifische Wärme bei tiefen Temperaturen I. und II., Ber. d. Kgl. Pr. Akad. d. Wiss. vom 3. März.
37. A. MAGNUS und F. A. LINDEMANN, Über die Abhängigkeit der spezifischen Wärme fester Körper von der Temperatur. Zeitschr. f. Elektrochem. **16.** S 269.
38. W. NERNST, Sur la détermination de l'affinité chimique à partir des données thermiques, Journ. de chimie phys. **8.** S. 225.
39. W. NERNST, Thermodynamische Berechnung des Dampfdruckes von Wasser und Eis, Verh. d. Deutsch. Physikal. Ges. **12.** S. 565.
40. F. A. LINDEMANN, Über die Berechnung molekularer Eigenfrequenzen. Physikal. Zeitschr. **14.** S. 609.
41. W. NERNST, The specific heat of ice, water and water vapour. Transactions of the Faraday Soc. Vol. VI Part I.
42. W. NERNST, Neuere Entwicklung der Theorie der galvanischen Elemente. Zeitschr. f. Elektrochem. **16.** S. 517.

43. M. PIER, Spezifische Wärmen und Gasgleichgewichte nach Explosionsversuchen II, Zeitschr. f. Elektrochem. **16.** S. 897.
44. F. KEUTEL, Über die spezifische Wärme von Gasen, Inaug.-Diss. Univ. Berlin, 1. Aug.

1911.

45. C. HOLLAND, Untersuchungen mit dem Quarzmonometer, die Dissoziation der gasförmigen Essigsäure und des Phosphorpentachlorids. Inaug.-Diss. Univ. Berlin, 12. Aug.
46. F. POLLITZER, Bestimmungen spezifischer Wärmen bei tiefen Temperaturen und ihre Verwertung zur Berechnung elektromotorischer Kräfte. Zeitschr. f. Elektrochem. I 17, S. 5; II 19, S. 515.
47. W. NERNST, Der Energiegehalt fester Stoffe. Ann. d. Physik **36.** S. 395.
48. W. NERNST, Über neuere Probleme der Wärmetheorie. Ber. d. Kgl. Pr. Akad. d. Wiss. vom 26. Januar.
49. W. NERNST, Untersuchungen über die spezifische Wärme bei tiefen Temperaturen III. Ber. d. Kgl. Pr. Akad. d. Wiss. vom 9. März
50. F. HALLA, Zur thermodynamischen Berechnung elektromotorischer Kräfte II, Zeitschr. f. Elektrochem. **17.** S. 179.
51. W. NERNST, Zur Theorie der spezifischen Wärme und über die Anwendung der Lehre von den Energiequanten auf physikalisch-chemische Fragen überhaupt, Zeitschr. f. Elektrochem. **17.** S. 265.
52. W. NERNST und F. A. LINDEMANN, Untersuchungen über die spezifische Wärme bei tiefen Temperaturen. V. Ber. d. Kgl. Pr. Akad. d. Wiss. v. 27. April.
53. F. LINDEMANN, Untersuchung über die spezifische Wärme bei tiefen Temperaturen IV. Ber. d. Kgl. Pr. d. Akad. Wiss. vom 9. März.
54. R. THIBAUT, Die spezifische Wärme verschiedener Gase und Dämpfe. Ann. d. Physik **35.** S. 347.
55. C. L. LINDEMANN, Über die Temperaturabhängigkeit des thermischen Ausdehnungskoeffizienten. Physikal. Zeitschr. **12.** S. 1197.
56. N. BJERRUM, Über die spezifische Wärme der Gase. Zeitschr. f. Elektrochem. **17.** S. 731.
57. W. NERNST, Über einen Apparat zur Verflüssigung von Wasserstoff. Zeitschr. f. Elektrochem. **17.** S. 735.
58. C. L. LINDEMANN, Über die Temperaturabhängigkeit des thermischen Ausdehnungskoeffizienten. Physikal. Zeitschr. **12.** S. 1197.
59. F. A. LINDEMANN, Über das Dulong-Petitsche Gesetz, Inaug.-Diss.

Univ. Berlin, 17. Juli.

60. F. KOREF, Messungen der spezifischen Wärmen bei tiefen Temperaturen mit dem Kupferkalorimeter. Ann. d. Physik **36.** S. 49.
61. W. NERNST und F. A. LINDEMANN, Spezifische Wärme und Quantentheorie. Zeitschr. f. Elektrochem. **17.** S. 817.
62. H. LEVY, Über die Molekularwärme des Wasserdampfes. Verh. d. Deutsch. Physikal.-Ges. **13.** S. 926.

62a. W. NERNST, Über ein allgemeines Gesetz, das Verhalten fester Stoffe bei sehr tiefen Temperaturen betreffend. Verh. d. Deutsch. Physik. Ges. **13.** S. 921.

63. F. POLLITZER, Zur Thermodynamik des Clarkelements, Zeitschr. f. physikal. Chem. **78.** S. 374.

1912.

64. A. EUCKEN, Die Molekularwärme des Wasserstoffs bei tiefen Temperaturen. Ber. d. Kgl. Pr. Akad. d. Wiss. vom 1. Febr.
65. W. NERNST, Thermodynamik und spezifische Wärme. Ber. d. Kgl. Pr. Akad. d. Wiss. vom 1. Febr.
66. W. NERNST, Energieinhalt der Gase. Physikal. Zeitschr. **13.** S. 1064.
67. H. BUDDE, Die Dissoziation des Schwefeldampfes in die Atome. Zeitschr. f. anorg. Chem. **78.** S. 169.
68. W. NERNST, Zur neueren Entwicklung der Thermodynamik, Ges. deutscher Naturf. und Ärzte, Verh. 1912.
69. H. v. WARTENBERG, Über die Reduktion der Kieselsäure. Zeitschr. f. anorg. Chem. **19.** S. 71.
70. C. HOLLAND, Die Dissoziation der gasförmigen Essigsäure und des Phosphorpentachlorids. Zeitschr. f. Elektrochem. **18.** S. 234; **22.** S. 37.
71. F. A. LINDEMANN, Some considerations on the forces acting between the atoms of solid bodies. Nernst-Festschrift bei Knapp (Halle).
72. N. BJERRUM, 1. Die Dissoziation und die spezifische Wärme von Wasserdampf bei sehr hohen Temperaturen nach Explosionsversuchen. 2. Die Dissoziation und die spezifische Wärme von CO_2 bei sehr hohen Temperaturen nach Explosionsversuchen. Zeitschr. f. physikal. Chem. **79.** S. 513.
73. N. BJERUM, Über das Verhalten von Jod und Schwefel bei extrem hohen Temperaturen nach Explosionsversuchen. Zeitschr. f. physikal. Chem. **79.** S. 281.
74. U. FISCHER, Über die Affinität zwischen Jod und Silber. Zeitschr. f. anorg. Chem. **78.** S 41.

75. H. BUDDE, Die Molekularwärme des Ammoniaks. Zeitschr. f. anorg. Chem. **78.** S. 159.

76. F. KOREF, Über die Eigenfrequenzen von Elementen in Verbindungen. Physikal. Zeitschr. **13.** S. 183.

77. F. KOREF und H. BRAUNE, Die Bildungswärme von Bleijodid und Bleichlorid. Zeitschr. f. Elektrochem. **18.** S. 818.

78. W. NERNST und F. A. LINDEMANN, 1. Untersuchungen über die spezifische Wärme VI. 2. Berechnung von Atomwärmen.

79. W. NERNST, Zur Berechnung chemischer Affinitäten VII. Ber. d. Kgl. PR. Akad. d. Wiss. vom 12. Dez.

79a. A. S. RUSSELL, Messungen von spezifischen Wärmen bei tiefen Temperaturen, Physikal. Zeitschr. **13.** S. 59.

1913.

80. A. EUCKEN, Über die Berechnung spezifischer Wärmen aus elastischen Konstanten. Verh. d. Deutsch. Physikal. Ges. **15.** S. 571.

81. A. SIGGEL, Thermodynamische Untersuchungen am Kupfersulfat. Zeitschr. f. Elektrochem. **19.** S. 340.

82. A. EUCKEN, Über das Wärmeleitungsvermögen, die spezifische Wärme und innere Reibung der Gase. Physikal. Zeitschr. **14.** S. 324.

83. W. NERNST, Das Gleichgewichtsdiagramm der beiden Schwefelmodifikationen. Zeitschr. f. physikal. Chem. **83.** S. 546.

84. A. EUCKEN und F. SCHWERS, Eine experimentelle Prüfung des T^3-Gesetzes für den Verlauf der spezifischen Wärmen fester Körper bei tiefen Temperaturen. Verh. d. Deutsch. Physikal. Ges. **15.** S. 578.

85. F. BULLE, Über die Dampfdruckkurve des Sauerstoffs und über eine Bestimmung der kritischen Daten von Wasserstoff. Physikal. Zeitschr. **14.** S. 860.

86. G. WIETZEL, Über das thermoelektrische Verhalten der Metalle bei tiefen Temperaturen. Ann. d. Physik [4] **43.** S. 605.

87. F. GERMANN, Eine Bestimmung der Dampfdruck- und Dichtekurven des Sauerstoffs und Konstruktion eines Apparates zur Bestimmung kritischer Daten. Physikal. Zeitschr. **14.** S. 857

88. J. R. PARTINGTON, Eine Bestimmung des Verhältnisses der spezifischen Wärme der Luft und Kohlesäure sowie eine Berechnung der spezifischen Wärme mittels der Berthelotschen Zustandsgleichung. Physikal. Zeitschr. **14.** S. 969.

89. W. NERNST, Über den maximalen Nutzeffekt von Verbrennungsmotoren. Zeitschr. f. Elektrochem. **19.** S. 699.

90. L. Wolff, Über die Ermittlung von Bildungswärmen mit Hilfe elektromotorischer Kräfte, Inaug.-Diss. Univ. Berlin 14. Okt.; Zeitschr. f. Elektrochem. **20.** S. 19.
91. H. v. Siemens, Über Dampfdruckmessungen und Thermometrie bei tiefen Temperaturen. Ann. d. Physik **42.** S. 871.
92. C. F. Mündel, Experimentelle Bestimmung und theoretische Berechnung kleiner Dampfdrucke bei tiefen Temperaturen. Zeitschr. f. physikal. Chem. **85.** S. 435.
93. W. Nernst, Zur Thermodynamik kondensierter Systeme. Ber. d. Kgl. Pr. Akad. d. Wiss. vom 11. Dez.

1914.

94. H. Schimank, Über das Verhalten des elektrischen Widerstandes von Metallen bei tiefen Temperaturen. Ann. d. Physik **45.** S. 706.
95. W. Nernst und F. Schwers, Untersuchungen über die spezifische Wärme bei tiefen Temperaturen VIII. Ber. d. Kgl. Pr. Akad. d. Wiss.
95a. W. Nernst, Anwendung des Wärmesatzes auf Gase. Zeitschr. f. Elektrochem. **20.** S. 357.
96. P. Winternitz, Über die Einwirkung von Schwefel auf CO und CO_2 und die SO_2-Dissoziation. Inaug.-Diss. Univ. Berlin 4. März.
97. W. Siegel, Untersuchungen von Gasgleichgewichten und spezifischen Wärmen nach der Explosionsmethode. Zeitschr. f. physikal. Chem. **87.** S. 641.
98. v. Kohner und P. Winternitz, Die chemische Konstante des Wasserstoffs. Physikal. Zeitschr. **15.** S. 393 u. 645.
98a. P. Winternitz, Über eine Anwendung der Nernstschen Näherungsformel. Physikal. Zeitschr. **15.** S. 397.
98b. Braune und Koref, Messung der Bildungswärmen von Blei- und Silberhalogeniden und ihre Anwendung zur Prüfung des Nernstschen Wärmetheorems. Zeitschr. f. anorg. Chem. **87.** S. 175.
99. R. Ewald, Messungen spezifischer Wärmen und Beiträge zur Molekulargewichtsbestimmung. Ann. d. Physik **44.** S. 1213.
100. K. v. Kohner, Über die Dissoziationsspannung des Kalziumkarbonates. Inaug.-Diss. Univ. Berlin 5. Aug.
101. A. Eucken, Über den Quanteneffekt bei einatomigen Gasen und Flüssigkeiten. Ber. d. Kgl. Pr. Akad. d. Wiss.
102. W. Drägert, Termodynamische Untersuchungen am Kalziumhydroxyd sowie über die graphische und mechanische Berechnung chemi-

scher Affinitäten aus thermischen Messungen. Inaug.-Diss. Univ. Berlin 5. Aug.

1915.

102a T. Isnardi, Wärmeleitung in dissoziierten Gasen und Dissoziation des Wasserstoffs in Atomen. Zeitschr. f. Elektrochem. **21**. S. 405.

1916.

103. W. Nernst, Über die experimentelle Bestimmung chemischer Konstanten. Zeitschr. f. Elektrochem. **22.** S. 185.
104. H. Schimank, Über die Anwendbarkeit der Daniel-Berthelotschen Zustandsgleichung auf das Verhalten von Dämpfen. Physikal. Zeitschr. **17.** S. 393.
105. A. Eucken, Über das thermische Verhalten einiger komprimierter und kondensierter Gase bei tiefen Temperaturen. Verh. d. Deutsch. Physikal. Ges. **18.** S. 4.
106. A. Eucken, Über den Wärmeinhalt einatomiger Flüssigkeiten. Verh. d. Deutsch. Physikal. Ges. **18.** S. 18.
107. P. Günther, Untersuchungen über die spezifische Wärme bei tiefen Temperaturen. Ann. d. Physik **51.** S. 828.
108. W. Nernst, Über einen Versuch, von quantentheoretischen Betrachtungen zur Annahme stetiger Energieänderungen zurückzukehren. Verh. d. Deutsch. Physikal. Ges. **18.** S. 83.

IX. Einleitung in einige Grundprinzipien der jetzigen Naturforschung

von
Dr. Walther Nernst
o. ö. Professor und Direktor des Instituts für Physikalische Chemie an der Universität Berlin

Erfahrungstatsachen und ihre hypothetische Verallgemeinerung. Als das gemeinschaftliche und nächstliegende Ziel der Physik und Chemie können wir jenes hinstellen, die Frage, welche Vorgänge werden sich bei einer gegebenen Anordnung eines (endlich ausgedehnten) Systems abspielen, und welches wird der Zustand dieses Systems nach dem Verlaufe einer bestimmten Zeit sein, in möglichst vielen Fällen, möglichst gründlich und möglichst einfach zu beantworten. Zur Lösung dieser Aufgabe erscheint es zunächst erforderlich, das System, dessen Zukunft wir erfahren wollen, zu realisieren und seine Geschichte zu verfolgen; von der Geschicklichkeit und den Hilfsmitteln des Beobachters wird es abhängen, mit welchem Erfolg die Aufgabe in Angriff genommen wird, und letzterer wird wachsen mit dem Fortschritte der Experimentierkunst.

Allein die unendliche Mannigfaltigkeit der uns interessierenden, in der Natur vorkommenden Systeme einerseits und die unendliche Arbeitskraft andererseits, welche menschliches Bemühen auf die abschließende Durchforschung auch nur eines in Umwandlung begriffenen Systems aufwenden müßte, würden den Naturforscher mutlos vor einer planmäßigen Untersuchung der Naturerscheinungen zurückschrecken lassen, wenn nicht zu den unmittelbaren Eindrucken der Sinneswahrnehmung noch ein anderweitiges Hilfsmittel hinzukäme. Dies Hilfsmittel ist *die theoretische Verwertung* der an verschiedenen Systemen gemachten Erfahrungen, welche zunächst darin und nur darin besteht, daß die an einem Systeme gemachte Wahrnehmung mittels Analogieschlusses auf ein anderes übertragen wird. Wenn wir das Phänomen des Fallens eines schweren Körpers an einem Punkte der Erdoberfläche studiert haben, so gelingt es alsbald, einige der beobachteten Erscheinungen auf andere Systeme, z. B. auf das Fallen eines schweren Körpers an einem anderen Punkte der Erdoberfläche, zu übertragen. Der glückliche Blick des Naturforschers zeigt sich nun gerade dahin, das scheinbar verschiedenartigen Naturerscheinungen Gemeinsame herauszufinden, und der Erfolg ist um so glänzender, je verschiedenartiger die in Parallele gesetzten Erfahrungen anfänglich erschienen.

Die Übertragung der in einem Falle gemachten Beobachtungen auf einen anderen ist natürlich zunächst mit Unsicherheit behaftet, kann aber auch wiederholte Bestätigung an der Hand der Erfahrung mit immer wachsender Zuversicht erfolgen, bis sie schließlich den Rang *eines empirischen Naturgesetzes* erhält. Die Entdeckung eines solchen Gesetzes bedeutet stets insofern einen großen und unzweifelhaften Fortschritt, als es eine Fülle von Erfahrungstatsachen in sich begreift und viele neue vorhersehen läßt.

Die Geschichte der exakten Naturwissenschaften lehrt uns, daß man auf zwei wesentlich verschiedenen Wegen zur Entdeckung eines neuen Naturgesetzes gelangen kann, von denen wir den einen als den empirischen, den zweiten als den theoretischen bezeichnen können. Man sucht entweder durch zweckmäßige Beobachtungen ein reichhaltiges, womöglich zahlenmäßig ausdrückbares Beobachtungsmaterial über die Erscheinungen, zwischen denen man einen Zusammenhang vermutet, zu sammeln und dann durch wiederum rein empirische Zusammenstellung der gewonnenen Ergebnisse dem gewünschten Ziele sich zu nähern; auf diesem Wege fand man z. B. gewisse Beziehungen zwischen den Eigenschaften der Elemente und ihren Atomgewichten. Der zweite Weg hingegen führt aber an der Hand eingehender Vorstellungen über das Wesen gewisser Erscheinungen durch rein spekulative Tätigkeit zu neuer

Erkenntnis, über deren Richtigkeit der Versuch dann nachträglich zu entscheiden hat; so fand man durch kinetische Betrachtungen über die chemische Vereinigung und Dissoziation miteinander reagierender Stoffe das Gesetz der chemischen Massenwirkung.

Von diesen beiden Wegen kann der erste in allen Fällen eingeschlagen werden und wird stets nach freilich meistens sehr mühevoller Arbeit zu gewissen Resultaten führen. Für die Wertschätzung eines so gewonnenen Naturgesetzes wird in erster Linie seine Anwendbarkeit maßgebend sein, und die Bewunderung, die man ihm zollt, wird um so größer sei in, je zahlreicher und verschiedenartiger die Naturerscheinungen sind, über die das Gesetz Belehrung liefert. Darum bieten unstreitig das glänzendste Beispiel eines empirisch erschlossenen Naturgesetzes die Lehrsätze der Thermodynamik, die auf jeden Vorgang, den wir in der Natur sich abspielen sehen, anwendbar sind und daher bei der wissenschaftlichen Untersuchung jeder einzelnen Naturerscheinung Beachtung verlangen. Freilich wird auf der anderen Seite das Verständnis eines derartigen umfassenden Naturgesetzes um so schwieriger und bedarf seine Handhabung um so längerer Übung, je allgemeiner es ist, und gerade in dem erwähnten Falle sind die Schwierigkeiten der richtigen und vollständigen Anwendung auf eine einzelne Naturerscheinung häufig so groß, daß die glückliche Übertragung der allgemeinen Prinzipien auf einen speziellen Fall einen unzweifelhaften wissenschaftlichen Erfolg bedeutet, obwohl das so gewonnene Ergebnis als Ausnutzung eines allgemeineren Satzes prinzipiell natürlich Neues nicht bietet.

So große Bedeutung diese rein induktive Forschungsmethode für den Fortschritt der Naturwissenschaft zu allen Zeiten besessen hat und besitzen wird, so sind wir doch unzweifelhaft tiefer in das Wesen der betrachteten Erscheinungen eingedrungen, wenn wir auf dem zweiten Wege, nämlich auf Grund eingehender Vorstellungen und ihrer konsequenten Durchführung zu einem neuen Naturgesetze gelangen, und dieser muß daher als der verlockendste erscheinen. Mit sicherem Erfolge werden wir ihn offenbar nur bei glücklicher Wahl der Vorstellungen, die wir der theoretischen Betrachtung zugrunde legen, betreten können. Nun liegt es aber häufig in der

Natur der Sache, daß wir diese fundamentalen Vorstellungen keiner direkten Prüfung durch das Experiment unterwerfen können, um über ihren Wert oder Unwert zu entscheiden, und der mit ihnen vorschnell operierende Forscher schwebt fortwährend in der Gefahr, durch das Irrlicht unglücklich gewählter Grundannahmen auf Abwege geführt zu werden.

Derartige einer direkten Prüfung durch das Experiment mehr oder weniger unzugängliche Vorstellungen wie die Annahme eines das Weltall erfüllenden Lichtäthers, der als von unwägbarer Masse sich unserer gänzlich an gewöhnliche Materie gebundenen Sinneswahrnehmung entzieht, oder die Auffassung, daß alle Stoffe aus nicht weiter teilbaren, zwar endlichen, aber äußerst kleinen Massenteilchen bestehen, die eben wegen ihrer Kleinheit für die direkte Sinneswahrnehmung unfaßbar sind, nennt man *Hypothesen*; ihre Einführung ist, wie oben erwähnt, notwendig geworden, um zu einer tieferen Erkenntnis der Naturerscheinungen zu gelangen, welche zur Entdeckung neuer Gesetzmäßigkeiten führt. Letztere werden dem Experimente zugänglich, und der Erfolg beweist zwar durchaus nicht die Richtigkeit, wohl aber die Brauchbarkeit der Hypothese, während ein Mißerfolg neben ihrer Unzweckmäßigkeit auch die Unrichtigkeit der Vorstellungen, von denen wir ausgingen, überzeugend dartut.

Es ist die Hypothese demgemäß ein sehr wichtiges Hilfsmittel der Wissenschaft; keineswegs ist sie Selbstzweck (wenigstens nicht für den der exakten Naturwissenschaft Beflissenen), sondern sie muß den Beweis ihrer Existenzberechtigung dadurch beibringen, daß sie als Brücke bekannte Erfahrungstatsachen miteinander verbindet oder zu neuen uns gelangen läßt. Der Nutzen einer guten Hypothese besteht also wesentlich darin, unsere Kenntnis der Naturerscheinungen zu vertiefen und zu erweitern, d. h. dasselbe wie ein empirisches Naturgesetz zu leisten. Daß der menschliche Geist sich dem Ausbau der Hypothesen zu allen Zeiten, wenn auch in verschiedenem Grade, mit besonderer Vorliebe zuwandte, ist wohl auf den Umstand zurückzuführen, daß die Genugtuung, welche die Erkenntnis eines neuen Naturgesetzes der Empfindung bereitet, größer ist, wenn es deduktiv aus allgemeinen Gesichtspunkten, als wenn es induktiv an der Hand mühsamer Erfahrung erschlossen wird.

Wir können also zusammenfassend sagen, daß neben der experimentellen Arbeit, nämlich der unmittelbaren Wahrnehmung und der messenden Verfolgung der Naturerscheinungen, die spekulative Tätigkeit des Forschers wesentlich auf die Auffindung möglichst allgemeiner Gesetze und möglichst brauchbarer Hypothesen gerichtet sein muß. Die Möglichkeit, solche spekulativ gefundenen Theoreme in Worte oder Formeln zu fassen, bringt einerseits den Vorteil, daß an der weiteren Prüfung auch andere, nicht nur der Entdecker, teilnehmen können; andererseits kann der Sachkundige nach Kenntnisnahme eines wirklich neuen und brauchbaren allgemeinen Theorems jederzeit eine Fülle von Einzelerscheinungen vorhersehen. „Wer das Gesetz der Phänomene kennt, gewinnt dadurch nicht nur Kenntnisse, er gewinnt auch die Macht, bei geeigneter Gelegenheit in den Lauf der Natur einzugreifen und sie nach seinem Willen und zu seinem Nutzen weiterarbeiten zu lassen. Er gewinnt die Einsicht in den zukünftigen Verlauf dieser selben Phänomene. Er gewinnt in Wahrheit Fähigkeiten, wie sie abergläubische Zeiten einst bei Propheten und Magiern suchten.“ (HELMHOLTZ, Goethe-Rede 1892)

Wir sind nun zurzeit im Besitze einiger Erfahrungssätze und Hypothesen, die von weitgehendster Anwendbarkeit zwar für jeden Zweig der Naturforschung sind und demgemäß einer didaktischen Behandlung jedes einzelnen vorangestellt zu werden verdienen, aber ganz besondere Berücksichtigung bei Darlegung des gegenwärtigen Standes der theoretischen Chemie erheischen. Ist doch der Satz von der Unzerstörbarkeit des Stoffes erst bei der chemischen Forschung zu klaren Bewußtsein gekommen. Der Satz von der Unzerstörbarkeit der Energie hat einen besonderen Zweig der Chemie, die Thermochemie, ins Leben gerufen und die Fruchtbarkeit des Satzes von der Verwandelbarkeit der Wärme (zweiter Hauptsatz der Wärmetheorie) in äußere Arbeit hat sich vielleicht nirgends glänzender gezeigt als in seiner Anwendung auf chemische Vorgänge. Die Atom- und Molekularhypothese schließlich – gegenwärtig wohl besser als Erfahrungstatsache wie als Hypothese zu bezeichnen – ist gerade für die Auffassung des Wesens der chemischen Verbindungen unentbehrlich.

Gültigkeitsbereich der Naturgesetze. Man ist wohl häufig der Anschauung gewesen, daß einem eigentlichen Naturgesetz unbedingte Gültigkeit zukommen müsse; gegenwärtig werden wir dies kaum mehr annehmen dürfen, wenigstens spricht alles dafür, daß es Naturgesetze im obigen Sinne überhaupt nicht gibt. Es scheint vielmehr, daß es sich bei allen Naturgesetzen stets nur um eine mehr oder weniger, niemals aber völlig exakte Gültigkeit handelt und daß man stets zu Grenzfällen gelangt, in denen das Naturgesetz sogar weitgehend im Stich läßt.

So haben wir, um nur ein Beispiel zu nennen, sehr schwerwiegende Gründe dafür, daß der zweite Wärmesatz gänzlich versagen würde, wenn man ihn auf sehr kleine Substanzmengen anwenden wollte.

Es wäre nun aber offenbar ganz verkehrt, wenn man daraufhin in diesen und ähnlichen Fällen dem betreffenden Satz den Rang eines Naturgesetzes nehmen wollte; vielmehr werden wir allgemein es aussprechen dürfen, daß es sich überhaupt nicht um die Frage, ob ein Naturgesetz richtig ist oder nicht, sondern vielmehr lediglich nur darum handelt, welches die Grenzen seiner Gültigkeit sind.

Diese Auffassung ist vielleicht nicht ohne Wichtigkeit für die Frage der Sicherheit naturwissenschaftlicher Forschung überhaupt. Hier hört man oft angesichts des Umstandes, daß mit der Entwicklung der Wissenschaft häufig lange bekannte Naturgesetze einer Revision unterzogen werden, von der Unzulänglichkeit naturwissenschaftlicher Forschung sprechen. Sieht man aber näher zu, so stellt es sich immer heraus, daß das betreffende Gesetz für ein weites Gebiet seine Gültigkeit bewahrt hat, daß nur die Grenzen seiner Anwendbarkeit durch den Fortschritt der Wissenschaft schärfer präzisiert wurden. Man kann sogar sagen, daß seit der Entwicklung der exakten Naturwissenschaften kaum je ein Gesetz von einem hervorragenden Forscher aufgestellt worden ist, das nicht für alle Zeiten ein weites Gebiet der Anwendbarkeit behalten hätte, das also nicht innerhalb gewisser Grenzen ein brauchbares Naturgesetz geblieben wäre.

So darf man also nicht sagen, daß etwa durch die elektromagnetische Lichttheorie von FRESNEL u. a. ausgearbeitete ältere theoretische Optik als unrichtig erwiesen sei, vielmehr wird nach wie vor ein ungeheures Erscheinungsgebiet in ausgezeichneter Weise durch die ältere Optik richtig wiedergegeben. Nur in gewissen Fällen reicht letztere nicht mehr aus, und ferner gibt es eine Anzahl Beziehungen zwischen den optischen und den elektrischen Erscheinungen, die zweifellos existieren, von denen aber die ältere Optik nicht Rechenschaft zu geben vermochte. Daher bedeutet zwar die elektromagnetisch Lichttheorie einen gewaltigen Fortschritt, ohne daß aber die Erfolge der älteren optischen Theorie gegenstandslos geworden wären.

Weit entfernt also, daß die naturwissenschaftlichen Theorien im Lauf der Zeiten wie welke Blätter abfallen, scheint ihnen vielmehr innerhalb gewisser Grenzen ein ewiges Leben beschieden zu sein; jedes von hervorragenden Zeitgenossen anerkannte neue Naturgesetz wird zwar in der künftigen Entwicklung gewisse Einschränkungen erfahren, dafür aber auf der anderen Seite sich für alle Zeiten als der Inbegriff einer gewissen Summe von Wahrheiten erweisen.

Maßsystem. Wie schon betont, muß es das stete Bemühen des Naturforschers sein, seine Wahrnehmungen auf eine *zahlenmäßig* angebbare Form zu bringen, d. h. neben der qualitativen Seite der Erscheinungswelt die quantitative zu ergründen. Eine Beschreibung eines Phänomens ist häufig unverständlich oder irreführend, die Wiederholung der Beobachtung durch andere äußerst erschwert, wenn über die Größenordnung der beobachteten Wirkungen Angaben fehlen.

Die Festsetzung der Maßeinheiten erfolgt zunächst ganz willkürlich, und so hat man sich über die Fundamentaleinheiten der *Länge*, der *Masse*, der *Zeit* und der *Temperatur* nach mehr oder minder zufälligen praktischen oder historischen Rücksichten geeinigt. In ähnlicher Weise könnte man für andere Größen, die wir mit dem Fortschritte unserer Naturerkenntnis in immer wachsender Zahl kennen und messen gelernt haben, neue Einheiten willkürlich festsetzen, wie denn solche Einheiten auch noch in großer Zahl im Gebrauch sind; es sei nur an die Ausdrücke: Druck von *a* Atmosphären, Leuchtkraft von *b* Normalkerzen, Maschine von *c* Pferdekräften, Verbrennungswert von *d* Kalorien usw. erinnert.

Es bedeutete daher einen entscheidenden Fortschritt, als GAUSS (1832) und WEBER (1852) zunächst an dem Beispiele magnetischer und elektrischer Größen zeigten, wie diese Willkür, wenn auch nicht völlig aufzuheben, so doch außerordentlich einzuschränken ist. Der Weg, den diese Forscher einschlugen, bestand *in der Benutzung von Naturgesetzen zur Festsetzung neuer Maßeinheiten.*

Anstatt z. B. die Intensitäten galvanischer Ströme auf irgend eine Weise miteinander zu vergleichen und sich demgemäß auf ihre *relative* Messung zu beschränken, benutzten sie die elektrodynamische Wechselwirkung verschiedener Ströme aufeinander, um die Stromstärke auf die oben erwähnten Fundamentaleinheiten zurückzuführen, und definierten so die Stromstärke 1 im *absoluten* Maße als diejenige, bei der zwei in derselben Achse befindliche Stromstücke von 1 cm Länge im großen Abstande L die Kraft $\frac{1}{L^2}$ im mechanischen Maße ausüben. Die Einheit des Widerstandes ergibt sich dann sofort als diejenige, in welcher der so definierte Strom 1 in der Zeiteinheit eine der Arbeitseinheit äquivalente Wärmeeinheit entwickelt, und die elektromotorische Kraft wird mit Hilfe des Ohmschen Gesetzes definiert als die Spannung an den Enden eines Leiters, der den Widerstand 1 besitzt und von dem Strome 1 durchflossen wird.[1]

Keineswegs ist dieses Methode, die neuen Maßeinheiten auf die vorhandenen zurückzuführen und somit die relative Vergleichung neuartiger Größen durch ihre Zurückführung auf andersartige, deren Maßeinheiten gegeben sind, zu ersetzen, ganz frei von Willkür; im obigen Falle kann man der Definierung der Stromeinheit natürlich ebenso gut eine andere Form oder Lage der Stromteile zugrunde legen und man kann, was ebenfalls bereits GAUSS und WEBER

1 Näheres siehe F. KOHLRAUSCH, Leitfaden der prakt. Physik, Anhang.

betonten, anstatt der elektrodynamischen Erscheinungen die elektrostatischen Fernwirkungen freier Elektrizität zur Aufstellung eines elektrischen Maßsystems benutzen. Aber offenbar wird die Willkür durch das Prinzip von GAUSS und WEBER ganz ungeheuer eingeschränkt. Wichtiger aber ist noch, daß zahlreiche Naturgesetze durch die Einführung des absoluten Maßsystems infolge des Wegfallens der Proportionalitätsfaktoren eine ungemein einfache Form annehmen und daß daher das absolute Maßsystem der Physiker den Sachkundigen wie ein gutes Theorem zum Inhaber einer Fülle von Detailkenntnissen macht, indem es über zahlreiche Einzelheiten der Meßkunde auf den verschiedenartigsten Gebieten Kenntnis und Aufklärung gibt.

Unzerstörbarkeit des Stoffes. Zahllose Versuche haben gelehrt, daß weder bei physikalischen Veränderungen eines Stoffes (wie z. B. durch Druck, Temperatur, Magnetisierung usw.) noch bei chemischen Umsetzungen desselben eine Veränderung seiner Masse (gemessen z. B. durch die Anziehung der Erde) stattfindet (LAVOISIER). Für die Richtigkeit des Satzes sprechen die zahllosen chemischen Analysen und Synthesen; trotz der mächtigen chemischen Prozesse, die auf der Sonne vor sich gehen, wirkt ihre Anziehung auf die Planeten unverändert fort – ein außerordentlich scharfer Beweis dafür, daß bei diesen Prozessen die Gesamtmasse der Sonne ungeändert bleibt. – Auf eine, für den gegenwärtigen Stand der chemischen Experimentierkunst allerdings belanglose Einschränkung des dargelegten Satzes werden wir weiter unten im Abschnitt „Relativitätstheorie“ zu sprechen kommen.

Die Frage, ob das Gewicht eines Reaktionsproduktes gleich der Summe der Gewichtsmengen der reagierenden Körper ist, wurde einer sehr genauen Prüfung von H. LANDOLT unterzogen (Abh. D. Bunsengesellschaft Heft 1, 1908). Es ergab sich, daß in den untersuchten 15 Fällen die Gleichgewichtsänderungen, die mit der chemischen Reaktion verknüpft sind, höchstens einige Milliontel, wahrscheinlich jedoch weniger betrugen und nie die Wägungsfehler (0,03 mg) überschritten.

Verwandelbarkeit des Stoffes. Die Eigenschaften eines Stoffes ändern sich mit den äußeren Umständen, unter denen wir ihn untersuchen, doch entspricht im allgemeinern einer kleinen Änderung der äußeren Bedingungen, insbesondere des Druckes und der Temperatur, auch nur eine kleine Änderung der physikalischen Eigenschaften des Stoffes. Bringen wir hingegen verschiedene Stoffe, z. B. Zucker und Wasser, Schwefel und Eisen usw., zusammen, so geht häufig auch unter konstant erhaltenen äußeren Bedingungen eine tiefgehende Veränderung der Eigenschaften der Stoffe vor sich, die zur Bildung von im Vergleich zu den ursprünglichen in vieler Hinsicht ganz verschiedenen Stoffen führt. Es vermag also dieselbe Materie unter gleichen äußeren Bedingungen ganz verschiedene äußere Eigenschaften anzunehmen, die Materie ist ineinander verwandelbar.

Nach unseren bisherigen Erfahrungen aber ist die Verwandelbarkeit der Materie an gewisse Bedingungen geknüpft. Das Gesetz von der Unzerstörbarkeit des Stoffes liefert die erste Beschränkung, nämlich, daß es sich jedenfalls nur um Überführbarkeit *gleicher Gewichtsmengen* von Stoffen verschiedener Eigenschaften handeln kann; die weitere nach dieser Richtung hin aufgespeicherte Erfahrung – das Resultat vieler mühevollen Arbeiten des chemischen Laboratoriums, von den Versuchen, welche die Alchimisten anstellten, um unedle Metalle in Gold zu verwandeln, bis zu den bewunderungswürdigen Synthesen unserer heutigen Organiker – brachte die weitere Erkenntnis, daß im allgemeinen selbst gleiche Gewichtsteile stofflich verschiedener Materie ineinander *nicht* überführbar sind.

Einfache und zusammengesetzte Stoffe. Unzählige Versuche, welche darauf hinzielten, einerseits zusammengesetzte Stoffe in einfachere zu zerlegen – chemische Analyse –, andererseits durch Zusammenbringen verschiedener Stoffe einen neuen zu erzeugen – chemische Synthese –, haben zu der Überzeugung geführt, daß man bei der Zerlegung der in der Natur vorkommenden Stoffe stets zu einer Anzahl weiter nicht zerlegbarer, der sogenannten *Grundstoffe* oder *Elemente*, gelangt, deren man bisher etwa 90 hat isolieren können. An diesen Grundstoffen scheiterte bis jetzt jeder Versuch einer weiteren willkürlichen Zerlegung;[1] aus diesen Grundstoffen aber lassen sich durch geeignete Operationen die uns bekannten Stoffe sämtlich synthetisch herstellen. Ineinander überführbar sind demgemäß nur diejenigen Stoffe, welche die gleichen Elemente und zwar von jedem einzelnen die gleiche Gewichtsmenge enthalten.

Unzerstörbarkeit der Energie. (Erster Hauptsatz der mechanischen Wärmetheorie.) Viele fruchtlose Bemühungen, ein Perpetuum mobile, d. h. eine Maschine zu erfinden, die fortwährend und ins Unbegrenzte von sich aus äußere Arbeit zu leisten vermag, haben schließlich zu der Überzeugung geführt, daß eine solche unmöglich und der Gedanke, welcher der Konstruktion einer solchen zugrunde liegt, im Widerspruch mit einem Naturgesetze sei. Dies Naturgesetz läßt sich in folgender Weise formulieren: Unterwirft man ein beliebiges System einem Kreisprozesse, d. h. läßt man irgendwelche Veränderungen mit demselben vor sich gehen, um es schließlich wieder auf den Anfangszustand zurückzuführen, so ist die während des Kreisprozesses vom Systeme geleistete äußere Arbeit A proportional der hierbei aufgenommenen Wärmemenge W, d. h. es ist

$$A = JW; \qquad \text{(a)}$$

der Proportionalitätsfaktor J, das mechanische Wärmeäquivalent, ist unabhängig von der Natur des betrachteten Systems, und sein numerischer Wert variiert nur mit dem Maßsystem, nach welchem wir Wärmemenge und äußere Arbeit messen.

Wird irgend ein System einer beliebigen Änderung unterworfen, so werden im allgemeinen folgende Energieänderungen damit verbunden sein: 1. es wird eine gewisse Wärmemenge aufgenommen oder abgegeben werden; 2. es wird von dem System eine gewisse äußere Arbeit geleistet oder ihm zugeführt werden; 3. der gesamte

---

1 Die später zu besprechenden Erscheinungen der *Radioaktivität* beweisen allerdings eine *spontane* Zerlegung gewisser Elemente, die der Experimentator aber nicht beeinflussen kann. – Die im gleichen Kapitel zu erwähnenden neuen Versuche RUTHERFORDS über die Zerlegung des Stickstoffs eröffnen allerdings die Möglichkeit auch einer *willkürlichen* Spaltung der Elemente. – Für die gewöhnlichen chemischen Operationen bleibt aber der Unterschied zwischen Element und Verbindung bestehen.

Energieinhalt des Systems wird ab- oder zunehmen. Ganz allgemein muß bei jedem Vorgang die Abnahme der gesamten Energie U (also die an die Umgebung abgegebene Energie) gleich der vom System geleisteten äußeren Arbeit A vermindert um die aufgenommene Wärmemenge Q (also die an die Umgebung abgegebene Energie) gleich der vom System geleisteten äußeren Arbeit A vermindert um die aufgenommene Wärmemenge Q sein, d. h. es besteht die Beziehung

$$U = A - Q. \qquad \text{(b)}$$

Natürlich müssen in dieser Gleichung alle Größen nach der gleichen Energieeinheit gemessen, also z. B. Wärmemengen in Arbeitsmaß ausgedrückt werden.

Jede der drei Größen kann natürlich auch negativ werden, Q, wenn bei der Veränderung Wärmeentwicklung, U, wenn eine Zunahme des Energieinhalts, und A, wenn eine Zufuhr von äußerer Arbeit erfolgt. Wenn das betrachtete System aus reaktionsfähigen Stoffen und seine Veränderungen in einem chemischen Umsatze besteht, so bedeutet der negative Wert von Q die Reaktionswärme, U die Änderung des Energieinhalts der Stoffe, welche durch den Umsatz hervorgebracht wird, und A die bei der Reaktion geleistete äußere Arbeit, welche in der Überwindung des äußeren Druckes besteht und demgemäß nach obigem positiv ist, wenn mit der Reaktion eine Volumverminderung des Systems verbunden ist. Wenn, wie häufig der Fall, die äußere Arbeit verschwindend ist, so wird U einfach gleich der während der Reaktion *entwickelten* Wärmemenge.

Bringen wir eine System, nachdem es irgendwelche Änderungen erlitten hat, wieder auf seinen Anfangszustand, so ist nach Gleichung (a) die vom System geleistete Arbeit gleich der zugeführten Wärmemenge; also muß nach Gleichung (b) U gleich Null werden, d. h. das System besitzt denselben Energiegehalt wie vor der Veränderung; *letzterer ist also durch den jeweiligen Zustand des Systems völlig bestimmt.*

Es muß daher auch U als eindeutige Funktion der den Zustand des Systems charakterisierenden Variablen sich darstellen, dU also auf die Form eines vollständigen Differentials sich bringen lassen. Handelt es sich z. B. nur um Leistung äußerer Arbeit gegen einen äußeren Druck, so ist im allgemeinen der Zustand eines Systems durch Temperatur T und Volumen v eindeutig bestimmt, und wir dürfen setzen

$$dU = \frac{\partial U}{\partial v} dv + \frac{\partial U}{\partial T} dT.$$

Die Gleichung (b) ist, wie erwähnt, auf jeden Vorgang anwendbar; denn sie ist der unmittelbare analytische Ausdruck des Gesetzes von der Erhaltung der Energie. Eine Änderung des Energieinhalts eines Systems kann auf die mannigfachste Weise erfolgen, teils durch bloße Temperaturänderung, teils durch isotherme Zustandsänderungen, teils durch beides zugleich. Im ersten Falle wird die Änderung der Energie durch das Produkt von Wärmekapazität des Systems und Temperaturänderung, im zweiten durch eine gewisse Energiegröße (latente Wärme, Reaktionswärme u. dgl. + äußerer Arbeit) gemessen, deren Bestimmung meistens leicht und sicher erfolgt; der dritte Fall schließlich läßt sich stets auf die beiden vorhergehenden zurückführen, wie folgende Überlegung zeigt.

Ein System erleide eine beliebige Umwandlung und gleichzeitig steige seine Temperatur von T auf $T + t$. Wir denken uns den Vorgang nun auf folgenden beiden Wegen geleitet: ein erstes Mal spiele sich der Vorgang auf konstanter Temperatur T ab, wobei die Energieänderung U_T betrage, und hierauf werde das System auf $T + t$ erwärmt, wozu es der Zufuhr von $K\,t$ Kalorien bedarf, wenn K die Wärmekapazität des Systems bedeutet, nachdem das System die Änderung erlitten hat. Ein zweites Mal werde das System zunächst von T auf $T + t$ erwärmt, wozu es einer Wärmezufuhr von $K_0 t$ Kalorien bedarf, wenn K_0 die anfängliche Wärmekapazität bedeutet, und hierauf erst spiele sich der Vorgang ab, der nunmehr mit einer Energieänderung im Betrage von U_{T+t} verbunden ist. Die Erwärmung wird so gleitet, daß sie keine Leistung äußerer Arbeit verursacht: wenn es sich also z. B. um die Erwärmung einer Gasmasse handelt, so muß sie bei konstant erhaltenem Volumen erfolgen u. dgl. Auf beiden Wegen gelangen wir vom gleichen Anfangs- zum gleichen Endzustande; also müssen nach dem Gesetz von der Erhaltung der Energie auch die Energieänderungen in beiden Fällen die gleichen sein; im ersten Falle beträgt nun aber die Abnahme der Gesamtenergie $U_T - Kt$, im zweiten $U_{T+t} - K_0 t$; es muß also die Beziehung bestehen:

$$U_T - Kt = U_{T+t} - K_0 t$$

oder

$$K_0 - K = \frac{U_{T+t} - U_T}{t}.$$

Der rechts befindliche Ausdruck bedeutet nun aber die Zunahme der betrachteten Energieänderung pro Grad Temperatursteigerung, und diese Größe, die für kleine Werte von t mit $\frac{dU}{dT}$ *zu bezeichnen ist, muß nach obigem Satze gleich der Differenz der Wärmekapazitäten des Systems vor und nach der Veränderung sein.* Betrachten wir z. B. den Vorgang des Gefrierens, so besagt obiger Satz, daß die hierbei entwickelte Wärme, die sogenannte Schmelzwärme, um so viel pro Grad Temperatursteigerung zunimmt, als die spezifische Wärme c_0 der *geschmolzenen* größer ist als diejenige c der *festen* Substanz.

Erwärmen wir eine homogene Substanz bei konstantem Druck um dT, so gebrauchen wir die Wärmezufuhr $c_p\,dT$, wenn c_p die Wärmekapazität bei konstantem Druck bedeutet; wir können uns aber auch die Erwärmung so geleitet denken, daß wir zunächst bei konstantem Volum um dT erwärmen, wobei die Wärmezufuhr $c_v\,dT$ (c_v = Wärmekapazität bei konstantem Volum) nötig ist, und hierauf die Substanz um dv sich isotherm ausdehnen lassen, wobei wir die Wärmezufuhr $\frac{\partial U}{\partial v}dv + p\,dv$ gebrauchen. Machen wir dv gleich der Wärmeausdehnung, die der Erwärmung um dT bei konstantem Druck entspricht, so gelangen wir in beiden Fällen vom gleichen Anfangszustand zum gleichen Endzustand, und es müssen die Wärmezufuhren in beiden Fällen gleich sein

$$c_p\,dT = c_v\,dT + \left(p + \frac{\partial U}{\partial v}\right)dv$$

oder

$$c_p - c_v = \left(p + \frac{\partial U}{\partial v}\right)\frac{\partial v}{\partial T}.$$

Das Gesetz von der Erhaltung der Energie hat, wie keine andere Entdeckung, eine neue Epoche der Naturforschung eingeleitet; es wurde zum ersten Male klar ausgesprochen von Julius Robert MAYER (1842), in seiner vollen Bedeutung aber erkannt und in konsequenter Durchführung auf die verschiedensten Erscheinungen angewendet zuerst von Hermann V. HELMHOLTZ in seiner Schrift „Über die Erhaltung der Kraft“ (1847)[1]. Die erste quantitative Bestätigung erfuhr es durch die grundlegenden Versuche von JOULE (1850) über die Verwandlung von Arbeit in Wärme, welche zur Bestimmung des mechanischen Wärmeäquivalents führten.

Die Beteiligung der oben erwähnten Forscher an dem gemeinsamen Werk charakterisiert MACH (Prinzipien der Wärmetheorie, Leipzig 1896, S. 268) treffend: „Das Bedürfnis nach dem Prinzip hat MAYER am stärksten zum Ausdruck gebracht, und er hat auch dessen Anwendbarkeit auf alle Gebiete dargelegt. HELMHOLTZ verdankt man die vollständige kritische Durcharbeitung im einzelnen und die Anknüpfung an die vorhandenen Ergebnisse. JOULE endlich hat die neue Methode und Denkweise in musterhafter Weise in das Gebiet des messenden Experimentes eingeführt.“

Maße der Energie. Da wir gerade mit Energiegrößen viel zu operieren haben werden, so dürften einige besondere Bemerkungen über die hier zu benutzenden Maße am Platze sein. Zunächst liefert das absolute Maßsystem als Einheit der Arbeit diejenige, die geleistet wird, wenn der Angriffspunkt der Kraft eins um einen Zentimeter verschoben wird. Die Kraft eins, genannt Dyne, ist nun aber im obigen System diejenige, die der Masse 1 g in einer Sekunde die Beschleunigung eins erteilt, sie ist übrigens nahe gleich dem Gewicht eines Milligramms (genauer $\frac{1}{980,6}$ g unter mittleren Brei-

---

1 OSTWALDs Klassiker Nr. 1, Leipzig 1889.

tegraden). Die so bestimmte Arbeitseinheit heißt Erg (εργον) und sie ist natürlich gleich der lebendigen Kraft $\left(\frac{m}{2}v^2\right)$ von zwei Gramm, die eine Geschwindigkeit von 1 cm pro Sekunde besitzen.

Diese Arbeitseinheit ist nun häufig unbequem klein und es sind seit langem schon den jeweiligen Zwecken angepaßte andere Energieeinheiten im Gebrauch. In der Technik verwendet man in der Regel das „Meterkilogramm“, d. h. die Arbeit, die beim Heben eines Kilogramms um einen Meter geleistet wird, wobei also als Einheit der Länge das Meter und als Einheit der Kraft das Gewicht eines Kilogramms dient. Da nun aber Arbeit auch geleistet wird, wenn eine Volumvermehrung gegen einen Druck erfolgt oder eine Elektrizitätsmenge eine elektromotorische Gegenkraft überwindet usw., so liegt als Einheit der Arbeit in solchen Fällen das Produkt von Druck- und Volumeneinheit oder von Elektrizitäts- und Spannungseinheiten usw. nahe. Hält man sich konsequent, wie bei wissenschaftlichen Rechnungen üblich, an das absolute cgs-System, so gelangt man natürlich *stets zur gleichen Arbeitseinheit*; wenn man es aber, wie auch wir aus Gründen der Anschaulichkeit es bisweilen tun werden, vorzieht, der jeweiligen konventionellen Maße sich zu bedienen, so wird natürlich die Wahl der Arbeitseinheit in verschiedenen Fällen verschieden ausfallen.

Die *Einheit der Wärme* ist prinzipiell durch das Gesetz von der Erhaltung der Energie natürlich ohne weiteres als diejenige gegeben, welche der Arbeitseinheit äquivalent ist. Aber auch hier erspart man sich aus praktischen Rücksichten häufig die Umrechnung und benutzt eine besondere Wärmeeinheit, die mit den Messungsmethoden in enger Beziehung steht; als solche werden wir die *Grammkalorie* (cal.) verwenden, d. h. die Wärmemenge, die erforderlich ist, um die am *Luftthermometer gemessene* Temperatur eines Gramms Wasser um 1° zu steigern. Da aber die spezifische Wärme des Wassers mit der Temperatur nicht unbeträchtlich sich ändert, so bedarf es eines Zusatzes zu obiger Definition, nämlich der Angabe der Temperatur, bei welcher das Wasser erwärmt wird. Nun werden weitaus die meisten kalorimetrischen Messungen, insbesondere fast alle thermochemischen Untersuchungen, in der Weise angestellt, daß man die Temperatursteigerung mißt, welche Wasser *von Zimmertemperatur* infolge der hinzugeführten Wärme erfährt, so daß es für unsere Zwecke am meisten sich empfiehlt, *diejenige Wärmemenge als Einheit zu wählen, die einem Gramm Wasser von 15° hinzugefügt werden muß, um seine Temperatur um 1° Celsius zu erhöhen*; zwischen 15 bis 20° kann übrigens die spezifische Wärme für viele Zwecke als unveränderlich angesehen werden.

Außer der obigen Kalorie sind noch die sogenannte „*mittlere Kalorie*“ ($^1/_{100}$ der Wärmemenge, die erforderlich, um 1 g Wasser von 0 bis 100° zu erwärmen) und die „*Nullpunktskalorie*“ (Wärmemenge, die erforderlich, um 1 g Wasser von 0 bis 1° zu erwärmen) und obendrein eine Anzahl anderer Kalorien in Gebrauch, die sich auf zufällig gewählte Temperaturen beziehen.

Es scheint, als ob die Änderung der spezifischen Wärme des Wassers mit der Temperatur mit befriedigender Genauigkeit festgestellt worden ist; aus dem Mittel der Messungen von ROWLAND (1880), BARTOLI und STRACCIATI (1892), LÜDIN (1895), CALLENDAR und BARNES (1902), DIETERICI (1905) folgt:

$t =$	0°	5°	10°	15°	20°	25°	30°
$c =$	1,008	1,005	1,002	1,000	0,999	0,998	0,998

während die neuesten Messungen der physikalisch-technischen Reichsanstalt bei den entsprechenden Temperaturen

$c =$	1,005	1,0030	1,0013	1,0000	0,9990	0,9983	0,9979

geliefert haben (vgl. HOLBORN, SCHEEL, HENNING, Wärmetabellen, bei Vieweg 1919).

Die „Nullpunktskalorie“ beträgt als das 1,005fache der gewöhnlichen; die „mittlere Kalorie“ kann der gewöhnlichen gleichgesetzt werden (DIETERICI).

Für das mechanische Wärmeäquivalent der gewöhnlichen Kalorie finden LUTHER und SCHEEL[1] nach kritischer Durchmusterung der von ROWLAND, MICOLESCU, GRIFFITHS, SCHUSTER und GANNON, BARNES gewonnenen Resultate im Mittel **42 710**; alle diese

---

1 Verhandl. des Ausschusses für Einheiten 1907-1911.

Messungen beruhen auf direkter Anwendung des ersten Wärmesatzes. Wendet man auf die sehr genau bestimmte Dampfdruckkurve des Wassers den zweiten Wärmesatz (s. w. u.) an, so läßt sich die Verdampfungswärme völlig exakt berechnen, wenn man das mechanische Wärmeäquivalent zu 42 720 annimmt,[1] und zwar darf diese, wenn auch indirekte Methode als besonders zuverlässig gelten.

Allerdings hat HENNING (Ann. d. Physik 1919 [4] **58**, S. 759) inzwischen die damals benutzten Zahlen der Verdampfungswärme des Wassers um etwa 1 Promille korrigiert und die physikalisch-technische Reichsanstalt ist neuerdings durch Messung der Jouleschen Wärme (vgl. die oben erwähnten Wärmetabellen) zu dem Werte

$$1\ \mathrm{cal}_{15^\circ} = 4{,}1842\ \text{Wattsekunden} = 4{,}182 \cdot 10^7\ \text{Erg}$$

gelangt, woraus sich der Wert des mechanischen Wärmeäquivalents zu 42 670, also etwa 1 Promille kleiner, als oben angesetzt, ergibt. Obwohl daher dieser Wert zurzeit wohl als der wahrscheinlichste zu gelten hat, wurde angesichts der Geringfügigkeit der Differenz von den zahlreichen Untersuchungen, die eine Benutzung der neuen Zahl zur Folge hat, in dieser Auflage Abstand genommen, doch wird bei besonders wichtigen Zahlen noch besonders auf den Wert der Reichsanstalt hingewiesen werden.

Die Bedeutung der Zahl 42 720 ist also die, daß, wenn man unter mittlerer Breite 1 g 42 720 cm fallen und seine gesamte, so gewonnene lebendige Kraft sich in Wärme umsetzen läßt, diese dann ausreicht, um die Temperatur eines Gramms Wasser von 15° um 1° des Luftthermometers zu steigern.

Im absoluten Maßsystem beträgt der Wert der gewöhnlichen Kalorie

$$42\,720 \cdot 980{,}6 = 41\,890\,000$$

(980,6 = Erdbeschleunigung unter 45°) oder 41,89 Millionen Erg = 4,189 Joule.

---

1 NERNST, Verhandl. d. Deutsch. physik. Ges. 1910, S. 566.

Bisweilen benutzt man auch anstatt der Grammkalorie die *Kilogrammkalorie*, die das 1000fache beträgt; das mechanische Äquivalent der letzteren beträgt 427 Meterkilogramm. Man unterscheidet die beiden auch als „kleine" und „große Kalorie"; *wir werden im folgenden die erstere mit cal., die letztere mit Cal. bezeichnen.*

Sehr häufig, besonders bei für den Chemiker wichtigen Rechnungen, wird man vor die Aufgabe gestellt, die bei der Wirkung eines Druckes über ein bestimmtes Volum geleistete Arbeit im Wärmemaß auszudrücken. Es möge also z. B. ein in einem Zylinder verschiebbarer Stempel vom Querschnitt = 1 qdcm, auf dem der Druck einer Atmosphäre lastet, um 1 dcm gehoben, somit der Atmosphärendruck über den Raum eines Liters überwunden werden. Diese Arbeitseinheit nennt man nach Analogie von „Meterkilogramm" passend eine „*Literatmosphäre*". Der Druck einer Atmosphäre pro Quadratzentimeter beträgt bekanntlich 1,0333 kg (= 76 · 13,596 g), also pro Quadratzentimeter 103,33 kg; die beim Heben des Stempels geleistete Arbeit ist also ebenso groß, als ob 103,33 kg um einen Dezimeter oder 1 g um 1 033 300 cm gehoben würden. Somit ist in kalorischem Maße die gesuchte Arbeit

$$1 \text{ Literatmosphäre} = \frac{1033\,300}{42\,720} = 24{,}19 \text{ cal.}$$

Bewegungsgleichung eines materiellen Punktes.

Einige kurze Bemerkungen hierüber seien eingeschaltet, teils als weitere Erläuterung des Gesetzes von der Erhaltung der Energie, teils weil wir späterhin uns mit Bewegungen materieller Punkte wiederholt werden beschäftigen müssen. Bewegt sich ein materieller Punkt von der Masse m in einer Richtung, etwa in derjenigen der x-Achse eines Koordinatensystems, unter dem Einfluß der Kraft X, und bedeutet t die Zeit, so lautet das Grundgesetz der Mechanik

$$m \frac{d^2x}{dt^2} = X \qquad (1)$$

(Masse mal Beschleunigung gleich wirkender Kraft). Multiplizieren wir (1) mit der selbstverständlichen Gleichung

$$\frac{dx}{dt}dt = dx,$$

beachten ferner, daß

$$m\frac{dx}{dt}\frac{d^2x}{dt^2}dt = d\left[\frac{m}{2}\left(\frac{dx}{dt}\right)^2\right]$$

ist, und setzen schließlich für die Geschwindigkeit $\frac{dx}{dt}$ des Punktes v ein, so wird

$$d\left(\frac{m}{2}v^2\right) = Xdx, \dots\dots\dots\dots\dots\dots\dots (2)$$

in Worten: der Zuwachs der lebendigen Kraft des Massenpunktes ist in jedem Augenblick gleich der von der Kraft geleiteten *Arbeit.*

Bewegt sich der Massenpunkt in der Richtung s, die in dem betrachteten Zeitmoment mit den drei Achsen eines rechtwinkligen Koordinatensystems die Winkel α, β, γ bilden möge, so ist

$$\cos\alpha = \frac{dx}{ds}, \ \cos\beta = \frac{dy}{ds}, \ \cos\gamma = \frac{dz}{ds}.$$

Wirken in der Richtung der drei Koordinatenachsen die Kräfte X, Y, Z, so beträgt die auf den Massenpunkt in Richtung seiner Bewegung ausgeübte Kraftkomponente

$$X\cos\alpha + Y\cos\beta + Z\cos\gamma,$$

und es wird demgemäß die Gleichung (1) in diesem Falle

$$m\frac{d^2s}{dt^2} = X\frac{dx}{ds} + Y\frac{dy}{ds} + Z\frac{dz}{ds},$$

oder umgeformt ähnlich wie oben

$$d\left(\frac{m}{2}v^2\right) = Xdx + Ydy + Zdz,$$

worin jetzt die Geschwindigkeit

$$v = \frac{ds}{dt}$$

bedeutet. Haben wir ein System von beliebig viel Massenpunkten und schließen wir äußere Kräfte aus, so wird die Arbeit ausschließlich von den inneren Kräften, und wenn letztere ein Potential haben, d. h. der rechts stehende Ausdruck ein vollständiges Differential des sogenannten Potentials ist, lediglich auf Kosten der *potentiellen* Energie geleistet. Dann ist also die Zunahme an kinetischer Energie des Systems gleich der Abnahme an potentieller Energie, oder die Gesamtenergie des Systems bleibt konstant (Gesetz der Unzerstörbarkeit der Energie für mechanische Systeme).

Erfährt der Massenpunkt auf seiner Bahn eine Reibung, so bedarf Gleichung (1) einer Einschränkung. Die Reibung ist aufzufassen als eine der jeweiligen Bewegungsrichtung entgegenwirkende Kraft, und zwar kann man in vielen Fällen diese Gegenkraft der jeweiligen Geschwindigkeit v proportional setzen; somit wirkt auf den Massenpunkt anstatt der Kraft X nur diejenige $X - kv$, worin k die Gegenkraft für die Geschwindigkeit $v = 1$ bedeutet. Somit wird aus der Gleichung (1)

$$m\frac{d^2x}{dt^2} = X - kv \quad \ldots\ldots\ldots\ldots\ldots\ldots \quad (3)$$

und entsprechend aus (2)

$$d\left(\frac{m}{2}v^2\right) = (X - kv)dx \ldots\ldots\ldots\ldots\ldots\ldots \quad (4)$$

Wenn X konstant ist, so muß offenbar v mit der Zeit zunehmen, falls $X > kv$, und abnehmen im entgegengesetzten Falle; d. h. der Ausdruck $X - kv$ konvergiert in jedem Falle gegen Null und v nähert sich dementsprechend dem Grenzwert

$$v_0 = \frac{X}{k} \ldots\ldots\ldots\ldots\ldots\ldots\ldots \quad (5)$$

Nach einer gewissen (häufig unmeßbar kleinen) *Zeit ist also die Geschwindigkeit gleich der wirkenden Kraft dividiert durch den Reibungswiderstand*; im Falle der Bewegung mit (hinreichend großer) Reibung ist nicht, wie in der reinen Mechanik, die Beschleunigung, sondern die Geschwindigkeit der wirkenden Kraft proportional.

Schreiben wir (4) in der Form

$$d\left(\frac{m}{2}v^2\right) + kvdx = Xdx,$$

so erkennen wir, daß die von den (inneren oder äußeren) Kräften des Systems geleistete Arbeit $X\,dx$ teils als lebendige Kraft, teils als Reibungsarbeit erscheint. Je mehr der erste Anteil gegen den letzteren zurücktritt, um so genauer gilt die bemerkenswert einfache Gleichung (5).

Schreiben wir (5) in der Form

$$k\,v_0 = X,$$

multiplizieren mit dx und integrieren von 0 bis x, bzw. 0 bis t, so wird

$$\int kv_0 dx = \int kv_0^2 dt = \int X dx$$

oder

$$kv_0^2 t = X\,x.$$

$X\,x$ ist aber die Arbeit, die dem Massenpunkte während der Zeit t zugeführt wird; diese *Reibungswärme* ist also gleich dem Produkt von Widerstand mal Geschwindigkeitsquadrat mal Zeit. – Die Ähnlichkeit des OHMschen Gesetzes mit Gleichung (5), des JOULEschen mit Gleichung (6) springt in die Augen.

Zur Berechnung der Zeit, nach der Gleichung (5) gilt, schreiben wir (3) in der Form

$$\frac{dv}{X - kv} = \frac{dt}{m}$$

und integrieren

$$-\frac{1}{k}\ln(X - kv) = \frac{t}{m} + \text{konst.};$$

für $t = 0$ ist

$$-\frac{1}{k}\ln X = \text{konst.};$$

hieraus folgt leicht

$$v = \frac{X}{k}\left(1 - e^{-\frac{k}{m}t}\right) \quad \ldots\ldots\ldots\ldots\ldots\ldots \quad (7)$$

Der in Klammern befindliche Ausdruck wächst in der Tat mit zunehmender Zeit schnell auf 1, d. h. Gleichung (7) geht in (5) über, und zwar geschieht dies um so schneller, je größer die Reibung k und je kleiner die Masse m ist.

Verwandelbarkeit der Energie. (Zweiter Hauptsatz der mechanischen Wärmetheorie.) Während der Satz von der Erhaltung der Energie die Maßbeziehung lieferte, welche bei der Verwandlung der verschiedenen Energieformen (äußere Arbeit, Wärme, innere Energie) ineinander notwendig gewahrt bleiben müssen, unterrichtet der sogenannte zweite Hauptsatz der mechanischen Wärmetheorie uns über die Beschränkungen, denen die *Umwandlungsfähigkeit* der verschiedenen Energieformen unterliegt. Seine qualitative Seite läßt sich etwa in folgender Fassung aussprechen. *Äußere Arbeit, sowie kinetische Energie bewegter Massen läßt sich auf mannigfache Weise und vollständig ineinander überführen, wie auch in Wärme verwandeln* (am einfachsten etwa in der Weise, daß wir die äußere Arbeit zur Bewegung von ponderabler Masse verwenden und diese durch Reibung, wie bei einem gebremsten Einsenbahnzuge, sich verzehren und in Wärme umsetzen lassen); *umgekehrt ist aber die Rückverwandlung von Wärme in Arbeit nur bedingt möglich* (Prinzip von CARNOT und CLAUSIUS).

Der Gedankengang, durch welchen man zur Erörterung der Frage, inwieweit die verschiedenen Erscheinungsformen der Energie ineinander überführbar sind, und zu der Vermutung, daß hier ein einschränkendes Naturgesetz vorliegt, geführt wird, ist im wesentlichen folgender. So fruchtlos die Bemühungen zahlreicher Erfinder gewesen sind, eine Maschine zu konstruieren, die fortwährend die Arbeit zu leisten imstande ist, ohne daß es irgend eines Aufwandes bedarf, um die Maschine im Gang zu erhalten, so glänzend war die Erkenntnis, welche den Mißerfolg durch ein Naturgesetz erklärte; auf dem Boden, der durch die zerstörten Illusionen unglücklicher Erfinder reichlich gedüngt war, wuchs als ein Baum der Erkenntnis das Gesetz von der Unzerstörbarkeit der Energie, dessen goldene Früchte MAYER und HELMHOLTZ pflückten. *Allein in den Augen eines Erfinders, der von der Richtigkeit dieses Naturgesetzes vollkommen durchdrungen ist, wird dadurch keineswegs die Existenz einer Maschine für unmöglich erklärt, die äußere Arbeit nach Belieben und kostenfrei zu liefern imstande ist.* Nach jenem Gesetze sind äußere Arbeit und Wärme einander äquivalent, beides sind Erscheinungsformen der Energie. Nun ist Energie in Gestalt von Wärme in Hülle und Fülle vorhanden, so daß es nur einer Vorrichtung bedarf, um die Energie der Umgebung auszunutzen, indem man sie in Gestalt äußerer Arbeit zum Treiben unserer Maschinen verwendet. Eine solche Vorrichtung würde z. B., eingesenkt in ein großes Wasserreservoir, dessen ungeheuren Energiegehalt in nutzbare Arbeit umsetzen; würde z. B. die Dampfmaschinen unserer Ozeandampfer entbehrlich machen und die Schraube des Schiffs beliebig lange auf Kosten der unermeßlichen Wärmekapazität des Meeres in Rotation erhalten. Eine solche Vorrichtung wäre auch in gewisser Hinsicht ein Perpetuum mobile, aber keines, welches dem ersten Hauptsatze widerstreitet, sondern ein Apparat, der vollkommen im Sinne dieses Satzes arbeitet, indem er Wärme der Umgebung entzieht und ihr äußere Arbeit dafür zurückerstattet, die sich nach ihrer Ausnutzung in der Regel (z. B. in obigem Falle infolge der Reibung von Schiff und Schiffsschraube) wieder in Wärme zurückverwandeln würde, um von neuem den Kreislauf anzutreten.

Leider scheint eine solche Vorrichtung, welche die Steinkohle als Energiequelle wertlos machen würde, eine Chimäre zu sein, gerade wie das Perpetuum mobile, das Arbeit aus nichts schaffen sollte, der Erfinder des achtzehnten Jahrhunderts; wenigstens machen viele Versuche dies mehr als nur wahrscheinlich. Wir gelangen so, indem wir aus zahllosen fehlgeschlagenen Bemühungen das Fazit ziehen, also auf einem ganz analogen Wege, wie er zur Erkenntnis des ersten Hauptsatzes führte, zu dem Satze, *daß eine Vorrichtung, welche die Wärme der Umgebung fortwährend in äußere Arbeit umzusetzen vermöchte, im Widerspruch mit einem Naturgesetze und daher eine Unmöglichkeit sei.* Wird durch Anerkennung dieses Satzes der menschliche Erfindungsgeist um ein Problem ärmer, so gewinnt die Naturforschung dafür ein in seinen Anwendungen schier unerschöpfliches Prinzip.

Dieses Resultat, welches zunächst rein *negierenden* Charakters ist, kann nun mit Hilfe einiger Überlegungen und durch Hinzuziehung einiger Erfahrungstatsachen zur Ermittlung der quantitativen Sätze verwendet werden, welche die Verwandelbarkeit der Energie einschränken und die man unter dem Namen des „*zweiten Hauptsatzes der Wärmetheorie*“ begreift. Die fundamentalen Überlegungen, welche zu diesem Wärmesatz führten, sind bereits mit großer Klarheit von CARNOT[1], und zwar merkwürdigerweise früher (1824) angestellt, als der Satz von der Erhaltung der Energie präzisiert war; den zweiten Hauptsatz aber als ein allgemein gültiges und ungemein fruchtbares Naturgesetz zur Geltung gebracht und seine Forderungen in voller Exaktheit und Allgemeinheit mathematisch formuliert zu haben, das ist das unsterbliche Verdienst von CLAUSIUS (1850).[2] Im folgenden sei eine kurze Ableitung der Fundamentalformeln des zweiten Wärmesatzes gegeben.

Suchen wir obigen Erfahrungssatz, dessen Anwendung doch zunächst wesentlich auf technischem Gebiete liegt, auf die Form eines allgemeinen physikalischen Prinzips zu bringen, so empfiehlt sich folgende Fassung:

I. Jeder Vorgang, der sich in einem beliebigen System von selbst, d. h. ohne Zufuhr von Energie in irgend einer Form abspielt, ist imstande, bei richtiger Ausnützung ein endliches Quantum äußerer Arbeit zu liefern.

Unter Vorgang verstehen wir jede Veränderung eines Systems, bei der letzteres aus einem Anfangszustand in einen davon verschiedenen Entzustand übergeht. Wenn Zufuhr fremder Energie nicht ausgeschlossen ist, so kann natürlich ein System beliebige Mengen Arbeit leisten, wie z. B. ein Elektromotor bei hinreichender Zufuhr elektrischer Energie eine wenigstens prinzipiell unerschöpfliche Quelle äußerer Arbeit darstellt.

Es fragt sich nun, welches die *bestmögliche* Ausnützung ist, d. h. wie wir einem gegebenen Vorgange das *maximale* Quantum äußerer

---

1 Réflexions sur la puissance motrice du feu. Paris 1824; deutsche Ausgabe: OSTWALDS KLASSIKER Nr. 37. Leipzig 1892.

2 Über die bewegende Kraft der Wärme (Pogg. Ann. **79**. 369 u. 500); OSTWALDS KLASSIKER Nr. 99. Leipzig 1898. Die einzelnen Abhandlungen, die seit 1850 erschienen, hat CLAUSIUS zusammengestellt in dem Werke: Mechanische Wärmetheorie. Braunschweig 1876.

Arbeit entziehen können. Hierzu ist es offenbar erforderlich, daß erstens die Vorrichtung, mit der wir die äußere Arbeit gewinnen, technisch so vollkommen gewählt ist, daß sie mit bestem Nutzeffekt arbeitet, daß also Verluste an äußerer Arbeit durch sekundäre Fehler (wie Reibung oder reibungsähnliche Vorgänge, ferner Undichtigkeit eines in einem Zylinder gleitenden Kolbens bei Ausdehnung oder Kompression von Gasen oder Dämpfen, Isolationsfehler beim Arbeiten mit elektrischen Leitungen, Wärmeverluste bei kalorischen Maschinen usw.) vermieden sind; zweitens aber muß die Veränderung des Systems so erfolgen, daß in jeder Phase des Vorgangs Kraft und Gegenkraft fast gleich sind. Macht man die Gegenkraft kleiner, so geht dann der Prozeß in der einen Richtung, macht man sie größer, so geht er in der entgegengesetzten Richtung vor sich, und da alle Verluste vermieden sein sollen, so muß offenbar die gleiche Arbeit gewonnen, wenn der Vorgang in der einen Richtung sich abspielt, wie aufgewandt werden, um ihn rückgängig zu machen. Man sagt in solchen Fällen, daß der Vorgang sich *umkehrbar* oder *reversibel* vollzieht; wir werden alsbald Fälle kennen lernen, in denen man (wenigstens prinzipiell) tatsächlich diesem idealen Grenzzustande sich beliebig nähern kann. Wir nehmen nun an, daß dies allgemein möglich sei, und postulieren so den Satz:

II. *Ein Vorgang liefert das Maximum an äußerer Arbeit, wenn er reversibel geleistet wird.*

Wir erkennen leicht, daß I und II sich vollkommen mit dem Satze deckt, wonach eine Vorrichtung nicht möglich ist, die fortwährend äußere Arbeit auf Kosten der Wärme der Umgebung zu liefern imstande ist. Nach I müßte eine solche Vorrichtung, da ein Vorgang nur ein endliches Quantum äußerer Arbeit liefert, eine periodisch arbeitende Maschine sein, die nach einer gewissen Zeit zum Anfangspunkt wieder zurückkehrt, nach II kann eine solche Maschine nach einer Periode bestenfalls (bei idealer Konstruktion) keine äußere Arbeit verbraucht, niemals aber solche geliefert haben, weil sie reversibel arbeiten muß, um Verluste zu vermeiden, dann aber auf dem Hinweg bei jeder Periode gerade ebensoviel Arbeit liefert, wie auf dem Rückweg verbraucht.

Beispiele von Vorgängen, die im Sinne von I von selbst sich abspielen, sind das Fallen eines Steines zur Erde, Vermischung zweier Gase oder mischbarer Flüssigkeiten, Diffusion und Auflösung fester Stoffe in einem Lösungsmittel und vor allem die unzähligen, von selbst verlaufenden, chemischen Prozesse. Die Aufgabe, in jedem einzelnen Falle die in maximo zu gewinnende äußere Arbeit zu berechnen, d. h. im Sinne von II Wege aufzufinden, um einen Vorgang reversibel leiten zu können, ist von höchster Wichtigkeit, und die Lösung derselben in gewissen speziellen Fällen hat zu den folgenreichsten Entdeckungen geführt.

Bringen wir Stoffe verschiedener Temperatur miteinander in Berührung, so findet ein Übergang der Wärme von höherer zu niederer Temperatur statt. Dieser Vorgang geht bekanntlich von selbst vor sich, denn wir brauchen keine Arbeit hinzuzuführen, damit der Prozeß sich abspiele; aus Satz I folgt dann unmittelbar, daß einerseits bei diesem Wärmeaustausch äußere Arbeit gewonnen werden kann, daß anderseits es der Zufuhr äußerer Arbeit bedarf, um den Prozeß rückgängig zu machen, d. h. Wärme von niederer auf höhere Temperatur zu bringen.

CLAUSIUS stellte letzteren Satz als besonderes Prinzip auf, „daß nämlich Wärme nicht von selbst, d. h. ohne Kompensation durch Zufuhr fremder Energie, von einem kälteren auf einen wärmeren Körper übergehen könne“. Offenbar ist aber dies Prinzip nur ein Spezialfall eines viel allgemeineren Satzes.

Im folgenden wollen wir nun die obigen allgemeinen Erörterungen, um sie genauer präzisieren zu können, auf zwei besonders wichtige Fälle anwenden, nämlich erstens auf *isotherm verlaufende Veränderungen*, zweitens auf *Vorgänge, die lediglich in einem Wärmetransport* (Ausgleichung bestehender Temperaturdifferenzen) *bestehen.*

1. Isothermer Vorgang. Denken wir uns ein in einer beliebigen Veränderung befindliches System, das in allen seinen Punkten gleiche Temperatur besitzt, in ein großes Bad von derselben Temperatur eingesenkt, und nehmen wir ferner an, daß seine Veränderungen sich langsam genug vollziehen, um etwaige entwickelte Wärme dem Bade abzugeben oder absorbierte ihm zu entnehmen, ohne daß es zur Bildung merklicher Temperaturdifferenzen kommt. Dann ist offenbar das betrachtete System nicht mehr abgeschlossen, denn es steht ja in Wärmeaustausch mit dem Wärmebade; betrachten wir aber System und Wärmebad als ein neues abgeschlossenes System, so sind unsere bisherigen Betrachtungen direkt auf diesen Fall anwendbar.[1] Ferner soll es möglich sein, den betrachteten Prozeß reversibel zu leiten.

Letztere Bedingung ist wesentlich für unsere Betrachtungen; es ist übrigens die Aufgabe, einen gewissen Vorgang isotherm und reversibel verlaufen zu lassen, noch keineswegs in allen Fällen gelöst, in denen es an sich gut möglich erscheint. So kann man zwar sehr leicht die Ausdehnung eines Gases und die Verdampfung einer Flüssigkeit derartig leiten, am einfachsten mittels einer Kolben- und Stempelvorrichtung. Man kann ferner z. B. gewisse galvanische Elemente, wie das Daniellelement, isotherm und reversibel in der Weise arbeiten lassen, daß man sie mit einem gut konstruierten, d. h. mit maximalem Nutzeffekt funktionierenden elektromagnetischen Motor verbindet; arbeitet das Element, so dreht sich der Motor und vermag äußere Arbeit zu leisten; dreht man durch Zufuhr des gleichen Betrages äußerer Arbeit aber den Motor, so wird das Element von einem galvanischen Strome in entgegengesetzter Richtung, wie vorher durchflossen, welcher die chemischen Prozesse, die den Strom vorher lieferten, gerade wieder rückgängig macht. In anderen Fällen kennen wir jedoch noch keine derartigen Vorrichtungen; so war es z. B. bisher noch nicht möglich, die Verbrennung vieler organischer Verbindungen oder das Abklingen eines phosphoreszierenden Körpers isotherm und reversibel zu leiten.

Es sei nun A die äußere Arbeit, welche ein beliebiges System bei einer gewissen Veränderung zu leisten imstande ist, und zwar erhalten mittels einer Vorrichtung, die isotherm und reversibel funktioniert. Nun denken wir uns eine zweite Vorrichtung, welche unter den gleichen Bedingungen, aber mit einem anderen Mechanismus

1 Streng genommen kühlt natürlich System + Wärmebad sich nach dem ersten Hauptsatz um so viel ab, als der geleisteten äußeren Arbeit entspricht; wenn aber die Kapazität des Wärmebades hinreichend groß ist, so bleiben die Temperaturänderungen verschwindend klein.

arbeitet wie die erste, und diese liefere uns *bei der gleichen Veränderung des gleichen Systems* die äußere Arbeit A', und zwar sei, um die Begriffe zu fixieren, $A > A'$. Dann können wir durch Kombination beider Vorrichtungen mit dem Systeme eine Maschine folgender Art erzeugen: mittels der ersten Vorrichtung lassen wir die Veränderung sich vollziehen, wobei wir die äußere Arbeit A gewinnen, und mittels der zweiten Vorrichtung machen wir die Veränderung wieder rückgängig, wobei wir die Arbeit A' aufwenden müssen. Hierauf befindet sich das System, nachdem es also einen umkehrbaren und isothermen Kreisprozeß durchlaufen, wieder im ursprünglichen Zustande, und es kann diesen Kreisprozeß beliebig oft durchlaufen, wobei es jedes Mal die äußere Arbeit

$$A - A'$$

leistet. *Diese Maschine würde also einen Apparat darstellen, welcher beliebige Quanta äußerer Arbeit auf Kosten des hinreichend groß gedachten Wärmebades zu liefern imstande wäre*, eine Maschine also, deren Existenz wir oben in Abrede gestellt haben. Es kann also A von A' nicht verschieden sein, und wir schließen so

$$A = A' \qquad \text{(c)}$$

In Worten sagt diese Gleichung, von der wir ungemein vielfältigen Gebrauch machen werden:

III. *Die äußere Arbeit, die man bei einer bestimmten Veränderung eines gegebenen Systems bei bester Ausnützung gewinnen kann, ist unabhängig von der Vorrichtung, mittels deren wir jene „maximale äußere Arbeit" gewinnen, oder kürzer: die bei einem umkehrbaren isothermen Kreisprozeß in Summa geleistete Arbeit ist gleich Null.*

Während eines solchen Kreisprozesses werden im allgemeinen gewisse Wärmemengen vom System dem Wärmebade entnommen oder an dasselbe abgegeben werden; nach dem Gesetz von der Erhaltung der Energie muß die Summe dieser Wärmemengen ebenfalls gleich Null sein.

2. Wärmetransport. Die Berechnung des Arbeitsquantums, welches bei dem Übergange einer Wärmemenge von höherer auf niedere Temperatur gewonnen werden kann, ist von der größten Wichtigkeit; wir können die Aufgabe zunächst ohne Mühe an einem einfachen Falle, nämlich einem mit einem idealen Gase ausgeführten Kreisprozesse, lösen, weil uns hier aus den Gasgesetzen die Energieverhältnisse wohl bekannt sind (siehe Buch I, Kap. 1).

Es seien, z. B. in Gestalt zweier sehr großer Wasserbecken von verschiedener Temperatur, zwei Wärmereservoire gegeben, denen wir Wärmemengen von verschiedener Temperatur zu entnehmen imstande sind. Zur Vereinfachung der Rechnung wählen wir die Temperaturen nur unendlich wenig verschieden, und zwar mögen sie (in absoluter Zählung) T und $T + dT$ betragen. Es wird sich darum handeln, eine Vorrichtung zu ersinnen, die reversibel, also mit maximalem Nutzeffekt, dem Wärmereservoir II bei $T + dT$ eine gewisse Wärmemenge entzieht und sie bei T dem Wärmereservoir I wieder abgibt.

Hierzu ist nun passend eine in einem Zylinder, der mit verschiebbarem Stempel versehen ist, eingeschlossene beliebige Gewichtsmenge, z. B. eine g-Molekel eines idealen Gases (32g Sauerstoff oder 28g Stickstoff usw.), zu verwenden. Wir bringen diesen Apparat mit I in Berührung, indem wir ihn etwa in ein großes Wasserbecken, dessen Temperatur T sei, eintauchen, und komprimieren das Gas, dessen anfängliches Volum v_1 betrage, auf das kleinere Volum v_2. Hierbei wird uns die Arbeit

$$A = R\,T\,\ln\frac{v_1}{v}$$

geleistet, worin R die Gaskonstante

$$R = \frac{p_0 v_0}{273}$$

(p_0 und v_0 Druck und Volum der Gasmenge beim Schmelzpunkt des Eises) bedeutet, während die äquivalente Wärmemenge Q, die wir in gleichem Maße wie A messen wollen,

$$Q = R\,T\ln\frac{v_1}{v_2}$$

an das Reservoir I abgegeben wird. Nunmehr bringen wir den Zylinder mit Reservoir II In Berührung, so daß er sich auf $T + dT$ erwärmt; die hierbei aufgenommene Wärmemenge beträgt $K\,dT$, wo K die Wärmekapazität des Zylinders nebst Inhalt bedeuten soll. Während der Erwärmung soll das Volum v_2 konstant erhalten werden, so daß äußere Arbeit dabei nicht geleistet wird. Wenn wir sodann das Gas von v_2 sich auf v_1 ausdehnen lassen, so gewinnen wir die äußere Arbeit

$$A + dA = R\,(T + \;T) \ln \frac{v_1}{v_2}$$

und entziehen dem Wärmereservoir II die äquivalente Wärmemenge

$$Q + dQ = R\,(T + d\,T) \ln \frac{v_1}{v_2}\,.$$

Bringen wir schließlich unseren Apparat wieder mit I in Verbindung und lassen ihn bei konstant erhaltenem Volum v_1 sich auf T abkühlen, wobei er die Wärmemenge $K\,dT$ wieder abgibt, so ist nach diesem Kreisprozeß alles wieder im früheren Zustande.

Nun ist in Summa einerseits die äußere Arbeit

$$dA = R\,dT \ln \frac{v_1}{v_2}$$

vom Gase geleistet, gleichzeitig aber die Wärmemenge

$$Q + K\,dT$$

vom Reservoir II nach I transportiert, also von der Temperatur $T + dT$ auf T gesunken, während die Wärmemenge

$$dQ = dA$$

sich in nutzbare Arbeit hat umsetzen lassen. $K\,dT$ ist eine unendlich kleine Größe, die wir, da sie neben Q als Summand steht, im Vergleich zu dem unendlichmal größeren Q vernachlässigen können.

Würde die Wärmekapazität von Zylinder und Inhalt gleich Null sein, so würde anstatt $Q + K\,dT$ nur die Wärmemenge Q von $T + dT$ auf T gebracht sein und diese Vorrichtung würde zwar mit noch größerem, aber nur mit um einen *unendlich kleinen* Prozentsatz vergrößertem Nutzeffekt arbeiten. Ohne merklichen Fehler können wir also sagen, daß die Wärmemenge Q bei dem Kreisprozeß von der Temperatur $T + dT$ auf T gesunken sei; vergleichen wir diese Größen mit der gewonnenen Arbeit dA, so finden wir

$$dA = Q \frac{dT}{T}, \ldots \ldots \ldots \ldots \ldots \ldots \ldots \text{(d)}$$

d. h. von der Wärmemenge Q, die vom Wärmereservoir II nach I transportiert wurde, ist der Bruchteil $Q \frac{dT}{T}$ *in äußere Arbeit umgesetzt worden.*

Wir können nun leicht nachweisen, daß das mit obiger spezieller Vorrichtung gewonnene Resultat *allgemein gültig* ist. Angenommen, es sei ein anderer umkehrbarer Kreisprozeß gefunden, bei welchem die Wärmemenge Q' von der Temperatur $T + dT$ auf T gebracht und das Arbeitsquantum dA' gewonnen werde. Dann könnten wir mit diesem den oben beschriebenen Kreisprozeß so kombinieren, daß durch passende Wahl des Gasquantums ebenfalls die Wärmemenge Q' die gleiche Temperaturänderung erfährt. Lassen wir beide Systeme im entgegengesetzten Sinne den Kreisprozeß durchlaufen, so wird die Temperatur der Wärmemenge Q', die im einen um dT gesunken ist, im anderen um dT gesteigert, so daß der Wärmeübergang wieder rückgängig gemacht worden ist; es kann also auch keine äußere Arbeit geleistet worden sein, weil wir sonst wieder eine Maschine konstruieren könnten, die beliebig viel Wärme in Arbeit umsetzte, d. h. es muß auch hier sein

$$dA' = Q' \frac{dT}{T} \ldots \ldots \ldots \ldots \ldots \ldots \text{(d')}$$

IV. Besteht ein Vorgang lediglich in einem Wärmetransport, bei welchem die Wärmemenge Q aus einem Körper von der Temperatur $T + dT$ *zu einem zweiten Körper von der Temperatur T übertragen wird, so vermag er die äußere Arbeit* $Q \frac{dT}{T}$ *zu liefern, gleichgültig, auf welche, wenn nur reversible Weise diese Arbeit gewonnen wird.*

Es gibt wenige Gesetze von solcher Fruchtbarkeit wie das in Gleichung (d) bzw. (d') enthaltene, welches den quantitativen Ausdruck für die Verwandelbarkeit von Wärme in äußere Arbeit darstellt und speziell auf chemische Vorgänge mit großem Erfolg angewendet worden ist.

Es wird nützlich sein, noch einmal auf die Bedeutung der Größe dA (bzw. dA') hinzuweisen. Man hüte sich vor der Auffassung, als ob in der vorstehend abgeleiteten Gleichung

$$dA = Q\,\frac{dT}{T} \quad \text{oder} \quad \frac{dA}{dT} = \frac{Q}{T}$$

dA die Arbeitsleistung sei, welche einer Temperaturerhöhung des Systems um dT entspricht. Dies ist keineswegs der Fall, denn wir haben ja gerade den oben betrachteten Kreisprozeß so geleitet, daß mit der Temperatursteigerung keine Arbeitsleistung verbunden ist. Es bezeichnet dA vielmehr die Arbeit, die mehr geleistet wird wenn der gleiche Vorgang, der sich bei der Temperatur T im einen Sinne abgespielt hat, bei der Temperatur $T + dT$ rückgängig gemacht wird, $\frac{dA}{dT}$ ist also der *Temperaturkoeffizient der Arbeitsfähigkeit* des Vorganges. Wir würden für dA einen fehlerhaften Wert bekommen, wenn mit der Erwärmung oder Abkühlung um dT eine Leistung oder Zufuhr von Arbeit verbunden wäre und so das betrachtete System eine für unsere Bestrebungen sekundäre Änderung seiner Arbeitsfähigkeit erführe.

Sehr instruktiv ist die von CLAPEYRON benutzte *graphische Darstellung* der bei einem Vorgange geleisteten Arbeit. Handelt es sich um Ausdehnung unter Druck, so ist die Arbeit $\int_{v_1}^{p_2} p\,dv$, d. h. in der beigezeichneten Figur das von den beiden Ordinaten, dem Abszissenstück $v_2 - v_1$ und der Kurve $p = f(v)$ begrenzte Flächenstück. Durch Temperatursteigerung geht diese Kurve über in

$$p = f(v) + \frac{\partial f(v)}{\partial T}\,dT$$

und wir erhalten so eine äußerst benachbarte Kurve (in der Figur gestrichelt gezeichnet). Dann stellt offenbar das schraffierte Flächenstück den Wert von dA dar. – Lässt sich in anderen Fällen die Arbeit durch $\int_{\mathfrak{w}_1}^{\mathfrak{w}_2} \mathfrak{K}\, d\mathfrak{w}$ darstellen, so wird man entsprechend $\mathfrak{K}$ als Ordinate, $\mathfrak{w}$ als Abszisse wählen.

Fig. 1.

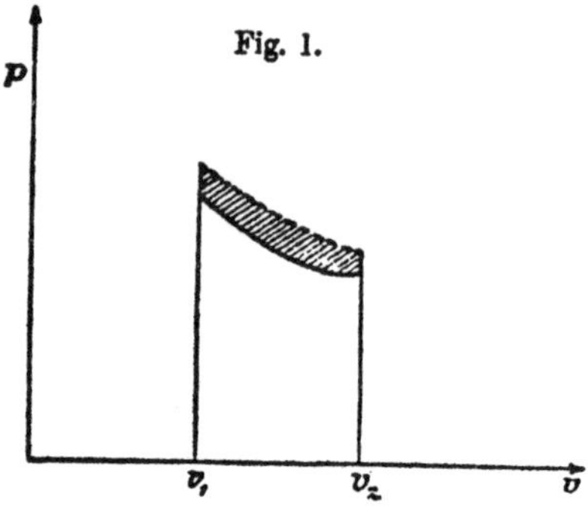

Mit Hilfe der Betrachtung geeigneter Kreisprozesse lassen sich alle bisherigen Resultate ableiten, die man der Thermodynamik verdankt; die in den vier folgenden Abschnitten mitgeteilten Sätze enthalten demgemäß keineswegs irgend etwas prinzipiell Neues, sie sind lediglich eine andere Ausdrucksweise der in diesem Abschnitt entwickelten Beziehungen. Welche Rechnungsmethode vorzuziehen ist, die anschauliche Betrachtung eines Kreisprozesses oder seine funktionentheoretische Abstraktion, ist reine Geschmackssache; konstatiert werden muß aber, daß, wenn es gilt, neue Resultate mit möglichster Vorsicht sicherzustellen, man sich fast stets der ursprünglichen Methode von CARNOT und CLAUSIUS bediente, offenbar weil die Betrachtung von (wenigstens prinzipiell) experimentell realisierbaren Kreisprozessen den meisten Schutz vor Rechnungs- oder Überlegungsfehler gewährt.

Immerhin aber kann jedem, der sich mit Problemen der Wärmetheorie näher zu beschäftigen wünscht, ein eifriges Studium der thermodynamischen Funktionen angelegentlich empfohlen werden; besonders sei auf die durch große Klarheit ausgezeichnete Darstellung von M. PLANCK (Thermodynamik, Leipzig) aufmerksam gemacht.

Zusammenfassung beider Hauptsätze. Die im vorstehenden Abschnitt entwickelten Sätze lassen sich kurz folgendermaßen aussprechen:

1. Jeder Naturvorgang ist bei möglichst vorteilhafter Ausnützung imstande, ein ganz bestimmtes Quantum äußerer Arbeit zu leisten, und durch Aufwand des gleichen Quantums zugeführter Arbeit ist es prinzipiell möglich, den Vorgang wieder rückgängig zu machen; unter „Vorgang" verstehen wir jede Veränderung eines beliebigen Systems, die sich ohne Zufuhr äußerer Arbeit zu vollziehen vermag.

2. Spielt sich speziell der Vorgang isotherm ab, so hängt die maximale Arbeit A nur vom Anfangs- und Endzustande des Systems ab und ist vom Wege, auf dem das System vom Anfangs- in den Endzustand übergeht, unabhängig.

3. Besteht der Vorgang in einem *Temperaturausgleich*, infolgedessen eine Wärmemenge Q von der absoluten Temperatur $T + dT$ auf T sinkt, so vermag dieser Vorgang, unabhängig von der besonderen Natur des Systems, in maximo die Arbeit

$$dA = Q \frac{dT}{T}$$

zu leisten, wobei A und Q natürlich in gleichem Energiemaß (z. B. cal.) zu messen sind.

Nun gibt der erste Hauptsatz die Beziehung (S. 8)

$$U = A - Q.$$

Eliminieren wir Q aus den letzten beiden Gleichungen, so wird

$$dA = (A - U) \frac{dT}{T}$$

oder

$$A - U = T \frac{dA}{dT} \qquad \text{(e)}$$

Darin ist also A die maximale Arbeit, die ein *isotherm* verlaufender Vorgang (vgl. Gleichung (c) S. 21) bei der absoluten Temperatur T zu leisten vermag, U die gleichzeitige Abnahme der gesamten Energie des Systems, $A - U$ die oben mit Q bezeichnete Größe, die Wärmemenge, die bei dem Vorgange der Umgebung entzogen wird und die man passend nach einem alten Sprachgebrauch als die *latente Wärme* des Vorgangs bezeichnen kann.

Es ist also nach Gleichung (e) der Überschuß der maximalen Arbeit eines isotherm sich abspielenden Prozesses über die gleichzeitige Abnahme der Gesamtenergie gleich dem mit der absoluten Temperatur multiplizierten Temperaturkoeffizienten der maximalen Arbeit (der „Arbeitsfähigkeit"); dieser Überschuß heißt auch „latente Wärme".

Dieser Satz ist wohl die anschaulichste Fassung des zweiten Wärmesatzes, weil er nur Begriffe enthält, die eine unmittelbare physikalische Bedeutung besitzen; denn die Änderung der Gesamtenergie ist stets einfach und sicher zu messen, indem wir den Vorgang in einem Kalorimeter *ohne* Leistung äußerer Arbeit sich abspielen lassen. Schwieriger ist bisweilen die maximale Arbeit zu ermitteln, weil zu ihrer Bestimmung der Vorgang reversibel geleitet werden muß; aber da in vielen Fällen auch diese Größe (z. B. mittels des WATTschen Indikators oder des SIEMENSschen Dynamometers) einer direkten Messung zugänglich ist, so wird man kaum erhebliche Schwierigkeiten finden, sich ihre Bedeutung in neuen Fällen klar zu machen. Insbesondere empfiehlt sich die obige Fassung für die Anwendung auf chemische und elektrochemische Reaktionen.

Beachten wir ferner, daß in der Nebeneinanderstellung von A und U liegt, daß *beide* Größen[1] vom Wege unabhängig und daher durch Anfangs- und Endzustand eindeutig bestimmt sind, daß ferner $A - U$ die latente Wärme des Vorganges bedeutet, so können wir Gleichung (e) als die Zusammenfassung beider Hauptsätze ansehen.

Falls die Arbeit, die bei dem betrachteten Vorgange geleistet wird, lediglich in der Zurückdrängung eines äußeren Druckes infolge einer Volumzunahme des Systems besteht, so können wir A auf die Form bringen

$$A = \int_{v_1}^{v_2} p dv ,$$

indem wir mit v_1 das anfängliche, mit v_2 das schließliche Volum

1 U ist es dem ersten Wärmesatzes zufolge (S. 9).

bezeichnen. Häufig bleibt nun der treibende Druck während der Volumzunahme konstant (Verdampfung, Schmelzung, Dissoziation fester Stoffe usw.), und es wird dann

$$A = (v_2 - v_1)\, p;\ dA = (v_2 - v_1)\, dp$$

und somit

$$A - U = Q = (v_2 - v_1)\, T \frac{dp}{dT},$$

worin Q die Wärmemenge bedeutet, die während der isothermen Volumänderung $v_2 - v_1$ vom System absorbiert wird.

Wenn während der Ausdehnung p sich ändert (Verdampfen einer Lösung, Ausdehnung eines Gases oder einer Flüssigkeit usw.), so können wir p während einer sehr kleinen Volumzunahme $v_2 - v_1 = dv$ als konstant ansehen und erhalten aus der letzten Gleichung

$$dQ = T \frac{dp}{dT}\, dv;$$

hierbei ist aber zu beachten, daß dp die Druckzunahme bei konstantem Volumen, dQ hingegen die Wärmeabsorption bedeutet, wenn bei konstanter Temperatur das Volumen des Systems um dv (unter Arbeitsleistung) wächst. Man pflegt dies durch die Schreibweisen

$$\left(\frac{dQ}{dv}\right)_T = T \left(\frac{dp}{dT}\right)_v \text{ oder } \frac{\partial Q}{\partial v} = T \frac{\partial p}{\partial T}$$

zu verdeutlichen.

Analytische Formulierung der maximalen Arbeit.

Die größte Schwierigkeit, die in der Anwendung der Fundamentalgleichung (e) liegt, besteht in der Bildung eines analytischen Ausdrucks der maximalen Arbeit, denn es muß diese Größen (den seltenen Fall angenommen, daß wir A wie auch dA direkt experimentell ermitteln) eindeutig durch geeignete Anfangs- und Endzustand charakterisierende Werte bestimmt und unter Berücksichtigung der Forderung, daß während der Temperatursteigerung dT *keine* äußere Arbeit geleistet wird, nach der Temperatur differenziert werden.

Für die Wahl der Variablen, die bei gegebener Temperatur den Anfangs- und Endzustand des Systems bestimmen, deren Zahl sich übrigens in der Mehrzahl der Fälle auf eine einzige reduziert, ist folgende Bemerkung wichtig. Als Arbeitsgröße können wir A immer in ein Produkt wie Zugkraft × Weg, Druck × Volum, thermodynamisches Potential × Substanzmenge, elektrisches Potential × Elektrizitätsmenge u. dgl. zerlegen, von dessen beiden Faktoren der erste im allgemeinen eine Temperaturfunktion ist, der zweite aber von ihr unabhängig gemacht werden kann; letzterer wird also neben der Temperatur als unabhängige Variable zu wählen sein, wenn wir den Ausdruck von A bilden.

Diese Bemerkung möge etwas näher erläutert werden. Es sei A_0 der den Anfangszustand, F der den Endzustand charakterisierende Ausdruck, so daß

$$A = F - A_0 \quad \ldots\ldots\ldots\ldots\ldots\ldots \quad (1)$$

wird. Wählen wir F und A_0 äußerst wenig voneinander verschieden, so geht A in ein Differential dA über. Gelingt es, eine Variable zu finden, deren Änderung dA proportional sind, so können wir setzen

$$dA = \mathfrak{K}\, d\mathfrak{w} \quad [T \text{ konstant}] \quad \ldots\ldots\ldots\ldots\ldots \quad (2)$$

worin der Proportionalitätsfaktor $\mathfrak{K}$ also gleich der (partiellen) Derivierten von A nach $\mathfrak{w}$ ist, und A selber ist, wenn wir $\mathfrak{K}$ als Funktion von $\mathfrak{w}$ kennen, durch eine Integration vom Anfangs- bis zum Endzustand zu ermitteln

$$A = \int_{\mathfrak{w}_1}^{\mathfrak{w}_2} \mathfrak{K}\, d\mathfrak{w}.$$

Der einfachste Fall ist der, daß eine Kraft X in einem Punkte angreift: verschiebt sich der Angriffspunkt um das Wegelement $d\,x$, so ist

$$dA = X dx,$$

d. h. es sind für sehr kleine Änderungen die Variationen von A und x einander proportional. Die Zerlegung Gleichung (2) scheint nun aber allgemein möglich, und man kann daher passend nach Analogie des obigen einfachsten Falles $\mathfrak{K}$ als „Kraft" und $d\mathfrak{w}$ als „Weginkrement" bezeichnen.

Bietet das betrachtete System *mehrere* Wege zur Arbeitsleistung, so wird

$$dA = \mathfrak{K}_1 d\mathfrak{w}_1 + \mathfrak{K}_2 d\mathfrak{w}_2 + [T \text{ konstant}] \ldots \ldots \ldots \quad (3)$$

und die (partiellen) Derivierten von A nach $\mathfrak{w}_1, \mathfrak{w}_2 \ldots$ sind $\mathfrak{K}_1$, $\mathfrak{K}_2 \ldots$ So ist also die Derivierte von A nach dem Volumen der Druck, nach der von einem galvanischen Element gelieferten Elektrizitätsmenge die elektromotorische Kraft des Systems usw. Allgemein ist also $\frac{\partial A}{\partial w}$ die Kraft, mit der das System eine bestimmte Zustandsveränderung erleidet; da es sich nun fast ausschließlich um Zustandsveränderungen mit starker Reibung handelt, so ist in Analogie zu Gleichung (5) S. 15 die *Geschwindigkeit* der betreffenden Veränderung gleich dem Quotienten Kraft durch Reibung. Weil letztere im höchsten Maße von der Natur des betreffenden Systems abhängt, so lehrt die Thermodynamik hierüber gar nichts.

Die Ermittlung von $\frac{dA}{dT}$, dem Temperaturkoeffizienten der maximalen Arbeit, ist nunmehr einfach. Nachdem durch Integration der Wert von

$$A = F - A_0$$

festgestellt ist, haben wir A nach T partiell zu differenzieren; da bei Konstanz der Werte von w nach Gleichung (3) keine äußere Arbeit geleistet wird, so ist der S. 24 angegebenen Bindung, daß die Temperatursteigerung keine Leistung äußerer Arbeit bedingt, eo ipso genügt.

Lassen wir nun wiederum dadurch, daß wir F und A_0 wenig voneinander verschieden wählen, A sehr klein werden, so wird die maximale Arbeit

$$\mathfrak{K}_1 d\mathfrak{w}_1 + \mathfrak{K}_2 d\mathfrak{w}_2 + \ldots,$$

worin die Größe $d\mathfrak{w}$ kleine, aber bestimmte Änderungen bedeuten. Wenden wir auf den so definierten, von unendlich kleinen Änderungen begleiteten Vorgang die Fundamentalgleichung (e)

$$A - U = T \frac{dA}{dT}$$

an, so wird

$$\mathfrak{K}_1 d\mathfrak{w}_1 + \mathfrak{K}_2 d\mathfrak{w}_2 + \ldots - dU = T\left(\frac{\partial \mathfrak{K}_1}{\partial T} d\mathfrak{w}_1 + \frac{\partial \mathfrak{K}_2}{\partial T} d\mathfrak{w}_2 + \ldots\right)$$

oder umgeformt

$$\Sigma\left(\mathfrak{K} - T\frac{\partial \mathfrak{K}}{\partial T}\right) d\mathfrak{w} = dU,$$

worin also dU die durch die Werte von $d\mathfrak{w}$ festgelegte Änderung der Gesamtenergie bedeutet. Von dieser Gleichung ist die S. 26 gefundene ein spezieller Fall ($\mathfrak{K} = p$, $\mathfrak{w} = v$).

Zwischen den Werten $\mathfrak{K}$ besteht eine Beziehung, die wir für den Fall zweier Formen äußerer Arbeit (zweier „Wege der Kraft") entwickeln wollen; es sei also

$$dA = \mathfrak{K}_1 d\mathfrak{w}_1 + \mathfrak{K}_2 d\mathfrak{w}_2 \quad [T \text{ konstant}].$$

Da es sich hier in dieser Gleichung um ein vollständiges Differential handelt (A ist ja vom Wege unabhängig), so muß

$$\frac{\partial^2 A}{\partial \mathfrak{w}_1 \partial \mathfrak{w}_2} = \frac{\partial^2 A}{\partial \mathfrak{w}_2 \partial \mathfrak{w}_1}$$

sein, d. h. es ist

$$\frac{\partial \mathfrak{K}_1}{\partial \mathfrak{w}_2} = \frac{\partial \mathfrak{K}_2}{\partial \mathfrak{w}_1},$$

ein Gleichung übrigens, die in ihren Anwendungen sich mit Gleichung (c) S. 21 deckt. Die Verallgemeinerung für mehr als zwei Variable liegt auf der Hand, hat aber bisher noch kaum Anwendung gefunden.

Schließlich sei noch bemerkt, daß die Voraussetzung der Reversibilität in allen den Gleichungen [wie z. B. Gleichung (3)] implizit enthalten ist, welche die äußere Arbeit eindeutig durch Variable ausdrücken und die Zeit nicht enthalten.

Freie Energie. Da die Größe A denjenigen Teil der mit dem betreffenden Vorgange verbundenen Energieänderung angibt, der unbeschränkt in äußere Arbeit, lebendige Kraft usw., a fortiori also auch in Wärme, mit einem Worte in jeder Beziehung frei verwandelbar ist, so hat HELMHOLTZ[1] dafür den Namen „*Änderung der freien Energie*" und für $A - U$, d. h. die Differenz der Änderung von freier und gesamter Energie, entsprechend „*Änderung der gebundenen Energie*" vorgeschlagen.

Physikalische Bedeutung besitzen natürlich nur die *Änderungen* der Gesamt- oder solche der freien Energie. Der *absolute Betrag* dieser Größen ist uns unbekannt und bietet insofern kein Interesse, weil er aller Wahrscheinlichkeit nach unwesentlich für den Verlauf der uns umgebenden Erscheinungen ist. Ähnlich sprechen wir nur von relativen Bewegungen der uns umgebenden Körper, weil uns ihre absoluten Geschwindigkeiten unbekannt und auch für jene gleichgültig sind, wenigstens soviel wir bis jetzt wissen. Bezeichnen wir also mit $\mathfrak{U}$ den absoluten Betrag der Gesamtenergie und mit $\mathfrak{A}$ denjenigen der freien Energie, so messen wir wohl (z. B. kalorimetrisch) durch

$$U = \mathfrak{U}_2 - \mathfrak{U}_1$$

die Änderung der Gesamtenergie und (z. B. mittels des WATTschen Indikators) durch

$$\mathfrak{S} = \frac{\mathfrak{U} - \mathfrak{A}}{T}$$

diejenige der freien Energie, aber die Absolutwerte von $\mathfrak{U}$ und $\mathfrak{A}$ entgehen uns. Zählen wir U und A von einem geeigneten Anfangspunkt an, so können wir auch schlechthin von der „gesamten" oder „freien" Energie sprechen, und unsere Fundamentalgleichung (e) lautet dann in Worten: *Die Differenz der freien und der gesamten Energie* (welche Differenz auch als

1 Sitzungsber. der Berl. Akad. vom 2. Febr. 1882; Ges. Abh. II S. 958; vgl. jedoch auch MASSIEU, Journ. de phys. 6. 216 (1877) und W. GIBBS, Transact. Connecticut. Acad. III 1875/78; deutsch von W. OSTWALD; Leipzig 1892.

gebundene Energie bezeichnet wird) *ist gleich der absoluten Temperatur mal dem Temperaturkoeffizienten der freien Energie.*

Nach dem ersten Hauptsatze bleibt in einem gegen Zufuhr oder Abgabe von Energie abgeschlossenen System die Gesamtenergie unter allen Umständen konstant, und nach dem zweiten würde es in einem auf konstanter Temperatur erhaltenen System die freie Energie ebenfalls tun, wenn alle Ereignisse in dem System sich reversibel vollzögen; in Wirklichkeit aber nimmt sie stets ab, da dieser ideale Grenzfall sich niemals streng realisieren läßt, vielmehr durch Reibung und ähnliche Vorgänge stets ein Übergang von freier Energie in gebundene verursacht wird.

CLAUSIUS führte als eine für viele Zwecke brauchbare Funktion die Entropie ein

$$\mathfrak{S} = \frac{\mathfrak{U} - \mathfrak{A}}{T}$$

d. h. die durch die absolute Temperatur dividierte Differenz von Gesamt- und freier Energie, die besonders bei Betrachtung *adiabatisch* (ohne Abgabe oder Aufnahme von Wärme) verlaufender Vorgänge sehr nützlich ist; von dieser Funktion zeigte CLAUSIUS, daß sie bei allen irreversiblen Prozessen, die sich in einem gegen Energieaustausch abgeschlossenen Systeme abspielen, stets zunimmt, so daß man mit Benutzung dieser Funktion den zweiten Hauptsatz als das *Prinzip von der Vermehrung der Entropie* bezeichnen kann. Keineswegs ist übrigens diese Fassung des zweiten Hauptsatzes allgemeiner als die des Prinzipes der Abnahme der freien Energie; das erste Prinzip ist eben direkt nur auf Systeme von konstantem Energiegehalt, das letztere nur auf solche von konstant erhaltener Temperatur anwendbar, aber da aus beiden speziellen Prinzipien sich die Unmöglichkeit der S. 17 beschriebenen Arbeitsmaschine allgemein ableiten läßt, so kann andererseits jedes der speziellen Prinzipen auch schlechthin als allgemeinster Ausdruck des zweiten Wärmesatzes bezeichnet werden.

Die Kombination von

$$\mathfrak{S} = \frac{\mathfrak{U} - \mathfrak{A}}{T} \text{ und } \mathfrak{U} - \mathfrak{A} = -T\frac{d\mathfrak{A}}{dT}$$

liefert übrigens

$$\mathfrak{S} = -\frac{d\mathfrak{A}}{dT},$$

d. h. die Entropie ist der negative Temperaturkoeffizient der freien Energie. – Wir werden späterhin ausschließlich lieber mit dem anschaulichen Begriff der maximalen Arbeit (freien Energie) anstatt mit ihrem negativen Temperaturkoeffizienten, der Entropie, operieren; auch ist, wie besonders HELMHOLTZ (a. a. O.) betont hat, die Benutzung der Integralfunktion (freien Energie) deshalb prinzipiell derjenigen ihrer Derivierten (Entropie) vorzuziehen, weil sich $\mathfrak{U}$ aus Gleichung (e) und $\mathfrak{S}$ aus vorstehender Gleichung leicht durch $\mathfrak{A}$ ausdrücken lassen.

Thermodynamische Gleichgewichtsbedingungen. Schließlich sei noch bemerkt, daß aus den oben aufgestellten Fundamentalprinzipien sich eine einfache Bedingung dafür ergibt, ob ein System im Gleichgewicht sich befindet oder nicht. Wir bemerkten oben, daß bei jeder reversiblen Änderung Kraft und Gegenkraft genau gleich sind, daß also, wenn die eine ein wenig die andere übersteigt, eine Veränderung in dem einen oder anderen Sinne sich vollzieht. Daraus folgt:

In jeder Phase einer beliebigen reversiblen Veränderung befindet sich ein System im Gleichgewicht; umgekehrt, damit ein System im Gleichgewicht sich befindet, genügt es, die Bedingungen so zu wählen, daß nur reversible Änderungen möglich sind.[1]

Ein in einem Gefäße eingeschlossenes chemisch indifferentes Gasgemenge z. B. ist im Gleichgewicht, wenn es überall gleiche Temperatur und gleiche Zusammensetzung besitzt, weil andernfalls die irreversiblen Prozesse der Diffusion und Wärmeleitung sich

1 Verwandlung von potentieller in kinetische Energie ist in allen in der Natur vorkommenden Systemen, wo Reibung nie ganz fehlt, ein irreversibler Vorgang.

abspielen würden. Ferner muß die Bedingung erfüllt sein, daß das einschließende Gefäß nicht durch den Gasdruck zertrümmert wird, was ja ebenfalls einen irreversiblen Vorgang bedeuten würde usw.

Da aber allgemein kein System im Gleichgewicht ist, in welchem Temperaturdifferenzen herrschen, so können wir uns auf die Betrachtung eines isothermen Systems beschränken; da ferner weder ein bestehendes Gleichgewicht zerstört noch ein nicht bestehendes geschaffen werden kann, wenn wir ein gleich temperiertes System in ein (hinreichend großes) Bad von gleicher Temperatur bringen, so genügt es, isotherme Veränderungen zu betrachten. Dann sind aber nach S. 29 irreversible Prozesse ausgeschlossen, wenn alle Veränderungen mit einer Zunahme von A verbunden sind, d. h. wir finden:

Ein System ist bei konstant erhaltener Temperatur im Gleichgewicht, wenn die freie Energie ein Minimum ist.

Die analytische Bedingung lautet

$$\delta\mathfrak{A} = \mathrm{o}\ [T\ \text{konstant}] \ldots\ldots\ldots\ldots (1)$$

Da die Entropie bei allen irreversiblen Vorgängen, die sich in einem gegen Wärmeaustausch mit der Umgebung abgeschlossenen Systeme abspielen, stets zunehmen muß (S. 29), so findet man als entsprechende Gleichgewichtsbedingung, daß in einem System von konstant erhaltenem Energiegehalt jede Veränderung mit einer Zunahme der Entropie $\mathfrak{S}$ verknüpft oder daß $\mathfrak{S}$ ein Maximum ist:

$$\delta\mathfrak{S} = \mathrm{o}\ [U\ \text{konstant}] \ldots\ldots\ldots\ldots (2)$$

Neuer Wärmesatz. Die ältere (sogenannte „klassische") Thermodynamik hat neuerdings (1906) durch das vom Verfasser aufgestellte Wärmetheorem eine Ergänzung, und zwar, wie sich leicht nachweisen läßt, eine solche abschließender Art erfahren (vgl. Buch IV, Kap. 5).

Kennen wir für einen beliebigen Vorgang A als Funktion der Temperatur, so ist offenbar durch die thermodynamische Fundamentalgleichung

$$A - U = T\frac{dA}{dT} \qquad \ldots\ldots\ldots\ldots\ldots\ldots\ldots \quad (1)$$

auch U eindeutig als eine Temperaturfunktion bestimmt; kennen wir hingegen U als Temperaturfunktion – dies ist nach S. 10 der Fall, wenn wir U bei einer einzigen Temperatur und die spezifischen Wärmen der in Betracht kommenden Stoffe bei allen Temperaturen kennen –, so vermag die ältere Thermodynamik A keineswegs als eindeutige Temperaturfunktion anzugeben, weil bei der Integration der obigen Gleichung in jedem speziellen Fall eine unbekannte Integrationskonstante auftritt.

Diese Lücke füllt der neue Wärmesatz aus, indem er der obigen Gleichung die Grenzbedingung

$$\lim \frac{dA}{dT} = o \text{ (für } T = o) \qquad \ldots\ldots\ldots\ldots\ldots \quad (2)$$

hinzufügt, die übrigens, mit Gleichung (1) kombiniert, zugleich auch die Beziehung

$$\lim \frac{dU}{dT} = o \text{ (für } T = o) \qquad \ldots\ldots\ldots\ldots\ldots \quad (3)$$

liefert. Die Gleichungen (1) und (2) lassen sich zusammenfassen in der Form

$$A = U - T\int_0^T \frac{dU}{dT}\frac{dT}{T}\,; \qquad \ldots\ldots\ldots\ldots\ldots \quad (4)$$

wenn wir nämlich diese Gleichung differenzieren, so folgt

$$\frac{dA}{dT} = -\int_0^T \frac{dU}{dT}\frac{dT}{T} \qquad \ldots\ldots\ldots\ldots\ldots \quad (5)$$

und, da nach Gleichung (3) der rechtsstehende Integralausdruck für tiefe Temperaturen gegen Null konvergiert, so erfüllt die Gleichung (4) die Grenzbedingung (2) und ist auch mit Gleichung (1) identisch. Die Gleichung (4), die sich in der Tat ohne eine unbekannte Integrationskonstante A als Funktion von U berechnen läßt, kann somit als eine Vereinigung der klassischen Thermodynamik mit dem neuen Wärmetheorem bezeichnet werden.

Das neue Wärmetheorem, obwohl natürlich auf jeden Naturvorgang anwendbar, hat sich besonders fruchtbar in seiner Verwendung für die Berechnung chemischer Gleichgewichte erwiesen; im vierten Buche werden wir daher näher auf dasselbe, insbesondere auch auf seine experimentelle Begründung, einzugehen haben.

Zu einer allgemeineren Formulierung des neuen Wärmesatzes gelangen wir durch folgende Betrachtung. Ein System möge eine beliebige, aber nur unendlich kleine Zustandsänderung erleiden. Entsprechend den „verschiedenen Wegen der Kraft" (vgl. S. 27) haben wir dann zu setzen

$$A = K_1\,dw_1 + K_2\,dw_2 + \dots p\,dv$$

und unter Berücksichtigung der S. 26 abgeleiteten Beziehung

$$\frac{\partial Q}{\partial v} = T\frac{\partial p}{\partial T}$$

wird dann

$$U = k_1\,dw_1 + k_2\,dw_2 + \dots + p\,dv - T\,\frac{\partial p}{\partial T}dv$$

Da die dw-Werte zwar klein, sonst aber beliebig zu wählen sind, so liefert Gleichung (1) die Beziehung

$$K_n - k_n = T\,\frac{\partial K_n}{\partial T}$$

und die Anwendung des neuen Wärmesatzes

$$\lim\,\frac{\partial K_n}{\partial T} = o \text{ (für } T = o),$$

und daher auch

$$\lim\,\frac{\partial k_n}{\partial T} = o \text{ (für } T = o),$$

ferner auch

$$\left(\frac{\partial p}{\partial T}\right)_v = o \text{ und } \left(\frac{\partial v}{\partial T}\right)_p = o \text{ (für } T = o).$$

Die letzteren Gleichungen bringen es mit sich, daß zwischen

$$\left(\frac{\partial K_n}{\partial T}\right)_p \text{ und } \left(\frac{\partial K_n}{\partial T}\right)_v,$$

wie auch zwischen

$$\left(\frac{\partial k_n}{\partial T}\right)_p \text{ und } \left(\frac{\partial k_n}{\partial T}\right)_v$$

bei tiefen Temperaturen nicht unterschieden zu werden braucht; die Nichtberücksichtigung dieses Umstandes hat in der neueren Literatur wiederholt zu Mißverständnissen geführt.

Temperaturmessung. Für die quantitative Verfolgung physikalischer und chemischer Vorgänge ist eine genaue Bestimmung der Temperatur von größter Wichtigkeit; die Aufgabe, eine zuverlässige Temperaturskala zu schaffen, ist bisher nur in einem beschränkten Temperaturintervall mit befriedigender Sicherheit gelöst. Folgende Methoden sind bisher mehr oder weniger eingehend benutzt worden.

1. Gasthermometer. Entsprechend dem S. 21 betrachteten Kreisprozeß wie auch im Einklang mit der kinetischen Gastheorie wächst der Druck eines idealen Gases bei konstant erhaltenem Volum der absoluten Temperatur proportional, wodurch eine direkte Bestimmung derselben ermöglicht wird, wenn man außerdem ein bestimmtes Maßsystem einführt. Letzteres ist in der Weise geschehen, *daß man die Temperaturdifferenz zwischen dem Siedepunkt und Schmelzpunkte des Wassers gleich hundert setzt.*

Das Kriterium dafür, ob ein Gas sich im idealen Zustand befindet, besteht darin, daß sein Energieinhalt vom Volumen unabhängig wird, und zwar ist erfahrungsgemäß diese Bedingung um so genauer erfüllt, je verdünnter das Gas ist. Es kann also jedes beliebige Gas zur Temperaturbestimmung dienen, wenn man das Gasthermometer unter Benutzung verschiedener Dichtigkeiten des betreffenden Gases verwendet und die Angaben des Thermometers auf große Verdünnungen extrapoliert. Kennt man die Zustandsgleichung des betreffenden Gases, so kann natürlich diese Extrapolation auch durch Rechnung erfolgen, was meistens mit großer Sicherheit gelingt.

Der absolute Nullpunkt der Temperatur ist so mit großer Genauigkeit zu – **273,09** ermittelt worden und zwar ergab sich diese Zahl (vgl. auch das Kapitel „Gasgesetze") übereinstimmend unter Benutzung der verschiedensten Gase.

Bei mehratomigen Gasen kann bei großen Verdünnungen oder bei sehr hohen Temperaturen eine Störung in den Angaben des Gasthermometers durch Dissoziation eintreten, doch ist man über die Dissoziationsverhältnisse hinreichend informiert, um diese Fehlerquelle abschätzen und vermeiden zu können.

Von prinzipieller Wichtigkeit aber ist die Tatsache, daß sowohl bei sehr hohen wie bei sehr tiefen Temperaturen die gewöhnlichen Gasgesetze ihre Gültigkeit verlieren; bei sehr hohen Temperaturen, weil hier infolge der großen Eigengeschwindigkeit der Moleküle die Relativitätstheorie Abweichungen vorhersehen läßt (S. 44), bei sehr tiefen Temperaturen infolge der sogenannten Gasentartung (vgl. die Abschnitte über Quantentheorie). Aber auch diese beiden Fehlerquellen lassen sich numerisch abschätzen; sie sind übrigens bisher noch nie in Erscheinung getreten. Speziell verschwindet die Entartung ebenfalls bei großen Verdünnungen.

2. Thermodynamische Temperaturbestimmung. Das Gasthermometer, obwohl auch kinetisch gut begründet, ist zugleich die einfachste Methode seiner thermodynamischen Temperaturbestimmung; unsere Fundamentalgleichung

$$A - U = T \frac{dA}{dT} \quad \ldots\ldots\ldots\ldots\ldots\ldots \quad (1)$$

liefert auf die Ausdehnung einer Gasmasse um das Volumen dv angewendet

$$p\,dv - \frac{\partial U}{\partial v} dv = T \left(\frac{\partial p}{\partial T} \right)_v dv$$

oder, da bei einem idealen Gase $\frac{\partial U}{\partial v}$ verschwindend klein ist, den beim Gasthermometer benutzten Satz, daß der Druck p der absoluten Temperatur proportional ansteigt.

Es kann aber prinzipiell ebenso gut jeder beliebige, mit der Temperatur veränderliche Vorgang zu einer thermodynamischen Temperaturbestimmung dienen. Gleichung (1) liefert dann

$$\frac{dT}{T} = \frac{dA}{A-U}$$

und da die auf der rechten Seite befindlichen Energiegrößen sämtlich meßbar sind, so kann z. B. durch Integration zwischen der Temperatur des Schmelzpunktes und des Siedepunktes des Wassers die absolute Temperatur dieser beiden Fixpunkte ermittelt werden. Hiervon ausgehend können dann durch entsprechende Integrationen alle beliebigen Temperaturen thermodynamisch festgelegt werden. Als geeignete Vorgänge empfehlen sich besonders Verdampfungs- und Dissoziationsgleichgewichte.

Temperaturmessung mit Hilfe von Strahlung.

In sehr mannigfacher Weise kann die Wärmestrahlung schwarzer Körper zur Temperaturmessung herangezogen werden.

a) Nach dem theoretisch wohlbegründeten Gesetz von STEFAN-BOLTZMANN ist die Gesamtstrahlung ρ der vierten Potenz der absoluten Temperatur proportional:

$$\rho = \sigma T^4 \quad \ldots\ldots\ldots\ldots (2)$$

Für die sichere praktische Verwendung dieser Beziehung scheinen allerdings die experimentellen Schwierigkeiten noch nicht überwunden zu sein.

b) Ebenfalls vollkommen sicher begründet ist das WIENsche Verschiebungsgesetz, wonach für die Strahlungsintensität ρ_λ von der Wellenlänge λ die Beziehung gilt:

$$\rho_\lambda = \frac{1}{\lambda^5} f(\lambda T) \quad \ldots\ldots\ldots\ldots (3)$$

Wir brauchen also nur zu prüfen, bei welchen Temperaturen die Beziehung

$$\rho_{\lambda_1} \lambda_1^5 = \rho_{\lambda_2} \lambda_2^5$$

erfüllt ist, um dann schließen zu können, daß

$$f(\lambda_1 T_1) = f(\lambda_2 T_2)$$

oder, da erfahrungsgemäß $f(\lambda T)$ eine eindeutige Funktion von λT ist, daß auch

$$\lambda_1 T_1 = \lambda_2 T_2$$

sein muß. Damit ist aber der Vergleich zweier absoluter Temperaturen auf den Vergleich zweier Wellenlängen zurückgeführt und somit sind alle Temperaturen, wenn wir wiederum die Festsetzung des Abstandes der beiden Wasserfixpunkte = 100 berücksichtigen, einer Bestimmung im absoluten Maße zugänglich gemacht.

Wie leicht durch Differentiation von Gleichung (3) zu finden, ist auch beim Maximum der Strahlung die Beziehung

$$\lambda_m T_1 = \text{constans}$$

erfüllt; man braucht also nur die Wellenlänge, die bei zwei verschiedenen Temperaturen dem Maximum der Wärmestrahlung entsprechen, aufzusuchen, um ebenfalls das Verhältnis der beiden betreffenden Temperaturen, jede im absoluten Maße gemessen, angeben zu können.

c) Schließlich können auch die *speziellen* Strahlungsgesetze zur Temperaturbestimmung dienen. Durch PLANCK ist bekanntlich die Gleichung (3) in der Form

$$\rho_\lambda = \frac{1}{\lambda^5} \frac{c^2 h}{e^{\frac{\varepsilon}{\lambda T}} - 1}$$

spezialisiert worden, worin c die Lichtgeschwindigkeit, h eine Naturkonstante bedeutet und

$$\varepsilon = \frac{chN}{R}$$

(N = Zahl der Moleküle pro Mol oder Zahl der Atome pro g-Atom, R = Gaskonstante) zu setzen ist. Diese Formel führt für große Werte von λT zu dem Grenzgesetz von RALEIGH-JEANS

$$\rho_\lambda = \frac{cRT}{N\lambda^4}$$

und für kleine Werte von λT zu dem Grenzgesetz von W. WIEN

$$\rho_\lambda = \frac{c^2 h}{\lambda^5} \frac{1}{e^{\frac{\varepsilon}{\lambda T}}}.$$

Beide Grenzgesetze sind als experimentell und theoretisch sehr gut begründet anzusehen und können daher zu einer unmittelbaren Vergleichung zweier absoluter Temperaturen dienen. Das Übergangsgebiet ist zurzeit als noch nicht hinreichend sicher anzusehen[1] und darf daher bis weitere Messungen vorliegen werden, zu einer sicheren Temperaturbestimmung nicht benutzt werden.

Es kann schon heute als wahrscheinlich gelten, daß nach weiterer experimenteller Durchbildung der oben besprochenen radiometrischen Methoden die Temperaturmessung, zumal bei hohen Temperaturen, am sichersten auf Grund der Strahlungsgesetze erfolgen wird.

d) Außer den obigen Methoden, die sämtlich Temperaturmessungen in der absoluten Skala ermöglichen, sind noch eine Anzahl anderer Thermometer in Gebrauch, die auf irgendwelchen individuellen Eigenschaften bestimmter Substanzen beruhen und daher durch Anschluß, z. B. an das Gasthermometer geeicht werden müssen. In die Kategorie dieser Instrumente gehört z. B. das wegen seiner sonstigen, vortrefflichen Eigenschaften viel benutzte Quecksilberthermometer, das bei tiefen Temperaturen durch das Alkoholthermometer oder Pentanthermometer ersetzt werden kann. In neuerer Zeit kommen bei wissenschaftlichen und auch bei vielen technischen Messungen immer mehr die elektrischen Thermometer, teils in der Form von thermoelektrischen, teils in der Form von Widerstandsthermometern, in Gebrauch. Besonders zur Messung kleiner Temperaturdifferenzen sind diese Apparate allen anderen Thermometern weit überlegen.

Anstatt des Anschlusses an ein Gasthermometer ist in der Regel bequemer und genauer die Eichung mit Hilfe von Fixpunkten, die in der absoluten Skala festgelegt sind; im folgenden sind ein Anzahl derartiger bequem zu reproduzierender Fixpunkte angegeben; unter

---

1 Vgl. NERNST u. WULFF, Verhandl. Deutsch. physik. Gesellsch. 1919, S. 294.

t findet sich die gewöhnliche Celsiustemperatur, unter *T* die absolute Temperatur verzeichnet.

Schmelzpunkte

	t	*T*		*t*	*T*
Schwefelkohlenstoff.	−112,0	161,09	Kochsalz .	+ 800	1073
Chloroform	− 63,0	210,09	Silber	+ 960,5	1233
Quecksilber.	−38,89	234,20	Gold.	1063	1336
Kadmium	+ 320,9	593,99	Kupfer . . .	1083	1356
Blei	+ 327,3	600,39	Pollodium	1557	1830
Antimon	630	903,09	Platin	1764	2037

Siedepunkte

	t	*T*		*t*	*T*
Helium	− 268,8	4,29	Kohlensäure	−78,53	194,56
Wasserstoff	−252,76	20,33	Naphthalin	+217,96	491,05
Stickstoff.	− 195,6	77,49	Benzophenon	305,9	578,99
Sauerstoff	−182,98	90,11	Schwefel .	444,50	717,59

Wegen Literatur und vieler sonstiger wichtiger Einzelheiten vgl. besonders die vortreffliche Monographie von F. HENNING, „Grundlagen der Temperaturmessung“ (1915 bei Vieweg).

Physikalisches Gemisch und chemische Verbindung. An die obigen Erfahrungssätze, welche in gleicher Weise das Fundament der Physik wie Chemie bilden, schließt sich unmittelbar ein weiterer an, der uns bereits mehr in das Gebiet der Chemie hinüberführt. Es gelingt auf mannigfaltige Weise, verschiedene Elemente zu einem neuen *homogenen*, d. h. in allen seinen Punkten gleichartigen Stoffe zu vereinen, einem Stoffe also, der, auch mit dem schärfsten Mikroskope betrachtet, in allen seinen Punkten gleiche Eigenschaften besitzt. Die Erfahrung lehrt nun zunächst, daß die Eigenschaften zusammengesetzter Stoffe sich in allen Fällen mit der Zusammensetzung mehr oder weniger stark ändern, daß aber keineswegs jene durch die Zusammensetzung allein bestimmt sind. Knallgas, Wasserdampf, flüssiges Wasser und Eis sind Stoffe gleicher Zusammensetzung, aber auch unter gleichen äußeren Bedingungen der Temperatur und des Druckes verglichen sind ihre Eigenschaften durchaus verschiedene.

Das eingehendere Studium des Verhaltens zusammengesetzter Stoffe in seiner Abhängigkeit von der Zusammensetzung hat nun zu einer Unterscheidung derselben in zwei Kategorien geführt. Bei der Mischung zweier gasförmiger Elemente, z. B. des Wasserstoffs und Joddampfs, können wir je nach Umständen zwei voneinander ganz verschiedene, ebenfalls gasförmige Mischungen erhalten, die zwar beide physikalisch und chemisch in allen Punkten homogen sind, aber einen charakteristischen Unterschied darbieten. In der einen Mischung können wir ohne Mühe die Eigenschaften der einzelnen Elemente wieder erkennen, z. B. den Joddampf an seiner Farbe, den Wasserstoff an seiner großen Diffusionsfähigkeit durch poröse Scheidewände; in der zweiten Mischung sind viele Eigenschaften der beiden Komponenten total verändert; so ist die Farbe des Joddampfes verschwunden und man sucht vergeblich nach der Diffusionsfähigkeit des Wasserstoffs. Charakteristisch verschieden verhalten sich ferner beide Mischungen gegenüber der Kondensation zur Flüssigkeit oder zu festen Körpern; aus der ersten scheiden sich im allgemeinen Stoffe von ganz anderer Zusammensetzung aus wie der übrigbleibende Dampf, indem z. B. durch Abkühlung oder genügende Kompression zunächst festes Jod von dem Gasgemische abgesondert wird; aus der zweiten erhalten wir im gleichen Falle eine homogene Flüssigkeit von gleicher Zusammensetzung wie der zurückbleibende Dampf und zwar innerhalb eines mehr oder weniger großen Temperaturintervalls.

Das erste der beiden gasförmigen Aggregate nennen wir *physikalisches Gemisch*, das zweite eine *chemische Verbindung* von Wasserstoff und Joddampf (Jodwasserstoff) und wir bringen damit zum Ausdruck, daß die Vermengung der beiden Gase im zweiten Falle eine viel innigere ist als im ersten.

Dieselbe Unterscheidung machen wir bei der Vereinigung verschiedener zusammengesetzter Stoffe untereinander oder mit Elementen; wir stoßen hierbei häufig auf homogene Aggregate, die in unveränderter Zusammensetzung sich kondensieren, verdampfen, gefrieren, auskristallisieren und in vieler Hinsicht bezüglich ihrer Eigenschaften von denen der Komponenten total verschieden sind; wir werden dieselben, ohne zweifelhaft zu sein, als chemische Verbindungen ansprechen. Andere derartige Aggregate ändern bei der Kondensation, Verdampfung usw. ihre Zusammensetzung sehr leicht, die einzelnen Komponenten lassen sich mühelos und auf mannigfache Weise wieder zurückgewinnen, und im Gemenge erkennen wir viele Eigenschaften der Komponenten wieder, die ihnen gesondert zukamen. Diese Komplexe werden wir ebenfalls mit voller Sicherheit als bloße physikalische Gemische ansprechen.

Die Bildung chemischer Verbindungen ist ferner in der Regel mit viel beträchtlicheren Volum- und Energieänderungen verknüpft als die bloße Vereinigung zum physikalischen Gemische; die äußere Arbeit ferner, die wir aufwenden müssen, um die Komponenten des Gemenges wieder voneinander zu sondern, ist in der Regel dort viel größer als hier. Es deutet dies alles darauf hin, daß die Vereinigung der Komponenten im ersten Falle eine ungleich innigere ist als im zweiten.

Allein die Unterschiede zwischen physikalischem Gemisch und chemischer Verbindung sind doch nur graduelle und zwischen beiden finden wir in der Natur alle Abstufungen. So werden wir die Lösung eines Salzes in Wasser als ein physikalisches Gemisch anzusprechen geneigt sein, weil wir die Komponenten leicht voneinander trennen können; sowohl durch Verdampfung wie durch Ausfrieren können wir reines Wasser der Lösung entziehen und andererseits können wir ohne Mühe das gelöste Salz rein auskristallisieren lassen. Gleichwohl sind viele Eigenschaften des Salzes in ausgesprochener Weise durch den Vorgang der Auflösung verändert; sehr augenfällig geschieht dies z. B. bei der Auflösung des wasserfreien Kupfersulfats, eines weißen Körpers, welcher in Lösung eine intensive blaue Farbe annimmt. Diese und andere Erscheinungen deuten wieder mehr darauf hin, daß ein chemischer Prozeß mit der Auflösung verbunden ist. Umgekehrt finden wir bei der Vereinigung verschiedener Stoffe zu einem neuen homogenen Komplex, der nach gewichtigen Gründen als chemische Verbindung aufzufassen ist, trotzdem gewisse Eigenschaften der Komponenten im Gemenge unverändert wieder. So ist z. B. nach der Vereinigung von Jod und Quecksilber zu Quecksilberjodid die Wärmekapazität des neu entstandenen Komplexes fast genau dieselbe wie vor der Vereinigung; es bleibt also die spezifische Wärme der beiden Elemente in der Verbindung ungeändert.

Gesetz der konstanten und multiplen Proportionen. Zu einer viel schärferen Unterscheidung zwischen physikalischem Gemisch und chemischer Verbindung hat die quantitative Untersuchung der Anteile geführt, mit welchen die verschiedenen Elemente in jenen zugegen sind. Die Zusammensetzung eines physikalischen Gemisches können wir in weiten Grenzen variieren; diejenige aber einer chemischen Verbindung erweist sich als konstant, auf welchem Wege sie auch bereitet wird.

Für die Mengenverhältnisse, mit welchen die einzelnen Elemente in Verbindung von konstanter Zusammensetzung erhalten sind, hat JOHN DALTON (1808) ein ungemein einfaches und überraschendes Gesetz aufgefunden, daß man für jedes Element eine gewisse Zahl ermitteln kann, die wir als „*Verbindungsgewicht*“ bezeichnen wollen, und welche dafür maßgebend ist, in welchem Mengenverhältnis das Element in die verschiedensten Verbindungen eingeht. *Die Mengen der verschiedenen Elemente in der Verbindung stehen entweder direkt im Verhältnis der Verbindungsgewichte oder aber im Verhältnis einfacher Multipla derselben.*

Dieser Satz bildet das Grundgesetz der chemischen Forschung; wie unzählige Analysen und insbesondere die auf die verschiedenste Weise und mit denkbar größter Sorgfalt ausgeführten Bestimmungen der Verbindungsgewichte von Elementen beweisen, gilt der Satz bei denjenigen Vereinigungen von Elementen, die ihrem ganzen Charakter nach als chemische Verbindungen sich darstellen, mit praktisch absoluter Genauigkeit.

Die Molekularhypothese. Obwohl es durchaus angängig erscheint, auf Grund obiger die Umsetzung des Stoffes und der Energie betreffenden Erfahrungssätze ein chemisches Lehrgebäude zu errichten, in welches sich die Ergebnisse der Erfahrung übersichtlich einordnen lassen, so hat man zu diesen Erfahrungssätzen eine Hypothese über die Konstitution der stofflichen Aggregate zugezogen, welche, obwohl schon im Altertum aufgestellt, doch erst Anfang vorigen Jahrhunderts von DALTON und WOLLASTON als eine zur tieferen und anschaulicheren Erfassung der chemischen Vorgänge nützliche erwiesen wurde und seitdem in der Entwicklung der Chemie und Physik das leitende Prinzip geblieben ist. Im Sinne dieser Hypothese erfüllt ein stoffliches Aggregat den von ihm eingenommenen Gesamtraum nicht kontinuierlich in allen seinen Punkten, sondern es setzt sich zusammen aus zwar sehr kleinen, aber *endlichen* Massenteilchen, die mehr oder weniger weit voneinander entfernt sind und die *Moleküle* des Stoffes genannt werden. Daß uns die Lücken zwischen den einzelnen Molekülen entgehen und ebenso wenig wie diese selber unmittelbarer Erkenntnis zugänglich sind, der unbefangenen Sinneswahrnehmung vielmehr die Materie den Raum stetig zu erfüllen scheint, erklärt sich natürlich aus der Kleinheit der Moleküle.

Atom und Molekül. Der erste große Erfolg der Annahme einer diskreten Verteilung der Materie im Raum war die einfache und anschauliche Erklärung des Gesetzes der konstanten und multiplen Proportionen, die seinem Entdecker DALTON gelang und durch welche jene Hypothese mit einem Schlage der modernen Naturwissenschaft als ein Phönix aus der Asche altgriechischer Philosophen entstand.

Die Bildung einer chemischen Verbindung aus ihren Elementen ist nämlich im Sinne der Molekularhypothese am einfachsten in der Weise aufzufassen, daß die kleinsten Teilchen der Elemente zu den Molekülen der Verbindung zusammentreten. Es müssen also die letzteren teilbar sein, und eine solche Teilung findet statt, wenn eine Verbindung in ihre Elemente zerfällt. Wir gelangen so zu der Annahme, daß auch ein Molekül den von ihm eingenommenen Raum nicht kontinuierlich erfüllt, sondern ein Aggregat diskret im Gesamtraum des Moleküls verteilter Massenteilchen darstellt. Diese Massenteilchen nennen wir „*Atome*“; die Atome, durch deren Zusammentritt das Molekül entstanden ist, werden gleichartig, wenn dieses einem Elemente, und verschiedenartig sein, wenn dieses einer chemischen Verbindung angehört. Nur im ersteren Falle kann es vorkommen, daß ein Molekül aus einem einzigen Atome besteht. Die Kraft, welche die Atome im Molekülverbande aneinander kettet, nennen wir die *chemische Verwandtschaft* oder *Affinität* der Atome; auf die Wirkung dieser Kraft haben wir in erster Linie den Umstand zurückzuführen, daß die Eigenschaften der Atome je nach dem Molekülverbande, dem sie angehören, so stark variieren und daß die Eigenschaften der Verbindungen häufig so sehr verschieden sind von denen der freien Elemente.

Viele Erfahrungstatsachen sprechen für die an sich einleuchtende Annahme, daß die Atome eines und desselben Elementes gleich schwer sind und daß die Moleküle einer einheitlichen chemischen Verbindung sämtlich gleiche Zusammensetzung besitzen. Dann muß offenbar das Gewichtsverhältnis, mit welchem die verschiedenen Elemente in eine chemische Verbindung eingegangen sind, gleichzeitig das Gewichtsverhältnis darstellen, mit welchem die einzelnen Elemente im Molekül der Verbindung enthalten sind; da nun immer eine bestimmte Anzahl Atome zum Molekül einer Verbindung zusammentritt, gleichgültig, wie dieselbe entstanden ist, so muß auch ihre Zusammensetzung immer eine ganz bestimmte sein. Da ferner ein Molekül einer Verbindung von jeder Gattung Atome immer eine ganze und zwar meistens nicht große Zahl enthält, *so müssen die Mengenverhältnisse, mit welchen die Elemente in die verschiedenen Verbindungen eingehen, entweder direkt im Verhältnis der Atomgewichte oder aber im Verhältnis einfacher Multipla derselben stehen.* Diese Forderungen der Atomtheorie bestätigt die Erfahrung im vollsten Maße; der letztere Satz enthält das Gesetz der konstanten und multiplen Proportionen, bringt aber zugleich darin eine wesentliche Erweiterung jenes Erfahrungsansatzes, daß er den rein empirisch ermittelten Verbindungsgewichten eine anschauliche Bedeutung erteilt. Im Sinne der Atomtheorie müssen die Verbindungsgewichte und die Atomgewichte offenbar im einfachen rationalen Verhältnisse stehen; letzteres läßt sich jedoch ohne neue Erfahrungstatsachen nicht frei von Willkür ermitteln und erst bei Besprechung der Atomgewichtsbestimmungen (Buch II) wird der Weg dargelegt werden, welcher zu den gegenwärtig als sicher (bis auf die Beobachtungsfehler, die den analytischen Bestimmungen der Verbindungsgewichte anhaften) angenommenen Werten der relativen Atomgewichte geführt hat.

Tabelle der Elemente. Da man von den stöchiometrischen Verbindungsverhältnissen nur zu den relativen, nicht zu den absoluten Atomgewichten gelangen kann, so handelt es sich um die Wahl einer Einheit derselben. Von DALTON wurde das Atomgewicht des Wasserstoffs als das kleinste unter allen Elementen hierzu gewählt; da aber gerade die genaue Feststellung der relativen Verbindungsgewichte bezüglich des Wasserstoffs experimentelle Schwierigkeiten bietet und außerdem die meisten Verbindungsgewichte der Elemente aus Sauerstoffverbindungen bestimmt wurden, so legte BERZELIUS das Atomgewicht des Sauerstoffs zugrunde, welches er gleich 100 setzte, um kein Atomgewicht kleiner als eins werden zu lassen. Neuerdings ist man aus mancherlei Gründen wieder zur DALTONschen Einheit zurückgekehrt; allein der Übelstand, daß das Verhältnis, in welchem Wasserstoff und Sauerstoff sich zu Wasser vereinigen, noch nicht mit hinreichender Genauigkeit (höchstens bis auf ein Promille) sich hat feststellen lassen, besteht nach wie vor, und es müßte nach jeder neuen Bestimmung dieses Verhältnisses eine Umrechnung sämtlicher Atomgewichte erfolgen. Wie unzweckmäßig es ist, mit Atomgewichten zu operieren, die „Kurswert" besitzen, liegt auf der Hand. Daß gerade das Verbindungsgewicht des Wasserstoffs einer scharfen Bestimmung so große Schwierigkeiten bietet, erklärt sich aus dem Umstande, daß dieses Gas so ungemein schwierig genügend rein sich erhalten und genügend genau sich wägen läßt.

Es ist daher von verschiedenen Seiten neuerdings ein vermittelnder Vorschlag gemacht worden, dessen allgemeine Annahme gegenwärtig erfolgt ist. Das Verhältnis der Atomgewichte des Wasserstoffs und Sauerstoffs ist nahe 1 : 16; wenn man daher als Normale des Atomgewichts den Sauerstoff annimmt, dieses aber nicht gleich 1, sondern

$$O = 16{,}000$$

setzt, so wird das Atomgewicht des Wasserstoffs nicht genau, aber sehr nahe gleich 1 und mit dem Vorteile der DALTONschen Einheit diejenige der BERZELIUSschen Wahl vereinigt; man ist so der Notwendigkeit überhoben, nach jeder genaueren Bestimmung der

Tabelle der Elemente

Substanz	Symbol		Substanz	Symbol	
Actinium	Ac	226	Neon	Ne	20,2
Aluminium	Al	27,1	Nickel	Ni	58,68
Antimon	Sb	120,2	Niobium	Nb	93,5
Argon	Ar	39,88	Niton	Nt	222,4
Arsen	As	74,96	Osmium	Os	190,9
Baryum	Ba	137,37	Palladium	Pd	106,7
Beryllium	Be	9,1	Phosphor	P	31,40
Blei	Pb	207,10	Platin	Pt	195,2
Bor	B	11,0	Polonium	Po	210
Brom	Br	79,92	Praseodym	Pr	140,6
Cadmium	Cd	112,40	Protactinium	Pa	230
Caesium	Cs	132,81	Quecksilber	Hg	200,6
Calcium	Ca	40,07	Radium	Ra	225,97
Cerium	Ce	140,25	Rhodium	Rh	102,9
Chlor	Cl	35,46	Rubidium	Rb	85,45
Chrom	Cr	52,0	Ruthenium	Ru	101,7
Dysprosium	Dy	162,5	Samarium	Sm	150,4
Eisen	Fe	55,84	Sauerstoff	O	16,00
Emanation	Em	222	Scandium	Sc	44,1
Erbium	Er	167,7	Schwefel	S	32,06
Europium	Eu	152,0	Selen	Se	79,2
Fluor	F	19,0	Silber	Ag	107,88
Gadolinium	Gd	157,3	Silicium	Si	28,3
Gallium	Ga	69,9	Stickstoff	N	14,01
Germanium	Ge	72,5	Strontium	Sr	87,63
Gold	Au	197,2	Tantal	Ta	181,5
Helium	He	4,00	Tellur	Te	127,5
Indium	In	114,8	Terbium	Tb	159,2
Iridium	Ir	193,1	Thallium	Tl	204,0
Jod	J	126,92	Thorium	Th	232,15
Kalium	K	39,10	Thulium	Tu	168,5
Kobalt	Co	58,97	Titan	Ti	48,1
Kohlenstoff	C	12,00	Uran	U	238,2
Krypton	Kr	82,9	Vanadin	V	51,0
Kupfer	Cu	63,57	Wasserstoff	H	1,008
Lanthan	La	139,0	Wismut	Bi	208,0
Lithium	Li	6,94	Wolfram	W	184,0
Lutetium	Lu	175,0	Xenon	X	130,2
Magnesium	Mg	24,32	Ytterbium	Yb	173,0
Mangan	Mn	54,93	Yttrium	Y	89,0
Molybdän	Mo	96,0	Zink	Zn	65,37
Natrium	Na	23,00	Zinn	Sn	118,7
Neodym	Nd	144,3	Zirkonium	Zr	90,6

Zusammensetzung des Wassers eine Änderung der Atomgewichte aller übrigen Elemente vornehmen zu müssen.

In der vorhergehenden Tabelle sind neben den Namen der alphabetisch geordneten Elemente ihre chemischen Zeichen und ihre Atomgewichte aufgeführt, wie sie von der internationalen Atomgewichtskommission zusammengestellt wurden.[1]

Klassifizierung der Naturvorgänge. Bekanntlich teilt man die Veränderungen in der Natur seit langem in *physikalische* und *chemische* ein; bei den ersteren spielt in der Regel die Zusammensetzung der Materie eine mehr sekundäre oder wenigstens untergeordnete Rolle, während bei den letzteren gerade auf die rein stofflichen Veränderungen das Hauptgewicht gelegt wird. Vom Standpunkte der Molekulartheorie erblickt man in den physikalischen Prozessen Vorgänge, bei denen die Moleküle als solche intakt bleiben, während die chemischen Prozesse die Zusammensetzung der Moleküle verändern. Daß diese Einteilung ihre tiefgehenden inneren Gründe hat, beweist am besten die äußerst weit getriebene Trennung der Physik und Chemie, sowohl was Forschung und Arbeitsmethode wie auch den Unterricht anbelangt, die um so auffallender ist, als beide Wissenschaften das im Grunde identische Ziel verfolgen, die komplizierten Erscheinungen der Außenwelt auf möglichst einfache Vorgänge und Gesetze zurückzuführen. Daß aber eine Isolierung der beiden Wissenschaften gegeneinander auf Dauer nicht ersprießlich sein kann, liegt auf der Hand und wird in Zeiten, in denen Physiker und Chemiker das Grenzgebiet zwischen ihren Wissenschaften in eifriger gemeinsamer Arbeit bebauen, nirgends bestritten werden.

Da nun aber die Sätze der Wärmetheorie auf alle Erscheinungen der Außenwelt anwendbar zu sein beanspruchen, so liegt die Frage nahe, ob nicht die verschiedenen Vorgänge der Natur nach ihren thermodynamischen Eigenschaften einfach zu klassifizieren seien. In der Tat erkennen wir sofort bei der Betrachtung unserer Fundamentalformel (S. 25)

1 Ber. Deutsch. chem. Ges. **45**. 4 (1912).

$$A - U = T\frac{dA}{dT},$$

daß folgende Grenzfälle die Aufmerksamkeit auf sich ziehen.

1. $U = A$, *die Änderungen von Gesamt- und freier Energie sind gleich.* Dann ist der Temperaturkoeffizient von A und demgemäß auch von U gleich Null, d. h. die *Temperatur beeinflußt den betreffenden Vorgang nicht*, wenigstens nicht in seinen thermodynamischen Eigenschaften. Ist umgekehrt letztere Bedingung erfüllt, so wird auch $A = U$. Ein solches Verhalten zeigen alle Systeme, in denen nur Gravitations-, elektrische oder magnetische Kräfte wirken, wie denn auch das Verhalten solcher Systeme durch eine von der Temperatur unabhängige Kraftfunktion (Potential) dargestellt werden kann. Ferner sind bei chemischen Prozessen häufig wenigstens annähernd A und U einander gleich (Näheres im Buch IV, Kap. 5).

2. $U = 0$, demgemäß $A = T\frac{dA}{dT}$ oder *A der absoluten Temperatur proportional.* Die Ausdehnung idealer Gase und die Vermischung verdünnter Lösungen zeigen dies Verhalten, das den Einfluß der Temperatur am einfachsten hervortreten läßt (Gasthermometer).

3. Der dritte Grenzfall $A = 0$ würde

$$U = -T\frac{dA}{dT}$$

liefern, d. h. es kann dieser Fall nur in einem singulären Temperaturpunkt eintreten. Wohl aber kann *in einem größeren Temperaturintervall A klein im Vergleich zu U sein.* Da dann der prozentische Temperaturkoeffizient von A groß sein muß, so folgt in diesem Falle ein *sehr bedeutender Einfluß der Temperatur* (Beispiele sind Verdampfung, Schmelzung, Dissoziation, kurz die eigentlich „physikochemischen" Vorgänge). –

Fall 3 ist offenbar nicht so hervorragend einfach und rief auch keine so wichtigen Hypothesen ins Lebens wie Fall 1, der die *Anziehungskräfte* in die Wissenschaft einführte, und Fall 2, der für die Entwicklung der *Molekulartheorie* entscheidend war.

Der Fall $U = 0$ und $A = 0$ würde im thermodynamischen Sinne keine Veränderung bedeuten; da aber solche Veränderungen nicht nur tatsächlich existieren (Bewegung einer Masse senkrecht zur Erdschwere, Übergang eines optischen Isomers in seinen optischen Antipoden u. dgl.), sondern sogar höchst wichtig ist, so erweist sich die Thermodynamik für eine Klassifizierung *aller* Naturvorgänge als zu eng,[1] wenn sie auch offenbar hierfür wichtige Gesichtspunkte zu geben vermag.

Relativitätstheorie[2]. Unsere Naturauffassung ist in neuer Zeit in mancher Hinsicht erweitert und vertieft worden durch die konsequente Durchführung der Hypothese, daß der Nachweis absoluter Bewegungen nicht möglich sei, daß vielmehr unserer Beobachtung nur Bewegungen eines Systems gegen ein anderes Bezugssystem zugänglich sind. Schreiben wir dem Lichtäther, den man zum Verständnis der elektrischen Wellen (z. B. auch der Lichtwellen), wie es scheint, nicht entbehren kann, eine reale materielle Existenz zu, so wäre der Nachweis absoluter Bewegung im leeren Raume prinzipiell möglich, indem als Bezugssystem die Ätherteilchen dienen. Alle Versuche in dieser Richtung, die mit den feinsten Hilfsmitteln durchgeführt wurden, waren aber bisher vergeblich und so kamen MINKOWSKI und in neuerer Zeit besonders EINSTEIN zu dem Satze, daß eine Bewegung gegen den Lichtäther nicht existiert und daß daher die Hypothese der Existenz des Lichtäthers überhaupt zu verwerfen sei.

Führt man diese Auffassung zunächst für geradlinig gleichförmig bewegte Massenpunkte durch, so wird man zu der grundlegenden LORENTZ-Transformation geführt. In der Mechanik operierte man früher mit der sogenannten GALILEI-Transformation. Betrach-

1 Dies rührt natürlich daher, daß überhaupt die beiden Wärmesätze (z. B. schon deswegen, weil sie bei zeitlichen Phänomenen gänzlich versagen) zur Naturerklärung ungenügend sind, im Gegensatz zur Molekulartheorie, wo eine solche prinzipielle Einschränkung bisher wenigstens nicht bewiesen werden konnte.

2 Außer den Originalarbeiten von MINKOWSKI und EINSTEIN sei noch besonders hingewiesen auf das Werk von LAUE, Relativitätsprinzip, 2. Aufl. (1918 bei Vieweg) und ferner auf EINSTEIN, Spezielle und allgemeine Relativitätstheorie (1917 bei Vieweg).

ten wir einen in der x-Achse bewegten Massenpunkt, dessen konstante Geschwindigkeit x, y, z, t. Führen wir nunmehr ein neues Bezugssystem x', y', z', t' ein, in dem der betrachtete Massenpunkt ruht, so würde

$$x' = x - vt,\ y' = y,\ z' = z,\ t' = t$$

sein (OSTWALD-Transformation). Mit diesen Gleichungen kam man in der Mechanik aus; erst die Anwendung auf die Elektrodynamik führte zu Schwierigkeiten, die, wie H. A. LORENTZ zeigte, durch die Transformation

$$x' = \frac{x - vt}{\sqrt{1 - \frac{v^2}{c^2}}},\ y' = y,\ z' = z,\ t' = \frac{t - \frac{v}{c^2}x}{\sqrt{1 - \frac{v^2}{c^2}}}$$

behoben werden. Für Geschwindigkeiten, die nur ein kleiner Bruchteil der Lichtgeschwindigkeit c sind, werden beide Gleichungssysteme identisch.[1]

Das Überraschendste der LORENTZ-Transformation ist, wie besonders EINSTEIN hervorhob, darin zu erblicken, daß auch die Zeit in beiden Bezugssystemen verschieden gezählt werden muß.

Ein weiteres höchst merkwürdiges Resultat der LORENTZ-Transformation besteht darin, daß auch die Energie eine Trägheit (Masse) besitzt und zwar nimmt die Masse eines Punktes, der die Energie E abgibt, dem Betrag

$$\Delta m = \frac{E}{c^2}$$

ab. Wie leicht zu berechnen, sind die mit chemischen Operationen verbundenen Massenänderungen so klein, daß sie weit innerhalb der Wägungsfehler liegen; bei radioaktiven Umwandlungen ist das nicht mehr der Fall, doch konnte bisher auch hier diese Massenänderung nicht nachgewiesen werden.

---

1 Die nähere Begründung und die in vieler Beziehung höchst überraschende Anwendungsmöglichkeit der in selten zwingender Weise rein logisch einleuchtenden LORENTZ-Transformation findet sich besonders anschaulich bei A. SOMMERFELD, Atombau und Spektrallinien, S. 307 ff. (1919 bei Vieweg).

Später ging EINSTEIN noch erheblich weiter und sprach auch der Rotationsbewegung ihren absoluten Charakter ab. Dies bedeutet, daß z. B. die Achsenabplattung einer rotierenden Kugel und damit alle unsere Naturgesetze von der Verteilung der außerhalb befindlichen Massen abhängen. Alle Erscheinungen der Physik und Chemie werden dadurch in Abhängigkeit gebracht von der Verteilung der Fixsterne im Weltall.

Von dieser letzteren Auffassung wird im vorliegenden Werke kein Gebrauch gemacht, es soll vielmehr an der Auffassung der Existenz des Lichtäthers als eines für das Verständnis zahlreicher Erscheinungen bisher notwendigen logischen Hilfsmittels festgehalten werden. Die Einführung der LORENTZ-Transformation ist mit diesem Standpunkte durchaus vereinbar; das Fehlschlagen aller bisherigen Versuche, die absolute Bewegung eines Massenpunktes im Lichtäther nachzuweisen, wird durch die LORENTZ-Transformation vollkommen erklärt; ob nicht ganz andere als Messungen optischer und elektrodynamischer Art doch einst zur Messung absoluter Geschwindigkeiten im Äthermeer führen werden, muß meines Erachtens als eine offene Frage angesehen werden.

Einteilungsprinzip. Nachdem wir in diesen einleitenden Abschnitten uns mit einigen allgemeineren Gesichtspunkten bekannt gemacht haben, mögen schließlich noch wenige Worte über die Einteilung des auf den nachfolgenden Blättern zu behandelnden Stoffes vorausgeschickt werden. Es ist eine Gliederung in vier Bücher vorgenommen worden. In dem ersten werden wir uns mit den *allgemeinen Eigenschaften der Stoffe beschäftigen*, wobei wir uns fast ausschließlich auf dem Boden experimentell allseitig sicher gestellter Tatsachen bewegen werden; die Energielehre wird sich hier als eine sehr nützliche Dienerin bewähren, indem sie uns nicht nur den Überblick über das Tatsachenmaterial erleichtert, sondern uns auch gleichzeitig häufig die unmittelbaren Ergebnisse der Beobachtungen erweitern und vertiefen hilft. Das zweite Buch ist wesentlich dem Ausbau der *Molekularhypothese* gewidmet und führt uns demgemäß bereits mehr als der erste, vorwiegend physikalische Teil in das Gebiet eigentlich chemischer Fragen hinein; speziell werden hier die Beziehungen zwischen chemischen Zusammensetzungen und physikalischen Verhalten zur Sprache kommen.

Betrachten wir bis dahin die zu behandelnden Systeme vorwiegend bezüglich ihrer stofflichen und energetischen *Eigenschaften*, so werden wir weiterhin unser Hauptaugenmerk auf die *Veränderungen* richten, welche sie durch das Wirken chemischer Kräfte erfahren, und auf die *Bedingungen*, unter welchen jene Kräfte im Gleichgewichte sich befinden. Die beiden letzten Bücher sind demgemäß der *Verwandtschaftslehre* gewidmet, und entsprechend der zwiefachen Natur der chemischen Umsetzungen, welche einerseits die materiellen, andererseits die energetischen Eigenschaften verändern, werden wir im dritten Buche uns mit den *Wandlungen der Materie*, im vierten mit den *Wandlungen der Energie* beschäftigen.

OSTWALDS KLASSIKER
DER EXAKTEN WISSENSCHAFTEN

Band 3

DALTON · W.H. WOLLASTON
A. AVOGADRO · A. AMPÈRE

Die Grundlagen der
Atom- und Molekulartheorie

Versuch einer Methode, die Massen der Elementarmolekeln der Stoffe und die Verhältnisse, nach welchen sie in Verbindungen eintreten, zu bestimmen

Brief des Herrn Ampère an den Herrn Grafen Berthollet

Reprint der Einzelbände 3 und 8

Hrsg.: W. Ostwald

80 Seiten, kt.,

ISBN 3-8171-3003-1

Der englische Naturwissenschaftler John Dalton (1766-1844) begründete die moderne Atomtheorie. Seine umfassenden Forschungsarbeiten waren nicht nur für die Entwicklung der Chemie von besonderer Bedeutung.

Der Mediziner William Hyde Wollaston (1766 - 1828) ist vor allem durch seine physikalischen und chemischen Untersuchungen und seine Entdekkung der Elemente Palladium und Rhodium bekannt geworden. Bereits 1808 wies er bei der räumlichen Anordnung der Atome auf das Tetraedermodell hin und er führte 1814 den Begriff des Äquivalenzgewichts ein.

Der italienische Physiker und Chemiker Amadeo Avogadro (1776 - 1856) begründete die nach ihm benannte Molekularhypothese und trug damit entscheidend zur Entwicklung der klassischen Chemie bei.

André Marie Ampère (1775 - 1836) machte grundlegende Entdeckungen über die Wechselwirkungen zwischen elektrischen Strömen und Magnetfeldern, er gilt als Begründer der Elektrodynamik.

Im ersten Teil finden sich Daltons Ausführungen über das physikalische Verhalten der Gase. In seinem berühmten Vortrag „Über die Absorption der Gasarten durch Wasser und andere Flüssigkeiten" legte er die erste Atomgewichtstabelle vor. Seine Ausführungen werden durch den Vortrag von Wollaston über Versuche zur räumlichen Anordnung der Atome ergänzt.

Ampère und Avogadro untersuchten ideale Gase. Die hier enthaltenen Arbeiten belegen ihre Bemühungen um quantitative Aussagen über die Elemente, die an Reaktionen teilnehmen und Verbindungen eingehen.

Irrtümer vorbehalten

Band 37

S. CARNOT • R. MAYER • R. CLAUSIUS

Betrachtungen über die bewegende Kraft des Feuers und die zur Entwickelung dieser Kraft geeigneten Maschinen

Die Mechanik der Wärme

Über die bewegende Kraft der Wärme und die Gesetze, welche sich daraus für die Wärmelehre selbst ableiten lassen

▸Reprint der Einzelbände 37*, 99**, 180***, Einl.: H. Berg
*Übers. und Hrsg.: W. Ostwald, **Hrsg.: M. Planck,***Hrsg.: A.J.v. Oettingen, 227 Seiten, kt., ISBN 3-8171-3411-8

In diesem Sammelband wurden wesentliche Publikationen des Triumvirats Sadi Carnot, Rudolf Clausius und Robert Mayer zusammengeführt, die in der ersten Hälfte des 19. Jahrhunderts die beiden Hauptsätze der Wäremelehre erkannt und als Basis der heutigen Thermodynamik formuliert haben.

Carnots Betrachtungsweise der Umwandlung von Wärme in Bewegung bildet den wesentlichen Inhalt des 2. Hauptsatzes der mechanischen Wärmetheorie. Die beiden Hauptveröffentlichungen Mayers enthalten die umfassende Formulierung des Energieerhaltungssatzes (1. Hauptsatz) für alle damals bekannten Energieformen und die Berechnung des mechanischen Wärmeäquivalents. In der Arbeit von Clausius wurde zum ersten Mal das Mayer-Carnotsche Prinzip der gegenseitigen Umwandelbarkeit von Wärme und Arbeit und das Carnotsche Prinzip des Wärmeübergangs von höherer zu tieferer Temperatur in einen logischen Zusammenhang gebracht.

OSTWALDS KLASSIKER DER EXAKTEN WISSENSCHAFTEN

Band 44
L. Gay-Lussac · J. Dalton ·
P. Dulong u.a.
Das Ausdehnungsgesetz der Gase
Abhandlungen 1802-1842
Hrsg.: W. Ostwald, 212 Seiten, kt., ISBN 3-8171-3044-9

Die zusammengestellten Abhandlungen dokumentieren die Entwicklung des Ausdehnungsgesetzes der Gase durch Gay-Lussac und Dalton sowie seine Bestätigung durch die Arbeiten von Dulong und Petit und die Verbesserung der ursprünglichen Formel durch Magnus und Rudberg.
Der Leser findet in dieser Aufsatzsammlung der hervorragendsten Experimentatoren ihrer Zeit nicht nur eine interessante Skizze von spezialwissenschaftlicher Bedeutung, sondern auch ganz besonders lehrreiches Material zum Studium der allgemeinen Entwicklungsgeschichte der Wissenschaft.
L. J. Gay-Lussac (1778 - 1850), Frankreich, Professor der Chemie und Physik
J. Dalton (1766 - 1844), England, College-Lehrer der Mathematik und Chemie
P. L. Dulong (1785 - 1838), Frankreich, Professor der Chemie und Physik
H. G. Magnus (1802 - 1870), Deutschland, Professor der Physik und Technologie
A. T. Petit (1791 - 18209 Frankreich, Professor der Physik, Repetent für Analyse
H. V. Regnault (1810 - 1878) Frankreich, Professor der Chemie und Physik
F. Rudberg (1800 - 1839), Schweden, Professor der Phsik

Band 228
W. Wien · O. Lummer
Das Wiensche Verschiebungsgesetz
Die Verwirklichung des schwarzen Körpers
Hrsg.: M. v. Laue,67 Seiten, kt., ISBN 3-8171-3228-X

Das „Wiensche Verschiebungsgesetz“, also der Zusammenhang zwischen der Temperatur eines „schwarzen Strahlers“ und der Wellenlänge maximaler Lichtabstrahlung und die Erkenntnis, einen strahlenden schwarzen Körper mit der Gleichgewichtsstrahlung in einem Hohlraum identifizieren zu können, bilden die Grundlage unzähliger wissenschaftlicher und technischer Anwendungen.
Im Band sind die beiden wichtigsten Arbeiten Wiens zur Aufstellung seines Verschiebungsgesetzes abgedruckt. Seine Untersuchungen sind sowohl für die theoretische als auch für die Experimentalphysik von Bedeutung. Sie ebneten zusammen mit den Arbeiten anderer zeitgenössischer Physiker den Weg zur Quantentheorie.
Die gemeinsame Abhandlung Wiens und Lummers ist eine für die experimentelle Prüfung des Strahlungsgesetzes grundlegende Arbeit.

Der deutsche Physiker Wilhelm Wien (1864-1928) erlangte mit seinen Arbeiten zur Theorie der Wärmestrahlung Weltgeltung. 1900 trat er an der Würzburger Universität die Nachfolge Röntgens an, der nach München ging. 1911 erhielt Wien den Nobelpreis für Physik. Als sich Röntgen Ende 1919 vom Lehramt zurückzog, wurde Wien auch dort sein Nachfolger.
Otto Lummer (1860-1925), deutscher Experimentalphysiker, arbeitete ebenfalls an der Präzisierung des Strahlungsgesetzes.

OSTWALDS KLASSIKER
DER EXAKTEN WISSENSCHAFTEN

Band 257
W. OSTWALD
Gedanken zur Biosphäre
Sechs Essays
Einl. und Anm.: H. Berg
84 Seiten, kt.,
ISBN 3-8171-3257-3

Der Chemiker, Physiker und Philosoph Wilhelm Ostwald (1853 - 1932) war Gründer und Herausgeber der für die Geschichte der Naturwissenschaften bedeutenden Sammlung „Ostwalds Klassiker der exakten Wissenschaften". Seine Arbeit auf dem Gebiet der physikalischen Chemie wurde 1909 mit dem Nobelpreis für Chemie ausgezeichnet.
Die Aufsatzsammlung dokumentiert die Vielfalt der Arbeitsgebiete Wilhelm Ostwalds. Neben seinen besonderen Leistungen als Physiochemiker widmete sich Ostwald intensiv den wissenschaftlich-philosophischen Grundfragen. In den hier veröffentlichten Überlegungen Ostwalds zum Lebensprozeß kommt seine multidisziplinäre Sichtweise zum Aus-druck. Der Band enthält sechs Essays, die Ostwalds vorausschauende Hauptgedanken auf dem Gebiet der Biowissenschaft belegen.

OSTWALDS KLASSIKER
DER EXAKTEN WISSENSCHAFTEN

Band 206
M. PLANCK
Die Ableitung der Strahlungsgesetze
Sieben Abhandlungen aus dem Gebiete der elektromagnetischen Strahlungstheorie

Anm.: F. Reiche
95 Seiten, kt.,
ISBN 3-8171-3206-9

Max Planck (1858 - 1947) war einer der führenden theoretischen Physiker seiner Zeit. Seine Entdeckung der Energiequantelung ebnete den Weg zum Verständnis der Vorgänge im atomaren Bereich und war die Geburtsstunde der Quantentheorie. 1918 wurde er für diese Entdeckung und deren Auswirkungen auf die Entwicklung der Physik mit dem Nobelpreis ausgezeichnet. Auch zur Thermodynamik, Relativitätstheorie und Elektrolyttheorie lieferte er wertvolle Beiträge.

Beeinflußt durch die Arbeiten von Clausius befaßte sich Planck mit den Gesetzen der Wärmestrahlung. Er entwickelte die Ableitung des Gesetzes der schwarzen Strahlung und entdeckte dabei, daß sowohl die Emission als auch die Absorption von Strahlung sprunghaft, in winzigen Energiequanten erfolgt. Diese Entdeckung führte zur Entwicklung der Quantentheorie und zur Revolutionierung des physikalischen Denkens. Die wichtigsten Abhandlungen auf dem Wege zu dieser Entdeckung sind hier mit einem Vorwort und Anmerkungen abgedruckt.